石油钻采技术标准化培训教程

采油作业

《采油作业》编写组　编

石油工业出版社

内容提要

本书以采油生产流程为主线,依照采油岗位需要,按抽油机井管理、潜油电泵井管理、螺杆泵井管理、提捞采油井管理、注水井与配水间管理、聚合物配注站管理六部分内容,分别讲述了各项标准在相应岗位的技术要求和操作规范。

本书适合作为油田采油技术人员及岗位工人培训用书。

图书在版编目(CIP)数据

采油作业/《采油作业》编写组编 . —北京:石油工业出版社,2019.3

石油钻采技术标准化培训教程

ISBN 978 - 7 - 5183 - 3099 - 7

Ⅰ.①采⋯ Ⅱ.①采⋯ Ⅲ.①石油开采 - 技术培训 - 教材 Ⅳ.①TE35

中国版本图书馆 CIP 数据核字(2019)第 007238 号

出版发行:石油工业出版社

(北京安定门外安华里 2 区 1 号楼　100011)

网　址:www.petropub.com

编辑部:(010)64523548　图书营销中心:(010)64523633

经　销:全国新华书店

印　刷:北京晨旭印刷厂

2019 年 3 月第 1 版　2019 年 3 月第 1 次印刷

787×1092 毫米　开本:1/16　印张:19.25

字数:470 千字

定价:70.00 元

《石油钻采技术标准化培训教程》
编 委 会

主　　任：徐兆明

副 主 任：郑　贵　张　荣

委　　员：（按姓氏笔画排序）

于永庆　于海欣　王　明　王　鑫　刘　博

许国庆　孙巍巍　李　娜　肖　枫　张兆欣

张振波　赵　丹　赵勇辉　姚　笛　袁海滨

贾　兴　曹　晗　崔智敏　梁喜明　臧庆伟

潘振宏　魏苏义

《石油钻采技术标准化培训教程》
编　审　组

主　　任：王志恒

副 主 任：张汉沛　季海军

委　　员：（按姓氏笔画排序）

马庆万　王钦胜　王艳华　文　华　平　莉

吕　昕　刘中华　齐志民　孙长跃　苏延昌

李志华　李利民　李金亮　李姗梅　单红宇

赵忠山　魏珂玢

《采油作业》
编 写 组

主　　编：王　岚

副 主 编：卢鸿钧

成　　员：朱　莎　芮　阁　王文昌　高　敏　王晓丛

主　　审：于生田

序

伴随着经济全球化深入发展，标准化在便利经贸往来、支撑产业发展、促进科技进步、规范社会治理中的作用日益凸显，支撑和引领着经济社会各领域的发展。新时代推动标准化新发展，新修订的《中华人民共和国标准化法》，在我国标准化发展进程中具有里程碑式的重要意义，标准化工作成为国家治理体系和治理能力现代化的重要基础。

标准化工作的主要任务是制定标准、组织实施标准，以及对标准的制定、实施进行监督。标准的宣传、贯彻和实施，是标准化活动的重要环节，有计划、有组织地开展标准宣贯工作，是保障标准贯彻实施的有效途径。

中国石油天然气集团有限公司始终坚持标准与产业发展相结合、标准与质量提升相结合，坚定不移地贯彻落实标准化战略，非常重视标准的宣贯，每年根据需要制订宣贯计划，组织各专标委进行重点标准宣贯。为了加强标准的系统宣贯，让更多一线人员能够学习掌握标准的技术内容和使用要求，还在大庆建立了"中国石油标准化培训基地"。

本丛书编委会借鉴以往标准宣贯和培训经验，组织一线专家和培训教师，经分析研究，制订了比较系统、科学、实用的标准宣贯和操作培训教材的编写方案和计划，于2015年全面启动了本丛书的编写工作，聘请了具有丰富教学和实践经验的老师和专家进行本丛书的编写与审核。目前，已形成了五个分册，包括《勘探开发流程》《钻井施工》《采油作业》《油气集输》《油田水处理及注水》。

本丛书对相关标准条文进行解读，对标准使用的技术关键和经验进行梳理，从标准的条款要求到现场工程实例进行全面翔实的讲解，具有系统性、实用性、权威性、专业性等特点，对标准实施起到了有力的指导和推动作用。本丛书非常适合从事石油钻采工作的相关人员学习使用，同时也是钻采标准化操作的培训用书。

本丛书提倡标准化意识的形成，便于标准使用者更好地理解标准，推广行之有效的工程技术和工艺，为标准化操作的培训和标准宣贯工作奠定了基础。

《石油钻采技术标准化培训教程》编委会

2019 年 1 月

前　言

油田采油工人在油田生产中发挥着重要作用。近年来，随着油田新老工人交替，采油工人对于油水井操作存在不规范的现象，其中习惯性违章占有比较大比重。所谓习惯性违章是指那些固定的作业传统、工作习惯、违反安全操作规程的行为，是长期逐渐养成的、经常发生的、盲目的、不自觉的、随心所欲的习惯的行为方式，是一种人为因素，是造成安全事故的隐患。

通过加强采油一线技术人员及操作人员的标准化知识宣贯，规范技能操作，可以让员工通过学习，干标准活，做标准人，养成良好的行为习惯，有效提高员工素质，保证安全生产。

为增强员工培训的针对性、适应性，强化并落实标准化宣贯培训效果，大庆油田开展了《石油钻采技术标准化培训教程》的编写工作，本书为其中的《采油作业》分册。

本书在编写上，主要集结了来自采油专业一线技术人员、操作人员和油田标准化管理人员及高校石油专业教师。本书以企业调研为前提，并聘请行业、企业专家进行座谈，按照采油岗位流程，选取抽油机井、潜油电泵井、螺杆泵井、提捞采油井、注水井与配水间、聚合物配注站重要节点并有机融入相关的重点标准进行宣贯。本书理论与实践相结合，相应岗位目标明确，难易适度，适合油田采油作业人员使用。

本书由大庆职业学院王岚担任主编，大庆油田采油六厂卢鸿钧任副主编。第一章由王岚、大庆油田采油四厂朱莎编写；第二章由大庆职业学院芮阁编写；第三章由王岚编写；第四章由王岚、大庆榆树林油田开发有限责任公司王文昌编写；第五章由芮阁、大庆油田采油一厂高敏编写；第六章由大庆职业学院王晓丛编写。朱莎和卢鸿钧参与了第二章和第五章案例的内容编写，全书由王岚统稿。

在本书编写过程中得到大庆油田多位专家的大力支持，大庆职业学院标准化基地协助完成，在此一并感谢。

由于标准不断修订，加之编者水平的局限，书中如有疏漏和不足之处，恳请广大读者不吝指正，我们将会在今后逐步修改和完善。

《采油作业》编写组

2019 年 1 月

目 录

绪　　论

在油井钻探过程中或钻成后,经过油井试油并确认具有工业开采价值后,为了最大限度地将地下原油开采到地面上来,实现高产、稳产,需要选择合适的采油工艺方法和方式。采油工作的主要任务是在经济有效的前提条件下,最大限度地把原油从油层中采到地面上来,油井是连接油层和地面的通道,原油就是通过油井流到地面上来的。

一、中国采油工程技术发展历程

1. 探索、试验阶段

20世纪50年代至60年代初,我国工程技术人员学习探索并初步掌握了油田开发方法和技术。这时的技术主要是自喷开采,油井依靠天然能量开采,地层压力下降,油井停喷。早期玉门油田等就是自喷开采。

2. 分层开采工艺配套技术发展阶段,抽油机井采油开始大面积使用

20世纪60年代至70年代初,我国工程技术人员自主创新,建立了陆相沉积油藏注水开发和分层开采的工艺技术系列。针对陆相砂岩油藏含油层系多、彼此差异大、相互干扰严重的特点,产生了六分工艺技术:分层注水、分层采油、分层测试、分层改造、分层管理、分层研究。玉门油田、大庆油田、克拉玛依等油田均应用该项技术。抽油机举升技术已经有近百年的历史,其依靠结构简单、结实可靠的特点,一直占据着人工举升的主导地位。目前中国石油抽油机超过 17×10^4 口,泵挂达到了 3000m 之深,日排量从几立方米到几百立方米,平均检泵周期为 734d。

3. 多种油藏类型采油工艺技术发展阶段,螺杆泵采油技术出现

20世纪70年代至80年代初,中国工程技术人员进一步开拓采油技术,开发多种类型油藏,形成了不同油藏开发模式和配套工艺,相继发现了一批复杂的多种类型油气藏。主要工艺技术有复杂断块油藏采油工艺技术、碳酸盐岩潜山油藏采油工艺技术、低渗透油藏采油工艺技术、稠油热力开采技术。中国自20世纪80年代开始研发螺杆泵,目前中国石油地面驱动螺杆泵井超过 1.1×10^4 口,平均检泵周期约 700d,基本与抽油机持平。

4. 采油工程新技术重点突破阶段

20世纪80年代至90年代,为调整提高阶段。通过组织老油田调整,开发稠油、高凝油等特殊油藏,研究提高采收率技术,成立了完井、压裂酸化、防砂、电潜泵和水力活塞泵5个中心,大大促进了采油工艺技术的发展。大庆油田在20世纪80年代进入高含水阶段,油井排液量加大,为此采用了电潜泵采油技术。

5. 采油系统工程形成和发展阶段

20世纪90年代至今,在执行"稳定东部、发展西部,准备南方"的战略方针过程中,油气田

开发科技高速发展,形成了油田整体开发方案,包括油田地质、油藏工程、钻井工程、采油工程、油田地面建设和经济评价6个部分,提高了油田整体经济效益。进一步改善了(特高)含水老油田"稳油控水"、注聚合物和三元复合驱技术,扩大了波及体积,提高了最终采收率和经济效益。

二、采油原理

地层中的原油到达地面要经历3个流动阶段:

1. 从地层向井的渗流阶段

当通过钻井、完井射开油层时,由于井中的压力低于油层内部压力,在井筒与油层之间就形成了一个指向井筒方向的压降。在原始条件下,油层岩石与孔隙空间流体处于压力平衡状态,一旦打开油层,这种平衡就被破坏了。这时,由于压力降低引起岩石和流体的弹性膨胀,其相应体积的原油就被驱向井中。

2. 从井底向井口的井筒流动阶段

当原油依靠地层能量克服渗滤阻力从地层流到井底之后,剩余能量变为了井底压力,原油在该能量作用下被举升到井口。

3. 从井口到计量间的地面流动阶段

当原油克服重力、摩擦力等损失到达井口,在井口压力的作用下,流向计量间汇总,再到联合站,进行进一步分离外输。

石油的开采是一个能量不断消耗、压力不断重新分布的过程。

三、采油方法

1. 采油方法

是指将流入井底的原油采到地面所采用的工艺方法和方式。

2. 采油方法分类

根据是否依靠地层天然能量,采油分为自喷采油和人工举升采油。具体的采油方法分类如图0-1所示。

1)自喷采油

自喷采油是指依靠油层自身能量将原油举升到地面的采油方式。依靠自喷方法生产的油井称为自喷井。自喷井井筒和地面设备简单、操作方便、产量较高、采油速度快,经济效益好。

2)人工举升采油

人工举升采油是指人工给井筒流体增加能量,将井底原油举升到地面的采油方式。人工举升采油分为气举采油和机械采油。机械采油分为有杆泵采油和无杆泵采油。

(1)气举采油。

当油井停喷之后,为了使油井能够继续出油,利用高压压缩机,从地面向井筒注入高压气

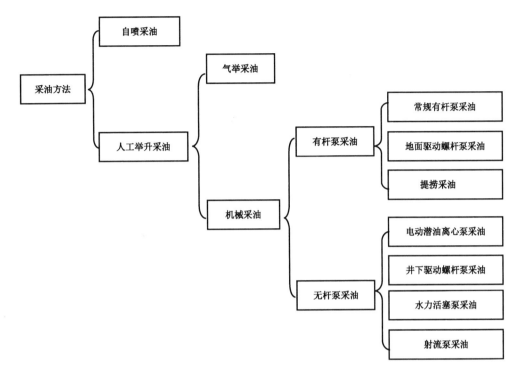

图 0-1 采油方法分类

体,将原油举升到地面的一种人工举升方式。

气举采油优点在于:井下设备一次性投资低,维修工作量小;井下无摩擦件,适用于含砂、蜡、水的井;不受开采液体中腐蚀性物质和高温的影响;易于在斜井、拐弯井、海上平台上使用;易于集中管理和控制。但气举采油必须有充足的气源,如在高压下连续气举工作,安全性较差。对于套管损坏了的高产井、结蜡井和稠油井不宜采用气举。小油田和单井使用气举采油效果较差。

(2)有杆泵采油。

有杆泵采油是指利用抽油杆将地面设备能量传递给井下泵,从而将原油举升到地面的一种人工举升方式。有杆泵采油分为常规有杆泵采油和地面驱动螺杆泵采油。

常规有杆泵采油是指利用地面抽油机设备将机械能通过抽油杆传递给井下抽油泵,将原油举升到地面的一种人工举升方式。有杆泵采油是当前国内外最广泛应用的采油方法,国内有杆泵采油约占人工举升采油井的 90%,它设备简单,投资少,管理方便,适应性强,从 200~300m 的浅井到 3000m 的深井,产油量从日产几吨到日产 100~200t 都可以应用。在设备制造方面,从地面抽油机、井下抽油杆到抽油泵,国内产品早已系列化、成套化,能够满足油田生产需要。其缺点是排量不够大,对于日产量达到 200t 以上的油井,不能满足要求。

地面驱动螺杆泵采油是指通过地面驱动系统将机械能量通过抽油杆传递给井下螺杆泵,将原油举升到地面的一种人工举升方式。螺杆泵采油装置结构简单,占地面积小,有利于海上平台和丛式井组采油;只有一个运动件(转子),适合稠油井和出砂井应用;排量均匀,无脉动排油特征;阀内无阀件和复杂的流道,水力损失小;泵实际扬程受液体黏度影响大,黏度上升,泵扬程下降较大。

提捞采油就是在套管内,用提捞采油工程车下入提捞泵,将提捞泵上部的原油通过钢丝绳提捞到井口,输入到快速卸油罐车。提捞采油适用于一些储量丰度低、渗透率低、产量低的含油区块,被称为"三低"油田。为降低产能投资和运行成本,提高外围低渗透油田开发效益,近年来,大庆油田着力研究推广提捞采油工艺技术,变依靠抽油机机械采油为依靠提捞采油工程车机动"捞"油,延长老区块经济开采期和有效开发"三低"油田。该方法适用于零散井和试油井。

(3)无杆泵采油。

无杆泵采油是指利用电缆将电能传递给井下动力设备和泵,把原油举升到地面的一种人工举升方式。无杆泵采油分为电动潜油离心泵采油、井下驱动螺杆泵采油、水力活塞泵采油、射流泵采油4种。

电动潜油离心泵采油是利用油管把离心泵和电动机下入井中,用井下电机带动离心泵把原油举升到地面的一种人工举升方式。潜油电泵的排量及扬程调节范围大,适用于强水淹井、高产井、不同深度井以及定向井、多砂和多蜡井,其排量范围为 $16 \sim 14310 \mathrm{m}^3/\mathrm{d}$,最大下泵深度可达 4600m,井下最高工作温度可达 230℃,地面工艺流程简单,管理方便,容易实现自动化,经济效益高。

井下驱动螺杆泵采油是利用油管将泵与电机、保护器下入井内液面以下,电机通过偏心联轴节带动螺杆转动,把原油举升到地面的一种人工举升方式。就目前的情况来看,地面驱动螺杆泵在技术上比较成熟;井下驱动螺杆泵有很多优点,但还处于实验阶段。

水力活塞泵采油是电动机带动地面动力泵,从储液罐来的液体经动力泵升压后进入中心油管,高压动力液体进入井下的水力活塞泵后,带动泵工作,抽汲的液体和作功后的动力液共同经外层油管返回地面。水力活塞泵排量范围较大($16 \sim 1600 \mathrm{m}^3/\mathrm{d}$),对油层深度、含蜡、稠油、斜井及水平井具有较强的适应性,可用于各种条件的油井开采,并可在温度相对较高的井内工作。但该方法机组结构复杂,加工精度要求高,动力液计量困难。

射流泵采油是利用油管把动力液注入,经射流泵的上部流至喷嘴喷出,进入与地层液相连通的混合室。在喷嘴处,动力液的总压头几乎全部变为速度水头。进入混合室的原油则被动力液抽汲,与动力液混合后流入喉管,在喉管内进行动量和动能转换,然后通过断面逐渐扩大的扩散管,使速度水头转换为压力水头,从而将混合液举升到地面。射流泵的特点是,井下设备没有动力件,射流泵可坐入与水力活塞泵相同的工作筒内,不受举升高度的限制。该方法适用于高产液井;初期投资高;腐蚀和磨损会使喷嘴损坏;地面设备维修费用相当高。

四、采油的基本过程

油田开发初期,地层能量充足,油井通过自喷开采。当地层能量减少后,就需要人工向地层补充能量,采用人工注水开发,机械采油的方式开采。在此阶段,根据排液量高低可以选择抽油机井、电动潜油泵井、地面驱动螺杆泵井采油;对于低渗透油田,可以采取提捞采油。对于高含水油田,可以采取注入聚合物的方法提高原油采收率,增加原油产量。

1. 补充地层能量(以注水为例)

油田开发到一定阶段,注水水源选择含油污水,经过水处理达到合格注入水质标准,输送到注水站,满足一定的注入压力,再到达配水间,分配给每口注水井规定的注水量,分层注入到油层。该技术的重点是控制水量和压力参数,维护保养仪表,保证参数读数准确,注水相关操作平稳。

2. 机械采油

抽油机井是利用地面抽油机把动力通过抽油杆传递给井下抽油泵,把原油抽汲到地面上的一种生产井。采油工每日对抽油机井进行巡回检查,录取参数,对抽油机进行例保,根据生产运行周期,定期一保操作,根据产能调整冲程、冲次,使油井生产在合理范围内。

电泵井是通过电缆把动力传递给井下电机带动多级离心泵旋转,把原油抽汲到地面上来的生产井。采油工每日对电泵井进行巡回检查,录取参数,根据地层供液能力调整参数,保养设备。

螺杆泵井是利用抽油杆把地面动力传递给井下螺杆泵,把原油抽汲到地面上来的生产井。采油工每天对螺杆泵井进行巡回检查,录取参数,例行维护。

提捞井是利用钢丝绳把提捞泵下到井中,把原油提捞到地面的生产井。

3. 聚合物驱油

利用天然能量进行开采的为一次采油,其原油采收率为 8% ~ 15%;通过人工注水或注气补充地层能量开采的为二次采油,原油采收率为 25% ~ 45%。经过一次采油和二次采油后,还有大量的剩余油在地下,利用化学物质来改善油、气、水及岩石相互之间性能,进行开采的为三次采油,原油采收率为 45% ~ 70%。目前三次采油技术中,已成熟的是聚合物驱油,大庆油田年产油量中有 10×10^6 t 原油是通过该技术获得的,油田采油工有必要掌握聚合物驱相关配制、注入内容。采油的基本流程图如图 0 - 2 所示。

五、采油队岗位职责及操作要求

采油队是贯彻落实所属采油矿区工作部署及各项决议、决定的基层组织。它承担着完成原油产量及相关油田开发、经营管理、员工队伍稳定、安全环保等工作指标任务。其职责包括:

(1)贯彻执行油田开发方针、政策、生产管理及各项标准、操作规程、规章制度,做到安全生产、高效开发。

(2)严格执行油田配产配注计划,优化生产运行参数及各项开发管理指标。

(3)负责油水井、站日常生产运行管理,协调解决存在的问题,无法解决的上报主管单位处理。

(4)取全取准第一手资料,按规定上报生产信息,分析生产动态,提出改造措施。

(5)承担协调配合责任,配合井下作业、生产测试、工程维修、地面工艺技术改造等方面顺利开展工作,协调各种关系,确保安全施工。

(6)负责本队员工的教育培训工作,提高员工素质和技能,保持员工队伍稳定。

(7)负责制定和完善本队经营管理考核细则,并组织实施。

(8)负责完成上级交办的其他任务。

采油队岗位分管理岗和操作岗。管理岗有队长、书记、生产副队长、安全副队长、工程技术员、地质技术员、地面技术员。操作岗有采油工岗和井组班长等。

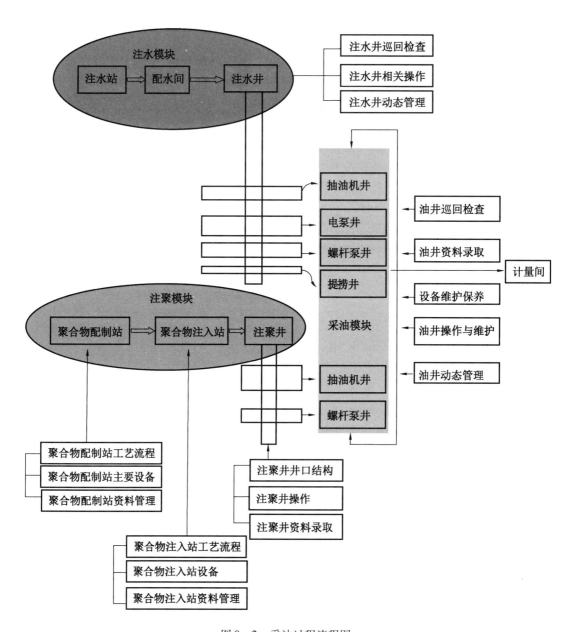

图 0 - 2　采油过程流程图

1. 采油工岗位

1）岗位关系

对上：副队长、技术员、井组班长。

对下：无。

横向：资料室。

2）岗位职责

（1）负责完成所辖油水井资料的录取。

（2）负责所辖油水井的巡回检查、开关井及水量控制。

（3）负责所辖设备的维护保养。

（4）负责岗位规范化工作。

（5）负责所辖油井热洗的监督、检查工作。

（6）负责完成上级安排的临时任务。

（7）对本岗位属地范围内的安全环保工作负主要管理责任，负责贯彻落实国家、公司、厂、矿和队有关安全与环保的法律法规、规章制度和文件精神，按要求参加上级安排的 HSE 培训和考试，不断提高健康、安全与环境意识，增强规避风险能力。

（8）熟练掌握并执行本岗位操作规程、作业文件，了解工作中的存在风险、风险控制和应急措施，遵守"六条禁令"，做到"三不伤害"，对所负责属地（区域）的安全与环保工作负责。

3）采油工操作要求

（1）根据日常维护操作项目合理关停抽油机，并拉好手刹（打死刹）。

（2）启停机操作时应验电、侧身，停机后应断开配电箱空气开关。启停机未验电或侧身，应立即纠正，并进行安全教育。

（3）正确规范使用和传递工用具，发现员工不正确使用和传递工用具应立即给予纠正，并进行安全教育。

（4）正确佩戴和使用劳动防护用品，登高必须系安全带。

（5）开关阀门或管线、压力表泄压时应侧身，发现未侧身开关阀门或泄压应立即给予纠正，并进行安全教育。

（6）按照规范标准切换流程。

（7）不能擅自进入平衡块护栏内进行维修操作等活动，未采取拉空开、拉手刹、打死刹及无人监护等安全措施，不得操作。

（8）抽油机运转时按要求擦拭光杆。

（9）更换皮带时严禁戴手套用手抓攥皮带，严禁将皮带挂在皮带轮上，启动抽油机安装皮带。

（10）抽油机运转时禁止采油工攀爬抽油机。

（11）无安全措施的情况下，禁止油水井带压进行操作。

（12）严禁在抽油机基础内或平衡块两侧存放工用具或杂物。

（13）无动火措施的情况下，严禁用明火在管线或井口解冻。

（14）采油工从事登高刷漆、喷印井号等风险作业时应有专人监护。

2. 队长

1）岗位关系

隶属上级：矿长、副矿长。

隶属下级：副队长、技术员、各岗位员工及班井长。

2）岗位职责

（1）负责组织完成矿区下达的产量、注水、天然气各项任务及油田开发、生产管理、节能等指标。

（2）负责全队的安全环保工作，实现安全生产、清洁生产、文明生产。

（3）负责全队油水井、计量间、中转站日常管理，强化设备日常维修保养，取全取准第一手资料。

（4）负责全队劳动组织及人事调整。

（5）每月组织生产管理检查，并进行月度奖金考评。

（6）负责抓好各项基础工作，合理控制使用各项费用。

（7）负责推广应用新工艺、新技术，不断提高管理水平。

（8）负责搞好班子团结，做好员工思想政治工作，确保员工队伍稳定。

（9）负责完成上级组织或领导交办的其他各项工作任务。

（10）严格履行新《中华人民共和国安全法》、《中华人民共和国环境保护法》。

3. 工程技术员

1）岗位关系

隶属上级：队长。

隶属下级：各岗位员工及班井长。

2）岗位职责

（1）负责机采井日常生产及资料管理。

（2）负责机采井的生产动态分析，及时提出改造、挖潜措施，及时处理存在问题。

（3）负责编制机采井维护性作业方案，以及井下作业施工的监督与质量管理。

（4）负责本队的机采节能管理，及时制定节能措施并监督执行。

（5）HSE职责：

① 对本岗位属地范围内的安全环保工作负主要管理责任，负责贯彻落实国家、公司、厂和矿有关安全与环保的法律法规、规章制度和文件精神，健全完善和组织落实本队安全与环保工作的管理规定。

② 对全队机采工程安全环保工作负主管领导责任。

③ 负责对全队的油井施工方案设计、安全环保的管理与监督工作，确保作业施工中的安全，环境不受污染。

④ 负责本队员工的机采工程系统安全环保知识培训工作。

第一章　抽油机井管理

抽油机井采油是有杆泵采油的一种,它具有发展时间最长,技术比较成熟,工艺成龙配套,设备装置比较耐用、可靠性强,操作简单、故障率低,抽深和排量适用于大多数油井等特点,故这种采油方式目前仍占主导地位,约占人工举升井数的 95%。由于游梁式抽油机在所有抽油机中占比最大,故本书以游梁式抽油机为例来宣贯抽油机井相关标准。抽油机井就是以抽油机为地面设备,依靠抽油杆将动力传递给井下深井泵,把液体抽吸到地面上来的生产井。采油工每天都要对抽油机井进行管理,并需按照抽油机井相关标准进行操作。本章宣贯的标准有以下 11 个:

Q/SY DQ0153　游梁式抽油机安装验收技术条件

Q/SY DQ0798　油水井巡回检查规范

Q/SY DQ0799　采油维修工实际技能操作

Q/SY DQ0800　油井玻璃管量油规范

Q/SY DQ0802　油井热洗清蜡规程

Q/SY DQ0804　采油岗位操作程序及要求

Q/SY DQ0813　游梁式抽油机操作、保养、维护、修理规程

Q/SY DQ0916　水驱油水井资料录取管理规定

Q/SY DQ0917　采油(气)、注水(入)井资料填报管理规定

Q/SY DQ0919　油水井、计量间生产设施管理规定

Q/SY DQ1385　聚合物驱采出、注入井资料录取管理规定

第一节　游梁式抽油机安装

游梁式抽油机在油田应用得比较多,采油工人日常对该类型抽油机接触得较多,尤其每天的巡回检查,为了更好地了解抽油机的工作情况,应先来了解抽油机的安装内容。抽油机安装包括基础安装、抽油机设备安装、电路安装、紧固、润滑、基础坑回填、抽油机试运行等内容。本节宣贯两个标准:

Q/SY DQ0153　游梁式抽油机安装验收技术条件

Q/SY DQ0799　采油维修工技能操作

抽油机安装前要核对采油树及井场施工要求、检验抽油机基础、开箱并检验抽油机。

1. 采油树及井场的要求

(1)施工前使用单位应向施工单位书面提供安装井号、抽油机型号、冲程、冲次、平衡块安装数量和位置及抽油泵泵径、泵挂深度、动液面以上液柱高度等技术资料及有关要求。

(2)对井口、井场检查验收应符合下列要求:

① 采油树各部件应完整无缺,套管头标高和手轮朝向应符合设计规定,套管头与井口装

置连接应牢固。

② 采油树总高垂直度偏差应小于 3mm。

③ 清蜡胶皮阀门和采油树的中心线应对准,其歪斜偏差不大于 15mm。

④ 采油树不得有漏气、漏液现象。

⑤ 井场应高于自然地面 150mm 以上,井场应平整规范、无油污,满足现场施工要求。

2. 抽油机基础检验

抽油机基础宜采用按照抽油机制造厂提供的钢筋混凝土基础图预制的箱式基础,且应符合下列要求:

(1)混凝土强度达到设计要求后方可运输吊装。

(2)基础平面及预埋螺栓孔应清理干净,不得有油污等杂物。

(3)预制螺栓孔中心连线应保持一条直线,左右平行,前后螺栓孔的距离应满足抽油机的安装尺寸要求。

(4)基础构件的几何尺寸偏差应符合要求。

3. 抽油机安装注意事项

(1)抽油机安装应严格遵守有关健康、安全、环境控制的要求。

(2)施工现场应有安全监督人员,施工前该人员应对井场布局、设备安装、安全设施进行检查验收,施工作业期间做好个人防护,穿戴好劳动防护用品。

(3)风力大于 5 级(含 5 级),不应进行高空或吊装作业。

(4)在井口操作时人要站在风向的上方。

(5)吊车下面,曲柄下面不准站人。

(6)工具用完后不准许乱抛,以免伤人。

(7)操作时施工人员要互相配合,保证安全。

(8)在抽油机上操作时,超过 2m 高要系安全带,并戴安全帽。

一、基础安装

首先要选择抽油机的走向、放线、挖基础坑、下底板、下基础、吊底座、吊装减速器,安装平衡重块、吊支架、装游梁、吊驴头、装配电系统及电动机,回填土等。

(1)抽油机的走向:要根据现场地形、井口流程、公路走向、电源线来路、出油管线走向、便于修井以及采取联动抽油等情况而定。

(2)放线挖坑:按照给定的机型及基础型号,参照本机给定的数据确定好标高,用白灰放线,放线面积必须大于底板周围 300 ~ 500mm,深度一般为 50 ~ 180cm。在高纬度地区应挖至冻层以下,根据当地情况而定。在翻浆地带或水泡边上低洼地带需要砂砾石和水泥浇灌。其他地带可用三合土回填,层层夯实,达到所需要的深度即可。

(3)下基础:对基础的安装要求如下:

① 底板下面必须垫一层工程砂,厚度为 100 ~ 200mm,找好水平。吊装底板,测量前后底板水平,水平度应在 1/1000 ~ 2/1000 之内。底板中心线对正井口中心线。预埋件牢固可靠,并加以防腐。

② 安装基墩，基墩不能有裂纹、损坏、掉角现象。安装时不得有悬空现象，有空隙的地方可用铁板、薄铁皮等垫实，基础承受能力应达到 15t/m²。

③ 安装后应对照本机给定的数据，调整好距离，测量纵横向水平，两侧应无明显突出部分，以免抽油机运转时发生磨擦，造成不应有的损失。

④ 焊接预埋件。接触不实或距离误差较大的地方应用钢板接连并焊实。

注：采油技师应在抽油机安装过程中从挖坑开始监督，为以后的验收打下基础，以便及时发现解决问题，避免全部安装完成后验收不合格，留下难以解决的问题。

目前油田普遍采用预制型箱式基础，其安装应满足下列要求：

（1）地基深度应在冻土层以下 200mm 以内，基础标高按设计执行，允许误差 ±20mm。

（2）基础方向宜结合管线布置、主导风向、今后作业施工方便、井排整体方向等因素综合考虑，并考虑避免油井漏气、漏液吹向抽油机。

（3）基础垫层需垫 100mm 以上粗垫层，再垫 100mm 以上细垫层，土质不好时应加厚垫层 300~500mm，找平后再放置基础，底板与垫层之间不得悬空。

（4）基础放线以井口中心为准，基础第一排螺栓孔中心连线的中心应对准井口中心，采用等腰三角形方式校核，三角形两腰边长误差不超过 ±5mm。

（5）基础就位后校核基础顶面水平度误差，按 Q/SY DQ0153《游梁式抽油机安装验收技术条件》中的规定，每米误差不能超过 6mm。

（6）将连接部位预埋件焊接牢固，应满焊，焊高为 6mm。焊好后打皮防腐，基础地下部分应刷防腐漆，防腐面高于地面 80~150mm。

二、抽油机设备安装

抽油机的安装分整体安装和单件安装两种：

（1）整体安装方法适用于小型抽油机（3 型以下），小型抽油机体积小、重量轻，该施工方法简便易行。其方法是将整机吊坐在基础上后，校正好驴头，使其对正井口中心，偏移量应小于 3mm。

（2）单件安装方法常适用于中大型游梁式抽油机的安装。目前大庆油田常规游梁式抽油机安装均采用单件安装的方法，因此下文仅对单件安装进行讲述。

1. 抽油机底盘（座）安装

（1）底盘中心线应通过井口中心，在井口处最大偏移量不应超过 5mm。底盘前第一排地脚螺栓孔中心连线到井眼中心的距离必须满足设计机型的要求，误差不得超过 5mm。

（2）底盘纵向、横向应水平，按照 Q/SY DQ0153《游梁式抽油机安装验收技术条件》中的规定，纵向水平误差应不大于 0.3%，横向水平误差应不大于 0.05%。

（3）底盘坐落在基础上，应左右对称。底盘固定螺栓应与底盘底面垂直，不应前后倾斜，不应在底盘上扩孔、割孔来满足其他要求。

（4）垫铁的放置应符合下列要求：

① 每个地脚螺栓两侧均应有一组垫铁，相邻两垫铁组间距宜为 500~1000mm。

② 每组垫铁应尽量减少垫铁块数，且不宜超过 5 块；斜垫铁应成对使用，且不得超过一

对;垫铁总厚度不宜大于70mm;放置平垫铁时,最厚的放在下面,最薄的放在中间。

③ 垫铁与基础、垫铁与垫铁之间接触应紧密,受力均匀,不得偏斜悬空。

④ 抽油机找平后,垫铁应露出底盘底面外边缘,按照Q/SY DQ0153《游梁式抽油机安装验收技术条件》中的规定,平垫铁应露出10～30mm,斜垫铁应露出10～50mm;垫铁组伸入底盘的长度应超过基础地脚螺栓的中心。

⑤ 抽油机找正找平后,各垫铁层间应用定位焊固定。

(5)地脚螺栓安装后应符合下列要求:

① 地脚螺栓应垂直无歪斜。

② 螺栓光杆部分应按设计进行防腐处理,螺纹部分应涂少量油脂保护。

③ 螺栓不应碰触孔底,螺栓上任一部位,离孔壁距离不应小于15mm。

④ 螺母拧紧后,螺栓外露螺纹应为3～5扣,且受力均匀。

⑤ 螺母与垫圈、垫圈与底座间的接触均应良好。

2. 支架安装

(1)支架底面与底盘间不得夹杂杂物。

(2)支架底座备有定位螺栓的,应按规定安装好定位螺栓后,再安装紧固螺栓。

(3)支架顶平面的中心线与底盘中心线应重合,按照Q/SY DQ0153《游梁式抽油机安装验收技术条件》中的规定,其偏移量不得大于5mm,顶面要水平,横向水平误差应小于0.05%。

3. 减速器安装

(1)减速器与曲柄、曲柄与曲柄销的连接应在地面进行,连接好后,进行整体安装,减速器安装到底盘上后,再进行平衡块的安装。

(2)减速器底面与底座接触面应清洁,不允许有油污及杂物。

(3)减速器中心应与底座中心重合,按照Q/SY DQ0153《游梁式抽油机安装验收技术条件》中的规定,其误差应小于1mm。

(4)剪刀差:

抽油机两曲柄侧平面不重合、形成像剪刀差一样的差开,叫作剪刀差。曲柄的剪刀差不能超过表1-1规定的数值。

表1-1　不同型号游梁式抽油机曲柄剪刀差

曲柄剪刀差,mm	3	4	5	6	7
游梁式抽油机规格	2 - 0.6 - 2.8; 3 - 1.2 - 6.5; 3 - 1.5 - 6.5	3 - 2.1 - 13; 4 - 1.5 - 9; 4 - 2.5 - 13; 5 - 1.8 - 13; 5 - 2.1 - 13; 5 - 2.5 - 18; 8 - 2.1 - 18	4 - 3 - 18; 5 - 3 - 26; 6 - 2.5 - 26; 8 - 2.5 - 26	8 - 3 - 37; 10 - 3 - 37; 10 - 3 - 53; 12 - 3.6 - 53; 14 - 3.6 - 73	10 - 4.2 - 53; 12 - 4.2 - 73; 12 - 4.8 - 73; 14 - 4.8 - 73; 14 - 5.4 - 73; 16 - 4.8 - 105; 16 - 6 - 105; 18 - 6 - 105; 18 - 6 - 146

（5）在安装平衡块时,平衡块与曲柄的装配面及曲柄 T 形槽内不应夹入杂物,并按照使用单位需要将,平衡块调整到适当位置紧固牢固。

（6）曲柄销子螺纹旋向的确定:当曲柄逆时针旋转时,曲柄销为右旋向螺纹;当曲柄顺时针旋转时,曲柄销为左旋向螺纹。

4. 游动系统驴头、游梁、横梁、连杆安装

（1）驴头与游梁、游梁与横梁、横梁与连杆的连接应在地面进行。

（2）游梁支座应坐在支架顶平面中心,游梁中心对底座平面的投影,应与底座中心重合,偏移量应小于 3mm。

（3）驴头侧面要垂直于地平面,按照 Q/SY DQ0153《游梁式抽油机安装验收技术条件》中的规定,驴头悬绳中心与井口中心偏差不大于 1.5mm。否则,应对游梁做纵、横向调整。

（4）两连杆内侧和曲柄加工表面的距离相同,误差应小于 3mm。

5. 刹车装置安装

刹车装置应安装牢固,操作灵活可靠,保证曲柄在任何位置均能制动,刹车制动后,刹车架上的齿盘余 4~5 个齿为宜。

6. 电机安装

电机安装应符合下列要求:

(1)电机皮带轮应与减速箱皮带轮端面在同一平面内,误差应小于 1mm。

(2)电机轴应与减速箱轴平行,其平行度偏差应小于 0.05%。

(3)电机皮带轮大小应符合冲次要求。

7. 紧固

（1）所有螺栓应加上合适的垫片,如采用平垫片,应配用双螺母,如采用弹性垫片,配用单螺母。

（2）所有顶丝应顶紧,并用螺母锁紧。

（3）按照 Q/SY DQ0153《游梁式抽油机安装验收技术条件》中的规定,开口销应按要求材质和尺寸安装,不允许替代。

8. 润滑

1) 减速箱润滑油的选择

（1）减速箱润滑油应按生产厂家规定,选择承载能力高、有合适黏度的抽油机专用齿轮油。

（2）减速箱应按规定用油标号加入齿轮油,油面应符合规定高度,不应过高或过低。

2) 其他部位润滑脂的选择

抽油机其他部位的润滑有钢丝绳、支架轴承座、尾轴承座、曲柄销轴承座、连杆销轴、电动机轴承、刹把定位销,润滑脂应符合表 1-2 规定。

表1-2　抽油机润滑部位、润滑点数、润滑脂

序号	润滑部位	润滑点数	润滑脂名称
1	钢丝绳	1	
2	支架轴承座	2	
3	尾轴轴承座	2	
4	曲柄销轴承座	2	2#、3#通用锂基脂
5	连杆销轴	4	
6	电动机轴承	2	
7	刹把定位销	1	

9. 基础坑回填与抽油机的安全防护

抽油机整体安装施工结束后、将基础坑及基础内部空腔用土填实、与井场地面平行。

抽油机的安全防护应符合设计要求、并应满足下列要求：

（1）安装在居民区或者闹市区的抽油机应安装抽油机围栏。

（2）抽油机应安装平衡块护栏。

（3）抽油机驴头、平衡块等运动部位应涂上警示颜色。

（4）在围栏、护栏及抽油机的明显位置,应有警告语。

三、电路安装

（1）电路应按设计要求安装,确保安全生产和操作方便。

（2）配电箱安装：安装前应核实变压器的输出电压等级与配电箱电压等级一致,配电箱功率与电机功率应匹配,配电箱内部电器元件完好,连接线路牢固;配电箱应安装在结实的铁支架或混凝土基础上,固定牢固并与地面垂直,倾斜角度应不大于5°。

（3）电缆沟要求：电缆沟深700mm,宽300mm。挖好后先放50mm砂层,然后放电缆,再放砂50mm,砂层上面铺上红砖,每米5块,放好后,用土回填,电缆两头要有保护管。

（4）接地线安装：按照Q/SY DQ0153《游梁式抽油机安装验收技术条件》中的规定,在抽油机基础坑底从井口开始,每隔5m用50mm的角钢在抽油机的一个侧面打接地线,接地线埋深为500mm,用50mm扁钢连接起来,与抽油机底座前后焊牢并刷防腐漆,接地电阻应不大于4Ω。

四、抽油机试运与验收

（1）试运前应对下列部位进行全面检查,符合要求后方可进行试运：

① 刹车装置灵活可靠。

② 曲柄销螺纹旋向与曲柄旋转方向相匹配。

③ 各润滑部位加注的润滑油符合规定要求。

④ 各紧固部位应牢固,各键、销不得有松动现象。

⑤ 各活动部位不得有夹杂物和干涉。

⑥ 按照Q/SY DQ0153《游梁式抽油机安装验收技术条件》中的规定,电机应在皮带安装

前空载试运 2min,无异常振动和响声。

　　⑦ 平衡块位置应根据生产要求调整到适当位置。

　　(2)抽油机在启动时,宜利用平衡块的惯性断续启动,并检查有无卡杆,摩擦清蜡阀门现象,且整机部件应无松动。

　　(3)抽油机试运应达到下列要求:

　　① 驴头无明显振动与杂音。

　　② 减速箱声音正常且无明显振动。

　　③ 各运动件、轴承、电机运转平稳,滚动轴承温升应不超过 40℃,最高不超过 70℃。

　　④ 连杆等构件的焊缝处应无裂纹。

　　⑤ 各密封处不得有渗漏润滑油现象。

　　⑥ 各连接件和紧固件牢固,无松动现象。

　　⑦ 抽油机整体运转平稳,无异常振动。

　　⑧ 噪声要求:抽油机额定扭矩小于 37kN·m 的应小于 85dB,抽油机额定扭矩大于 37kN·m 的应小于 87dB。

　　⑨ 当断电后,曲柄在任何位置,刹车装置制动应平稳可靠。

　　(4)试运转 2h 后,无任何问题,即可完成验收工作,同时应做好下列工作:

　　① 断开电源,按油井停机规定停机、刹车。

　　② 检查并扭紧各部紧固部件。

　　③ 现场移交抽油机说明书、易损配件图和随机工具及配件。

　　(5)在抽油机投产运转 48h 后,检查无任何问题后,应再次紧固各部位螺栓。

五、抽油机安装质量验收操作

1. 准备工作

　　(1)工具、用具、材料准备:600mm 水平尺一把,2m 直尺一把,0.05~3mm 塞尺一把,2m 钢卷尺,250mm,300mm,375mm,450mm 活动扳手各一把,150mm 平口螺丝刀,工程线 5m,吊线锤,安全带、绝缘手套、试电笔、钳形电流表、擦布、笔、记录本。

　　(2)劳保用品准备齐全,穿戴整齐。

2. 操作步骤

　　(1)用试电笔检查配电箱外壳不带电,刹紧刹车,切断电源,锁好刹车保险装置。

　　(2)检查抽油机地基应夯实牢固,基础表面平整、光洁,不得有裂纹、缺损、变形现象。

　　(3)按 Q/SY DQ0799《采油维修工实际技能操作规程》的规定,用水平尺放在被测物平面连测三次,测量抽油机底座纵横水平度。检查左右测 4 点(支架左右,减速箱左右),前后测 3 点(支架前、减速箱前后)。水平度纵向允许偏差为 3/1000,横向允许偏差为 0.5/1000,抽油机底座与基础地脚螺栓不得有悬空。

　　(4)调装曲柄减速箱时,应使减速箱中心与其在底座投影中心重合,其允许偏差应不大于 1mm。

　　(5)驴头停在任何位置,悬绳器中心与井口中心均应对中,用静态重锤法检查,其同心度允许偏差应不大于1.5mm。将驴头停在上死点,驴头下端距悬绳器上平面250~300mm。再将驴头停在下死点,悬绳器下平面距光杆密封盒300~400mm。

(6)用吊线锤从游梁中点垂下(图1-1),检查游梁中分线与底座中心点是否在同一垂直线上(图1-2),偏差为1.5mm。

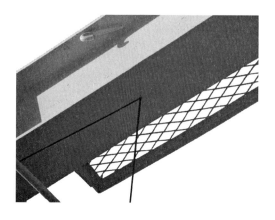

图1-1　游梁中点下放吊线　　　　　　图1-2　检查游梁中分线与底座中心点垂直

(7)用吊线锤分别从支架顶板前后中点垂下,检查支架中心点投影与底座中心点是否在同一垂直线上,左右偏差不大于3mm。调整支架顶平面处与水平位置(图1-3),其水平度允许偏差应不大于1/1000。

(8)检查两连杆平行及长度(图1-4):将抽油机停在接近上死点处,用吊线锤和钢卷尺检查两连杆平行及长度,两连杆倾斜度不得大于3°,长度必须一致,其误差为:5型机误差不大于2.5mm,10型机不大于3mm,12型机不大于3.5mm。

图1-3　调整支架顶平面处与水平位置　　　　图1-4　检查连杆倾斜度

(9)测量曲柄剪刀差(图1-5)。常用的方法是直尺检测法,即将抽油机曲柄停在水平位置,用木直尺放在两曲柄尾端平面上,水平尺放到木直尺的中间部位,观察水平尺的中间水泡位置是否在中间,若不在中间则根据气泡偏向位置,在其反向木直尺下面垫加塞尺直至气泡停在中间为止，塞尺垫加厚度即为剪刀差。误差范围为：5 型机误差不大于 6mm，10 型机不大于 7mm，12 型机不大于 8mm。

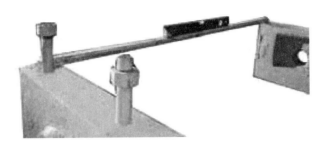

图 1-5　测曲柄剪刀差

（10）检查并校正电动机水平，检查皮带的松紧是否适当。在皮带中部双手重叠下压皮带 2~3 次，压下 1~2cm 为合格。保证电动机皮带轮端面与减速器皮带轮端面应在同一平面，且保证两轴相互平行。"四点一线"误差范围小于或等于 1mm。

（11）检查各部位螺纹和顶丝是否齐全紧固，主要是平衡块固定螺纹，曲柄销冕形螺母，电机固定螺纹，顶丝，抽油机底座固定螺纹。

（12）检查减速器油位应在两油位丝堵之间或视窗油位线内，各润滑点（中轴承、尾轴承、连杆销、曲柄销、刹车、减速箱）润滑部位符合要求。

（13）检查配电箱固定合格，电动机启动装置的容量应大于电动机容量，线路完整，电机与配电箱应有良好的接地、接零，接地体电阻不得大于 4Ω，电机绕组对地绝缘电阻大于 0.5MΩ。

（14）电缆在终端杆电源控制箱和配电箱下入户处应穿管封头，电缆埋深 700mm，电缆沟底部铺砂完盖砖后用土填埋。

（15）抽油机安全防护设施齐全。

（16）检查周围障碍物，取下刹车保险装置。送电，点动试抽，检查刹车装置的可靠性。曲柄在任何位置应保证刹车均能可靠制动。刹车操作力不应超过 0.15kN。松开刹把后，刹车毂与刹带（刹块）不得有任何接触，最小间隙为 1.5~2mm。

（17）试抽运转后，全面观察，查看有无振动及异常声响。按 Q/SY DQ0153《游梁式抽油机安装验收技术条件》的规定，试运方法即下列要求：

各运动件、轴承、电机运转平稳，滚动轴承温度不应超过 40℃，最高不超过 70℃。

（18）用钳形电流表测抽油机平衡，运行后平衡率应达到要求（平衡率在 85%~100% 之间为合格）。

（19）随机配件、工具完整齐全，并应具有以下资料：安装检验记录、试运转记录、质量检验评定记录、产品合格证、使用说明书。

（20）运转正常后填写验收报告单，运转 4h 后由操作人员进一步全面检查，并进行拧紧作业，运转 24h 后，再进行一次拧紧作业。按 Q/SY DQ0153《游梁式抽油机安装验收技术条件》的规定，在抽油机投产运转 48h 后，检查无任何问题后，应再次紧固各部位螺栓。运转 72h 后，该机满足以下要求：抽油机整机运转平稳，无异常响声，无振动；驴头摆动正常，减速器声音正常,各密封处不得有漏油现象;当断电后,曲柄在任何位置时,刹车装置制动应可靠,基础无断裂、破损和晃动。

3. 技术要求

(1)要逐点检查,不得遗漏。

(2)抽油机各配件齐全,符合要求。

(3)启动前要加足减速箱和各部位润滑油。

(4)用吊线锤和钢卷尺检查连杆平行时,吊线锤沿连杆轴承垂下,测量吊线锤到减速箱输出轴端面之间的距离相等。

六、事故案例分析:采油工被电缆绊倒摔伤

抽油机电缆丢失,更换新电缆,工人铺设不到位,致使采油工张某巡井时被裸露地面的电缆绊倒摔伤

1. 事故经过

抽油机电缆丢失,更换新电缆不久,工人张某于 2009 年 11 月 9 日 10 点左右,在对一口抽油机井进行巡回检查时,不慎被裸露在地面的电缆绊倒摔伤胳膊。

2. 事故原因分析

(1)工人张某在抽油机井巡回检查时抬头看驴头,没有注意看脚下,被裸露地面电缆绊倒。

(2)抽油机安装电缆违反 Q/SY DQ0153《游梁式抽油机安装技术验收条件》对电缆沟的要求:电缆沟深 700 mm,宽 300 mm。挖好后先放 50 mm 沙层,然后放电缆,再放沙 50 mm,沙层上面铺上红砖,每米 5 块,放好后,用土回填,电缆两头要有保护管。

3. 整改措施

(1)严格按照 Q/SY DQ0153《游梁式抽油机安装技术验收条件》的规定,重新铺设抽油机电缆。

(2)要求工人加强风险识别,安全时刻挂心中。

📚 本节小结

本节介绍了 Q/SY DQ0153《游梁式抽油机安装技术验收条件》的内容,包括基础安装、抽油机设备安装、电路安装、紧固、润滑、基础坑回填、抽油机的安全防护。抽油机试运与验收等。宣贯了 Q/SY DQ0799《采油维修工实际技能操作》中水平尺的使用内容。

第二节 抽油机井巡回检查

抽油机井巡回检查是采油工每天都要进行的一项工作内容,它包括 3 项内容:抽油机设备运行情况检查、井口检查、资料录取。检查抽油机时,如果抽油机在运转,要距离抽油机设备0.8m 以外检查各点。抽油机运转中不能处理抽油机各部位的问题。每隔6h 按照油井巡回检

查路线逐井检查一次,如遇有作业施工异常井或刮风、下雨、下雪等恶劣天气必须加密检查次数。检查时要按巡回检查路线先检查抽油机一侧,再检查抽油机另一侧。Q/SY DQ0798《油水井巡回检查》规定,抽油井的巡回检查流程有 14 个:井口、驴头、悬绳器、中轴、支架、曲柄、连杆、减速箱、刹车、尾轴、横梁、电机、电控箱和底座。抽油机的检查内容主要是检查连接部位是否紧固、轴承部位是否润滑、皮带轮四点一线、刹车是否灵活、抽油机是否平衡;井口检查内容是看井口油压、套压数据,各压力表是否堵塞、是否冻坏,指针是否灵活,井口设备有无刺漏,闸门开关是否处于正常位置,掺水是否正常。巡回检查时,携带常用工具与用具,认真对各检查点进行听、看、查,发现可疑迹象应停机检查。对本班不能处理的问题,及时向领导反映。同时准确记录抽油井巡回检查点油井的资料数据;资料录取要做到按时录取、及时上报,全准率、及时率达到 100% 。本节主要宣贯三个标准:

Q/SY DQ0798　油水井巡回检查规范

Q/SY DQ0813　游梁式抽油机操作、保养、维护、修理规程

Q/SY DQ0919　油水井、计量间生产设施管理规定

一、抽油机设备检查

1. 抽油机各部件检查

国内各油田应用最多的是常规型游梁式抽油机,游梁式抽油机由主机和辅机两大部分组成。主机由底座、减速箱、曲柄、平衡块、连杆、横梁、支架、游梁、驴头、悬绳器、刹车装置组成。辅机由电动机,电路控制装置组成,如图 1-6 所示。

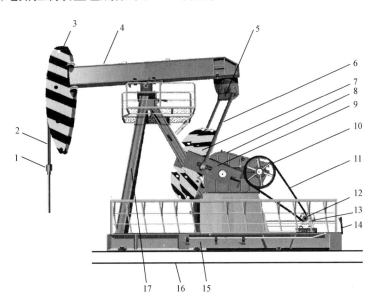

图 1-6　游梁式抽油机组成

1—悬绳器;2—毛辫子;3—驴头;4—游梁;5—横梁;6—连杆;7—平衡块;

8—减速箱;9—曲柄;10—大皮带轮;11—皮带;12—电动机轮;13—电动机;

14—刹车;15—底座;16—水泥基础;17—支架

抽油机各部件连接部位,如图1-7所示:

(1)支架轴(或中轴):游梁与支架连接部分,其上有4条顶丝,通过4条顶丝来调节游梁的前后位置。

(2)尾轴:游梁与横梁连接部分,游梁上焊接的止板与横梁尾轴承座通过螺栓连接。

(3)曲柄销轴:连杆与曲柄连接的部分,销轴位于销套中,外有冕形螺帽,两个连杆下端接于两个曲柄销轴,该轴脱出就会造成翻机事故。

(4)减速箱输出轴:曲柄与减速箱连接部分,靠键槽连接。

(5)减速箱中间轴:减速箱内的中间轴,将减速箱输入轴的动力传递给输出轴,能起到减速作用。

(6)减速箱输入轴:减速箱与大皮带轮、刹车轮连接的轴承。

(7)电动机轴:电机轮安装部位。

(8)驴头销:驴头与游梁连接部位。

(9)连杆销:连杆与横梁连接部位。

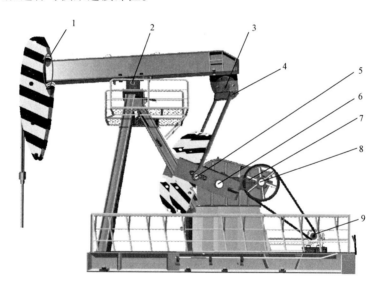

图1-7　抽油机各部件连接的(销)轴

1—驴头销;2—支架轴(中轴);3—尾轴;4—连杆销;5—曲柄销轴;

6—曲柄轴(输出轴);7—中间轴;8—大皮带轮轴(输入轴);9—电动机轴

1)驴头及悬绳器

(1)驴头(图1-8)装在游梁的前端,保证抽油时光杆始终对准井口中心位置。驴头的弧线是以支架轴承为圆心,游梁前臂长为半径画弧而得到的。驴头承担着井内抽油杆、泵内摩擦阻力及液柱重量。驴头与游梁是依靠驴头销连接的。驴头顶丝是保证驴头正对准油井中心的。

(2)悬绳器(图1-9)是连接光杆和驴头的柔性连接件,还可供动力仪测示功图用。通过驴头弧面和悬绳器,便可保证光杆沿油管中心做往复运动。

悬绳器主要由下列零件组成:钢丝绳两头分别穿过上板和下板两端圆孔,再从套的锥孔小

图 1 – 8　驴头

1—安全销;2,3—驴头顶丝;4—止退销钉

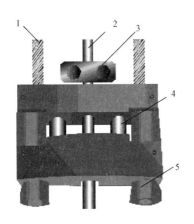
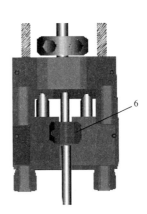

图 1 – 9　悬绳器结构图

1—钢丝绳;2—光杆;3—方卡;4—顶丝;5—铝碗;6—挡片

头穿过,将绳头分开,用锌浇注,使绳头和锌块结合为一个整体。光杆方卡(图 1 – 10)为对称的两半,利用内空的倒牙并借拧紧两边螺栓将光杆卡牢,并靠其端面座于上板上,下板两端各装有一个顶丝 4(图 1 – 9),用以升降上板,在使用过程中不承担载荷,上下板之间的空隙可供安装动力仪。

悬绳器毛辫子常见故障有绳辫粗细不均匀、腐蚀严重、锈很多、拉断砸在井口密封圈盒上。故障原因:

① 绳辫钢绳中的麻芯断裂,造成钢绳间的互相摩擦,钢绳受到的损伤很大,最后拉断。

② 绳辫钢绳受到外力严重损伤,同部位断丝超过 3 根而检查时没有及时更换,最后拉断钢绳。

③ 钢丝绳头与灌注的绳帽强度不够,使绳帽与钢绳脱落。

处理方法:

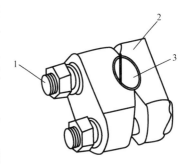

图 1 – 10　光杆方卡

1—螺栓;2—卡体;3—卡牙

更换悬绳器;截取合适长度的钢绳1根,装上悬绳器的上、下压板;如果是绳帽灌注,灌绳锥套的总长度不得超过100mm;灌铅时应在绳头上打入三角铁纤2~3根起涨开作用;铅里应加入少量锌以增加强度,避免拉脱;如果是用绳卡子卡时,下方预留绳头不得超过20mm,以免运转到下死点时刺伤采油工。

平时巡回检查要查看驴头销有无松串现象。观察悬绳器上、下盘是否平行,上、下冲程时悬绳器有无来回扭动,否则需调整。观察光杆卡是否卡,有无松脱移位,否则应汇报并重调防冲距,卡牢光杆卡。按 Q/SY DQ0798《油水井巡回检查规范》的规定,驴头、悬绳器、盘根盒三点一线对中。

2)游梁及支架轴(中轴)

游梁装在支架轴承上(如图1-7所示),绕支架轴承做上下摆动,尾端与尾横梁通过尾轴承连接,前端焊有驴头座,承担驴头重量,游梁可前后移动调节。前端安装驴头承受井下负荷,后端连接横梁、连杆、曲柄、减速箱传递电动机的动力。

如游梁安装不正,中心线与底座中心线不重合,当抽油机运转到某一位置时会发生声响,连杆和重块发生摩擦的部位有明显的痕迹,可调整游梁位置,使其与曲柄完全一致;游梁的中心线应与底座中心线重合在一条线上,可用中央轴承座的前后4条顶丝调节;削去平衡重块上突出过高的部分,可采用手提砂轮机磨掉多余部分。

看中轴 U 型螺栓、固定螺栓、4条顶丝备帽是否齐全,安全线是否齐全、清楚,螺栓有无松动。按 Q/SY DQ0798《油水井巡回检查规范》的规定,检查顶丝、轴承盖螺丝紧固无松动,轴承运转声音正常,支架无断裂、开焊现象。

3)横梁及尾轴

横梁(如图1-11所示)是连杆与游梁之间的桥梁,轴承支座用螺栓固定在横梁上,轴承支座内装有滚子轴承,通过轴承座用长螺栓与游梁尾部连接。动力经过横梁才能带动游梁做摇摆运动。

尾轴承座常见故障有尾轴承固定螺栓剪断、螺栓弯曲,尾部有异常声响、轴承座发生位移。

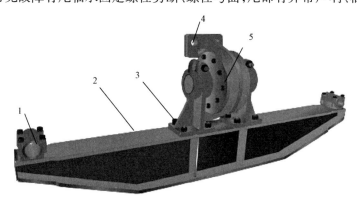

图1-11　横梁结构

1—连杆销孔;2—横梁;3—尾轴承与横梁连接螺栓;4—横梁与游梁连接螺栓;5—尾轴承

尾轴承座故障原因:

(1)游梁上焊接的止板与横梁尾轴承座之间有空隙存在;尾轴承座后部有一螺栓穿过止板拉紧尾轴承座,这条螺栓未上紧,紧固尾轴承座的 4 条螺栓松动,或无止退螺帽。

(2)上紧固螺栓时,未紧贴在支座表面上,中间有脏物。

尾轴承故障处理方法:

(1)止板有空隙时,可加其他金属板并焊接在止板上,然后上紧螺栓。

(2)重新更换固定螺栓并加止退螺帽,打好安全线加密检查。

巡回检查时,按 Q/SY DQ0798《油水井巡回检查规范》的规定,检查连接螺丝、顶丝、备帽齐全紧固无松动,运转声音正常。

4)曲柄连杆平衡块

(1)连杆。

连杆一般都用无缝钢管制成,也用工字钢或槽钢制成。在连杆的上部有焊头,连杆与横梁用销子(如图 1 - 12 所示)绞接,下接头与曲柄连接,曲柄销的一端装在轴承上,另一端固定在曲柄销孔内,用冕形螺母紧固,并加开口销锁住。

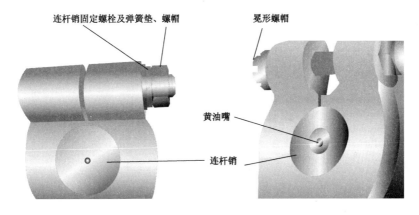

图 1 - 12 连杆销结构

(2)曲柄。

曲柄(如图 1 - 13 所示)是由铸铁铸就的一个部件,它装在减速箱输出轴两端,共两个。曲柄上有 4~8 个圆孔,调节冲程时,两侧外缘有牙槽并有刻度标记。侧面开有凹槽,是装配重块所用,内侧两边缘为平面。尾部有一吊孔(图 1 - 14),与输出轴的连接是曲柄,头部为叉形,中间开有与减速器输出轴直径相匹配的孔,并开有键槽。叉形部分由两条拉紧螺栓固定。

(3)平衡块。

平衡块由螺丝固定在曲柄上,在调节平衡时,取下保险锁块,装入专用摇把,松开平衡块两端紧固螺母,即可用转动摇把使平衡块在曲柄体上移动。当移动到平衡块上的平衡力矩指示标记时,停止移动,并将平衡块两端紧固螺母拧紧,装上保险锁块并拧紧,如图 1 - 15 所示。

(4)曲柄销轴。

曲柄销轴(图 1 - 16)将曲柄和连杆连接在一起,它与曲柄上的冲程孔、曲销轴、锥套和冕形螺母相连接,与连杆的连接是通过穿销螺丝穿过曲柄销壳来实现的。它在冲程孔的位置决

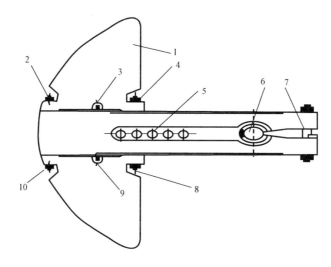

图 1 – 13　曲柄平衡块

1—平衡块;2,4,8,10—平衡块与曲柄连接螺栓;

3,9—止动锁块;5—冲程孔;6—输出轴孔;7—拉紧螺栓

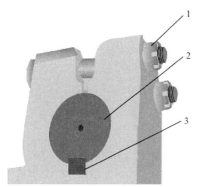

图 1 – 14　曲柄末端结构

1—锁紧螺栓帽;2—输出轴;3—曲柄方键

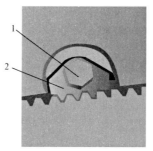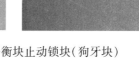

图 1 – 15　平衡块止动锁块(狗牙块)

1—普通螺栓;2—止动锁块;3—冕形螺帽开口销

定抽油机冲程的大小,并可通过调整曲柄销的位置来调整抽汲参数。曲柄常见故障有:曲柄销偏磨故障;曲柄在输出轴上向外移,从后面看抽油机连杆不是垂直而是下部向外,严重时掉曲柄,造成翻机事故;曲柄销在曲柄圆锥孔内松动或轴向外移拔出的故障;曲柄和减速箱曲柄轴连接破坏故障,因此它是采油工作者应重点关注的部件。

采油工应查看曲柄销轴、连杆销子、平衡块固定螺栓是否有备帽、是否紧固,安全线是否齐全清楚;观察减速箱输出轴端连接键有无松动,曲柄大孔拉紧螺栓有无松动;听轴承运转声音是否正常,有无异常响声。

听连杆销在工作时有无响声,观察连杆销紧固螺栓有无松动;润滑或紧固连杆销。

观察连杆与平衡块、连杆与曲柄间有无摩擦;查连杆焊口;查连杆与轴承座间的连接螺栓有无松动。

图 1 - 16 冕形螺母

听曲柄销轴承在运行中有无响声;停抽油机,手摸曲柄销轴承盒有无发热,如有异常,应保养曲柄销轴承。

按 Q/SY DQ0798《油水井巡回检查规范》的规定,检查曲柄销子、连杆、平衡块紧固无松动、无异常声音。

5)减速箱

减速箱(如图 1 - 17 所示)主要有三轴八齿组成,减速箱 3 根轴是输入轴、中间轴、输出轴。在输入轴中间有两个传动齿轮,两端还有两个轮:一端是接受电动机动力的大皮带轮,另一端是刹车轮。在中间轴上有 4 个齿轮。输出轴上有两个齿轮,轴二端装置曲柄,轴上有个键槽,互成90°。

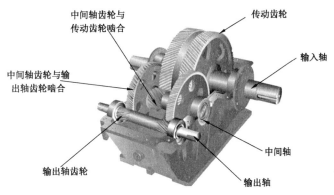

图 1 - 17 减速箱结构示意图

　　减速箱由固定螺栓固定在筒座上面,筒座的作用是固定减速器,承担减速器的重量并使减速器提高至使曲柄能够旋转。减速器高基础井则无筒座,如CYJ5－2712型,它由厚钢板焊接而成,与底座焊接在一起,顶面加工水平并有螺丝孔与减速器连接。查箱体固定螺栓是否坚固,备帽是否齐全。

　　减速箱的作用就是将电动机的高速旋转运动(1450r/min,960r/min,735r/min)变成曲柄的低速转动(7～15r/min),带动抽油机四连杆机构运动。　听减速箱齿轮运转声音是否正常,有无异常声响。按Q/SY DQ0798《油水井巡回检查规范》的规定,检查各部位螺丝紧固无松动,润滑油油位、油质符合规定要求,无渗漏、无异常响声。

　　减速箱盖装有视孔,借以观察减速箱内齿轮的啮合情况。减速箱盖(图1－18)上有呼吸阀,它的作用是平衡减速箱内外腔压力,如果呼吸阀堵死,容易造成减速箱漏油。箱体侧面(图1－18)装有视窗,观察箱内的机油液面,看润滑油位是否在上下看窗之间,油品有无变质。箱体侧面装有排污阀,在清洗时,保证污油流得干净。

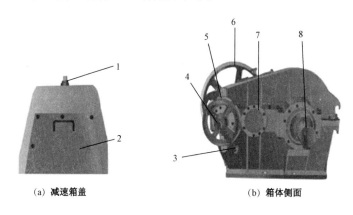

(a)　减速箱盖　　　　　　　　　　　(b)　箱体侧面

图1－18　减速箱外部结构图

1—呼吸阀;2—减速箱孔盖;3—视窗;4—输入轴;5—刹车轮;
6—大皮带轮;7—中间轴;8—输出轴

　　大皮带轮安装在减速箱的输入轴上面,电动机高速旋转,通过皮带把动力传递给大皮带轮。巡回检查时,看输入轴有无松动,与电机轮是否成"四点"一线。(用手按1～2指为合适)。"四点一线"是指从减速箱皮带轮边缘、电机轮边缘拉一条线通过两轴中心,这四点在一条直线上叫"四点一线"。如果不在一条直线上,则需要调整电机位置。

　　减速箱常见故障有齿轮磨损、轴承磨损、润滑油变质、润滑油漏失。

　　润滑油漏失原因及处理方法:

　　(1)减速器内润滑油过多,放掉减速器内多余的润滑油,箱内油面应在油面检视孔的1/3～2/3之间。

　　(2)合箱口不严,螺丝松或没抹合箱口胶,箱口不严可重新进行组装。

　　(3)减速器回油槽堵,清理干净回油槽。

　　(4)减速器的呼吸阀堵,使减速器内压力增大,拆洗清理呼吸阀。

6）刹车

刹车（图1－19）也叫制动器,它是由手柄、刹车中间座、拉杆、锁死弹簧、刹车轮、刹车片等部件组成。刹车片与刹车轮接触时发生摩擦而起到制动作用,所以也叫制动器。

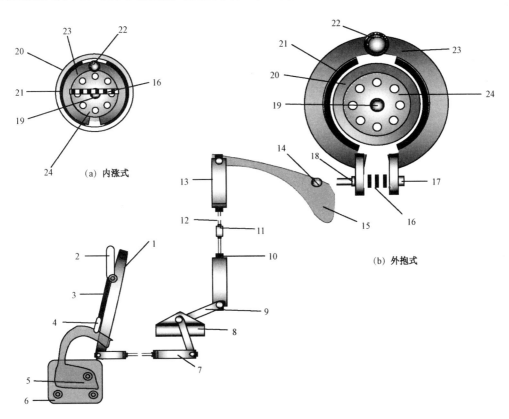

图1－19　抽油机刹车装置结构示意图

1—刹车把;2—锁死刹车把;3—弹簧拉杆;4—锁死牙块;5—刹车座;6—刹车固定座;

7—拉杆头;8—刹车中间座;9—刹车座摇臂;10—螺栓备帽;11—螺栓;12—（纵、横）拉杆;

13—拉杆头;14—摇臂销;15—刹车摇臂;16—弹簧;17—刹车销;18—刹车蹄扶正圈;

19—刹车轮固定螺栓;20—刹车轮;21—刹车片;22—刹车蹄固定螺栓;23—刹车蹄;24—刹车毂

（1）刹车常见故障。

① 刹车时不能停在预定的位置,拉刹车时感觉很轻。

② 松刹车时刹车把推不动。

（2）刹车故障原因。

① 刹车行程未调整好或行程过大,拉到底时刹车片才起作用。

② 刹车片严重磨损。

③ 刹车片被润滑油染（脏）污,不能起到制动作用。

④ 刹车中间座润滑不好或大小摇臂有1个卡死,拉到位置后刹车仍不起作用。

（3）刹车故障处理方法。

① 调整刹车行程在1/3～2/3之间,并调整刹车凸轮位置,保证刹车时刹车蹄能同时

张开。

② 更换严重磨损的刹车片,取下旧刹车片重新绑上新刹车片。

③ 清理刹车毂里的油迹,保障刹车毂与蹄片之间无脏物、油污;如果是刹车毂一侧的油封漏油,应更换油封。

④ 把刹车中间座拆开,因里面是铜套需要润滑,拆开后清理油道加注润滑脂即可;两个摇臂要调整好位置,不得有刮卡现象。

Q/SY DQ0798《油水井巡回检查规范》规定,刹车行程在刹车盘的1/3~2/3处能够刹死刹车。查看刹车纵、横拉杆是否弯曲变形,刹车连杆不准搭焊。查看刹车锁销是否能够锁死,刹车片的刹车销钉是否齐全,刹车片薄厚是否均匀,有无磨偏现象,不能有油脂,不能打滑。

7)电器部分

(1)电机。

如图1-20所示,电机是动力的来源,一般采用感应式三相交流电动机,它固定在电机座上,由皮带传送动力至减速器大皮带轮,前后对角上有两条顶丝,可调节皮带的松紧。电机座的主要作用是承载电机的重量,它自成一体,与抽油机底座由螺纹连接,它上面有井字钢,目的是为了调整电机的前、后、左、右位置,保持电机轮与减速器大皮带轮的"四点一线",它由槽钢焊接而成。Q/SY DQ0798《油水井巡回检查规范》规定,电机温度正常,运转无杂音,电机顶丝、备帽齐全,紧固无松动,皮带松紧适度,皮带轮与电机轮平面四点一线,电机接线盒密封与电机接地保护合格无漏电。

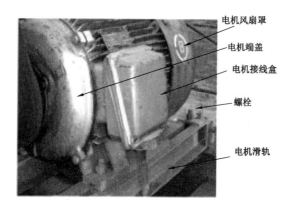

图1-20 电机滑轨及垫铁示意图(宝鸡10型抽油机)

(2)电控箱

电控箱如图1-21所示。电控箱、监控仪表及元器件完好,箱内清洁。电控箱安装垂直、牢固、密封,有支架,距地面30cm以上。电控箱保持原色,箱门上应有"安全负责人"标识或醒目的"小心有电""有电危险"等警示标志。用试电笔检验电控箱是否漏电。Q/SY DQ0798《油水井巡回检查规范》规定,电控箱门和电器元件齐全完好无漏电。Q/SY DQ0919《油水井、计量间生产设施管理规定》规定,电缆应埋地,如果架空应使用钢脚线盒挂钩。应检查电机接地线各接地点有无松动、是否氧化,接触是否良好。听电机运转声音是否正常,看运行电流不超载,摸机温不超过70℃。

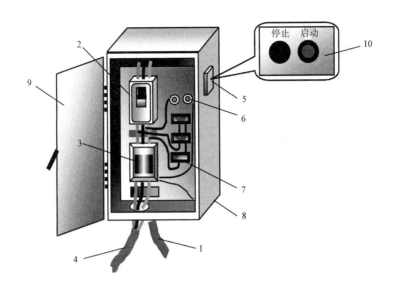

图 1 - 21　配电箱结构

1—交流接触器;2—空气开关;3—电流保护器;4—保险;5—启停按钮;
6—三相电缆;7—接地;8—箱体;9—箱门;10—启、停按钮面板(放大)

（3）变压器。

变压器如图 1 - 22 所示。看变压器是否漏油,油枕内油位是否在合理液位,听电机运行声音是否正常。Q/SY DQ0919《油水井、计量间生产设施管理规定》规定,变压器隔离开关不虚接,不跑单相。检查冷却油位是否在 1/3 ~ 2/3 之间。

（a）油位看窗

（b）标志看窗

图 1 - 22　变压器图

8）底座

底座如图 1 - 23 所示,是担负抽油机全部重量的唯一基础。下部与水泥混凝土的基础由螺栓连接成一体,上部与支架、减速箱由螺栓连接成一体。底座由型钢焊接而成,是抽油机机身的基础部分。

地基建筑不牢固、底座与基础接触不实有空隙、支架底板与底座接触不实,会发生抽油机

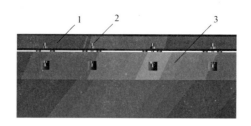

图 1 – 23　底座

1—底座;2—螺栓;3—水泥基础

整机振动故障。

首先要检查水泥基础与底座接触是否牢固,如果不牢固,当抽油机上行时基础跟着抽油机的上行而上升,下行时又回到原位,此种故障多发生在墩式基础的第一、第二基础上;下雨时发现比较明显的稀泥从基础与大地的缝隙中被挤出来,此种故障是底板的预埋件与基墩的焊接开焊造成整机振动过大,检查基墩和底座的连接部分,斜铁是否有松动,紧固螺钉是否松动。

巡回检查时,检查各部位连接螺栓是否坚固,备帽是否齐全,斜铁有无松动;查底座基础有无损坏变形,基础内及附近有无杂物。按 Q/SY DQ0798《油水井巡回检查规范》中 2.13 的规定,检查抽油机基础有无振动(基础与地面没位移为正常,有位移则不正常,如上、下位移超过1cm,应立即停机)。

Q/SY DQ0798《油水井巡回检查规范》规定,底座各部位螺栓、螺丝、备帽齐全、紧固无松动;垫铁符合要求,无断裂开焊现象。

2. 新系列游梁式抽油机代号

按游梁式抽油机系列标准,其型号表示的意义以 12 型抽油机为例,如图 1 – 24 所示:

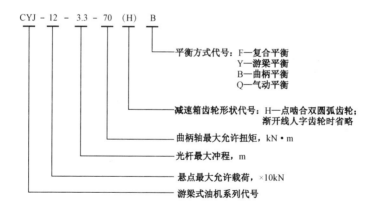

图 1 – 24　抽油机代号

按平衡方式不同,可分为:

(1)游梁平衡:游梁的尾部装设一定重量的平衡块。

(2)曲柄平衡:将平衡块加在曲柄上。

(3)复合平衡:在一台抽油机上同时使用游梁平衡和曲柄平衡。

(4)气动平衡:利用气体的可压缩性来储存和释放能量从而达到平衡的目的。

游梁式抽油机型号与参数对照见表1-3。

表1-3 抽油机参数

机型	悬点最大允许载荷 10kN	减速器额定扭矩 kN·m	冲次 min^{-1}	冲程 m	电机功率 kW	整机重量 kg
CYJ3-1.5-6.5HB	3	6.5	15,12,9	1.5,1.1,0.9	5.5	5430
CYJ6-2.5-26HB	6	26	8,6,4	2.5,2.1,1.8	18.5	12000
CYJ8-2.5-26HB	8	26	9,7,5	2.5,2.1,1.8	22	15000
CYJ8-3-37HB	8	37	12,9,6	3,2.5,2.1	30	17000
CYJ10-3-37HB	10	37	12,9,6	3,2.5,2.1	37	18215
CYJ10-3-53HB	10	53	12,9,6	3,2.5,2.1	45	18955

二、抽油机井井口检查

抽油机井口装置的作用是开关、控制和引导油气流,即在开采过程中,从油管和套管的环形空间将油和气引到地面上来;悬挂油管,即悬挂下入井中的油管柱;连接井下套管,承托下入油井中的各层套管柱;密封套管与油管之间的环形空间;创造测试及井下作业条件,便于测压、清蜡、洗井、循环和油井增产等措施,如图1-25所示。

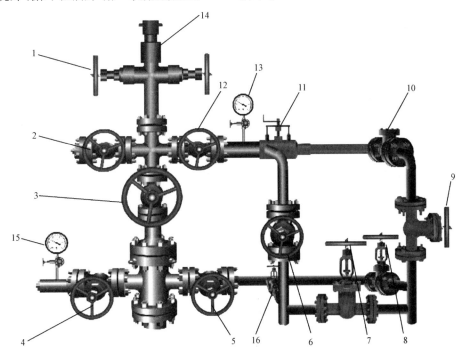

图1-25 抽油机井口装置

1—胶皮闸门;2—油管放空阀门;3—总闸门;4—套管测试闸门;5—套管闸门;6—回油闸门;
7—直通阀门(小循环);8—热洗闸门;9—掺水阀门(大循环);10—单流阀;11—掺水调节阀;
12—生产闸门;13—油压表;14—密封段;15—套压表;16—套管出液阀

1. 井口各部件作用

1）盘根盒结构及作用

常见的有两种型式。盘根盒（如图 1 - 26 所示）主要由弹簧座、弹簧、下压帽、胶皮密封垫、密封盒上压帽、密封盒下压帽、撬杆和光杆组成。作用是密封光杆与油管之间的环形空间，防止井口漏油。按 Q/SY DQ0798《油水井巡回检查规范》的规定：光杆不发热，不带油，井口设备完好无损，无渗漏；井口出油声音正常；盘根盒松紧合适、无渗漏；下死点时，防掉卡子距盘根盒符合安全距离。

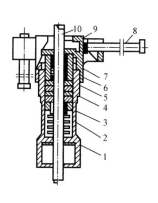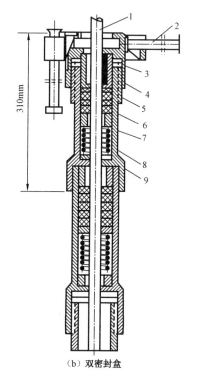

（a）单密封盒

1—弹簧座；2—弹簧；3—下压帽；

4—胶皮密封；5—密封盒；

6—上压帽；7—密封帽；8—撬杠；

9—装机油；10—光杆

（b）双密封盒

1—光杆；2—手柄；3—压紧螺帽；

4—上压帽；5—外壳；6—胶皮盘根；

7—下压帽；8—弹簧；9—弹簧座

图 1 - 26　抽油井口密封盒结构

2）胶皮闸门的作用

抽油井正常生产时，该闸门应处于全开状态。当进行加光杆盘根操作时，关闭此胶皮闸门。

3）小四通的作用

用以连接测试闸门与总闸门及左右生产闸门，是油井出油、水井测试等必经通道。

4）总阀门的作用

原油从油管经过该阀门、生产阀门到计量间。抽油井正常生产时,该阀门处于全开状态。

5）生产闸门的作用

安装在油管四通或三通的两侧,其作用是控制油气流向出油管线。油井正常生产时,生产闸门处于全开状态,油井停产时才关闭。

6）回油闸门的作用

安装在取样后的出油管线上,其作用是维修生产闸门及修井作业时关闭,以防止出油管线内的流体倒流,也有的油井是在此位置上装了一个单流阀代替了回压闸门。油井正常生产时,该闸门处于全开状态。

7）取样阀门的作用

在出油管线上,焊有一个小直径的短管,并用一个小闸门控制着,它的作用是用来进行井口取样,所以叫作取样放空考克。

8）压力表的作用

压力表是用来观察和录取压力数据的仪表,主要是录取油压、套压。

9）大四通的作用

大四通的作用是油管套管汇集分流的主要部件。通过它密封油套环空、油套分流。外部是套管压力,内部是油管压力,下部连接套管短接。

10）套管闸门的作用

正常生产时,该闸门微开 3~5 圈。当套管中气体较多时,通过该阀门把气体送到回油管线里,实现油气混输。另外,当油井热洗时,该阀门也要打开。

11）套管测试闸门

正常生产时,该阀门关闭。当测动液面或静液面时,该阀门打开。

12）热洗闸门

正常生产时,该阀门关闭。当倒热洗流程时,该闸门要打开。

13）掺水阀门

正常生产时,该阀门打开。取样时,该阀门提前关闭 30min 再取样。

14）单流阀

无手轮、正常生产时,液体只能向一个方向流动,防止停产时,水倒流回井里。

15）油管放空阀门

油井洗井打开该阀门。

2. 抽油机井井口流程

1）单管生产井口流程

使用单管生产流程条件：

（1）油井出油温度50～60℃。

（2）外界气温常年较高，最低在－10℃以上。

（3）单管冷输流程适用于油田开发中、高含水节点，并且单井产液量较大，管线深埋2m以下。

使用单管生产流程有节能、经济、便于管理的特点。抽油井单管生产井口流程的工作过程如图1－27所示：

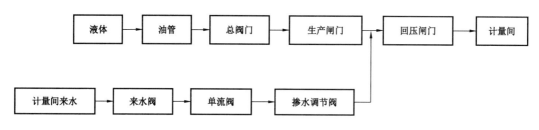

图1－27　抽油井掺水保温流程框图

2）掺水保温流程

掺水保温流程（如图1－27所示）是将热水掺入出油管线。其流程为：计量间来热水→井口来水阀→单流阀→掺水调节阀→回压阀门→井口出油管线→集油干线。

3）双管生产流程

如果抽油机井产能（出液）较高，不需要掺水拌热，就可改为双管生产流程，即在正常生产流程状态下打开直通阀（注意计量间的双管生产回油阀及时打开且同时关闭掺水总阀）、关闭掺水阀就可双管出油生产，如图1－28所示：

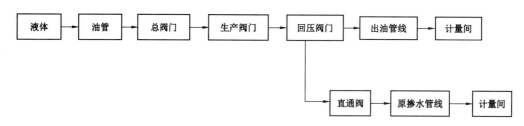

图1－28　抽油井双管生产流程框图

4）热洗流程

在正常生产流程状态下，打开套管热洗阀，在打开前可根据（各油田生产客观条件）需要，先打开地面循环，即开直通阀，（减少洗井初期管损）再关闭掺水阀，其余阀门均不动。流程为：计量间热水→井口热洗阀→套管阀门→油套环形空间，如图1－29所示。

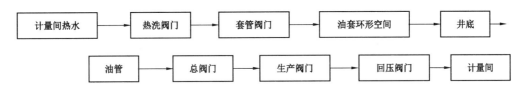

图 1 - 29　抽油井热洗流程框图

三、抽油机井巡回检查操作

1. 准备工作

(1)穿戴好劳保用品。

(2)设备准备:正常生产的抽油机一口。

(3)工具、用具准备:250mm 活动扳手一把,150mm 平口螺丝刀一把,500A 钳形电流表一块,600mm 管钳一把,绝缘手套一副。

(4)材料准备:密封填料 2 根,黄油、棉纱少许,纸、笔。

2. 操作步骤

检查流程共分井口,驴头、悬绳器,中轴、支架,曲柄、连杆,减速箱,刹车,尾轴、横梁,电机,电控箱,底座十个部分。

1)检查井口

检查油压、套压是否正常,将油、套压表阀门关闭,观察压力表指针是否落零,看压力表是否过检验期;看掺水温度是否符合要求。

检查井口密封填料松紧是否合适,若有松动用盘根棒或管钳进行紧固,检查光杆是否发热、密封填料有无漏油;井口出油声音应正常,盘根盒应松紧合适,无渗漏,下死点时,防掉卡子距盘根盒符合安全距离。

井口设备达到无缺件、无松动、无异响,不脏、不锈、不漏油,现场规格化。

生产流程正常,油压、套压、掺水温度符合要求,光杆不发热、不带油,井口设备完好无损,无渗漏。

2)检查驴头、悬绳器

检查悬绳器钢丝绳有无断股、脱股现象,悬绳器压板是否保持水平,使用专用销钉和开口销,驴头顶丝、备帽紧固无松动。Q/SY DQ0798《油水井巡回检查规范》要求:驴头、悬绳器、盘根盒三点一线对中。

3)检查中轴、支架

顶丝、轴承盖螺丝紧固无松动,轴承运转声音正常,支架无断裂开焊现象。

4)检查曲柄、连杆

检查曲柄销子、平衡块有无松动和脱出现象,曲柄键是否有松动现象,曲柄紧固螺丝有无松动。

5）检查减速箱

各部位螺丝紧固无松动,润滑油油位、油质符合规定,要求无渗漏、无异常响声。

6）检查刹车

刹车灵活好用,刹车片内无油砂,刹车行程在刹车盘的1/3～2/3之间,连接销子及各部位螺丝紧固无松动,备帽齐全。

7）尾轴、横梁

连接螺丝、顶丝、备帽齐全紧固无松动,运转声音正常。

8）电机

电动机设备部分有无异常现象和漏电现象;电机温度正常,运转无杂音,电机顶丝、备帽齐全紧固无松动,皮带松紧适度,皮带轮与电机轮平面四点一线,电机接线盒密封。Q/SY DQ0813《游梁式抽油机操作、保养、维护、修理规程》规定,接地体电阻不大于4Ω,电机线组对地绝缘电阻不得低于0.5MΩ。电机接地保护合格无漏电。

9）电控箱

电控箱门和电器元件齐全完好无漏电。保险接好插牢,规格应符合要求,电器设备的金属外壳应有良好的保护接地。

10）底座

底座各部位螺栓、螺丝、备帽齐全紧固无松动,垫铁符合要求,无断裂开焊现象。

除检查上述各部分外,还应检查有无异常现象和漏电现象。检查完毕后做好记录,将工具收拾齐全,清洗干净,存放。

3. 注意事项

（1）停抽时人不能正对开关箱,必须戴高压绝缘手套。

（2）操作刹车锁块时,一人拉刹车进行保护,一人上操作台挂刹车锁块,防止刹车锁块夹伤手。

四、事故案例分析

1. 案例 1:未用验电笔对电控箱验电,发生电弧烧伤

1）事故经过

2005 年 3 月 7 日 10 时 20 分左右,某采油队 4#计量间采油工李某对抽油机井进行例行巡检时,发现验电笔于前一天丢失。他未用验电笔对电控箱验电,面向电控箱直接打开电控箱门,发生电弧烧伤事故。

2）事故原因分析

（1）李某验电笔丢失,未对电控箱事先验电。

(2)面向电控箱直接打开电控箱门。

(3)电控箱内部电气线路老化、绝缘能力降低,造成抽油机电控箱外壳部分带电。

(4)该员工安全意识淡薄,思想麻痹,侥幸违章作业导致事故发生。

(5)违反企业标准 Q/SY DQ0798《油水井巡回检查规范》的规定:电控箱门和电器元件齐全完好无漏电。

3)预防措施

(1)任何带电设备操作都要事先验电。

(2)电控箱有接地保护合格无漏电。

(3)戴绝缘手套操作。

(4)加装安全警示标志。电控箱前门应喷涂"高压危险"和"启停机戴好绝缘手套"安全警示标志。在电控箱侧面设置"当心电弧,侧身操作"安全警示标志。

2. 案例2:抽油机未停机,擦拭减速箱油污,被下落的曲柄挤碰致死

1)事故经过

2005年3月18日下午,工人张某到井场检查抽油机,发现减速箱输出轴下部有一块油污,他认为拿一块擦布擦一下就能干净,就在未停机的情况下清理油污,可是他一下没擦净,就在要擦第二下时,被下落的曲柄碰撞致死。

2)事故原因

(1)该工人是一名老工人,熟悉抽油机保养的基本安全操作常识。对自己的技术、技能盲目自信,认为不遵守操作规程,也不会发生事故。

(2)违反了企业标准 Q/SY DQ0798《油水井巡回检查规范》的规定:抽油机运转中不能处理各部位的问题。

(3)个人严重违章导致重大机械伤害亡人事故。

3)预防措施

抽油机井巡回检查严格遵守企业标准 Q/SY DQ0798《油水井巡回检查规范》。

(1)在抽油机未停机状态下工作,抽油机运转中不能处理各部位的问题。

(2)加强工人安全教育,做标准人,干标准活。

3. 案例3:抽油机连杆销子松动,导致中轴及游梁尾轴翻倒在地

1)事故经过

2011年1月21日上午11:50时,某站员工巡检中发现某井的抽油机(型号为CYJ5-1.8-18HPF)中轴及游梁尾轴翻倒在地。该员工立即确认周围环境安全后,对侧翻抽油机进行了初步检查,然后切断了电控箱上的空气开关,并关闭了该井生产闸门,并向主管设备领导及时进行了汇报。

2)事故原因分析

(1)现场勘查:抽油机的连杆销子定位螺栓没有上进连杆销子内,抽油机在运转过程中,连

杆销子在没有定位的情况下,从轴套内脱出(如图1-30所示),造成中轴及游梁尾轴翻倒在地。违反 Q/SY DQ0798《油水井巡回检查规范》的规定:曲柄销子、连杆、平衡块紧固无松动。

(2)冬季抽油机转动部件积雪较厚,员工在巡检时,未能直观的观察到该部件的异常。

(3)员工责任心不够,机身关键部位被积雪覆盖未及时采取有效措施。

(4)员工培训教育不足,对抽油机设备可能存在的安全隐患掌握不够。

3)预防措施

采油工人对油水井巡回检查严格遵守 Q/SY DQ0798《油水井巡回检查规范》。

(1)事故发生单位对不同机型的连杆销固定螺栓进行全面检查,杜绝事故再次发生。

(2)加强员工教育和培训,由专业组牵头以标准学习、现场讲解、定期抽查等形式,提高员工设备隐患辨析能力。

(3)加强抽油机相关标准的文件宣贯和执行力度,全面提高设备管理人员的综合能力。

图1-30 连杆销子从轴套内脱出

📚 **本节小结**

本节主要学习了抽油机井巡回检查内容及操作,在巡检时按照井口、驴头、悬绳器、中轴、支架、曲柄、连杆,减速箱,刹车,尾轴、横梁、电机,电控箱,底座十个部分检查,注意设备连接部位有无松动,旋转部位连杆销、曲柄销,带电部位有无漏电等。Q/SY DQ0798《油水井巡回检查规范》对上述十个部位提出检查要求。Q/SY DQ0919《油水井、计量间生产设施管理规定》要求,电控箱、变压器、抽油机底座、电机有接地保护合格无漏电。Q/SY DQ0813《游梁式抽油机操作、保养、维护、维修规程》对电机电阻提出要求。

第三节　抽油机井资料录取

为了了解抽油机井的日常生产情况,应每日录取油井油压、套压、电流参数;每月量油、测示功图与动液面1次;每半年测静压1次。采出液含水化验每月测1次。抽油机井资料录取参照 Q/SY DQ0916—2010《水驱油水井资料录取管理规定》,要录取产液量、油压、套压、电流、

采出液含水、示功图、动液面(流压)、静压(静液面)8 项资料。本节宣贯:

　　Q/SY DQ0800　　油井玻璃管量油规范

　　Q/SY DQ0916　　水驱油水井资料录取管理规定。

　　Q/SY DQ0917　　采油(气)、注水(入)井资料填报管理规定

　　Q/SY DQ1385　　聚合物驱采出、注入井资料录取管理规定

一、相关名词术语含义

　　(1)产液量:是指油井每日产出液量,呈油水混合物,单位为吨/天(t/d)。按 Q/SY DQ0917《采油(气)、注水(入)井资料填报管理规定》的规定,采油井班报表产液量单位为吨(t),数据保留 1 位小数。

　　(2)油压:流动压力把油气从井底经过油管举升到井口后的剩余压力叫油管压力,简称油压。它由油管压力表测得,其值为流动压力减去井内油气混合液柱压力、摩擦阻力及滑脱损失,用 p_t 表示,如图 1-31 所示。按 Q/SY DQ0917《采油(气)、注水(入)井资料填报管理规定》的规定,压力单位为兆帕(MPa),数据保留 2 位小数。

　　(3)套压:流动压力把油气从井底经过油、套管之间的环形空间举升到井口后的剩余压力叫套管压力,简称套压。它由套管压力表测得,其值为流动压力减去环形空间液柱与气柱压力,用 p_c 表示如图 1-30 所示。按 Q/SY DQ0917《采油(气)、注水(入)井资料填报管理规定》的规定,压力单位为兆帕(MPa),数据保留 2 位小数。

　　(4)动液面:油井正常生产时,油套环空液面的深度,指液面到方补心的距离,如图 1-31 所示。

　　(5)流压:油井正常生产时油层中部的压力,用 p_f 表示,如图 1-31 所示。

　　(6)静液面:油井关井以后油套环空液面到方补心的距离,如图 1-32 所示。

　　(7)静压:油井关井时油层中部的地层压力,用 p_s 表示,如图 1-32 所示。

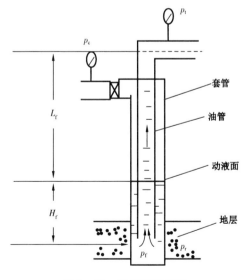

图 1-31　动液面示意图

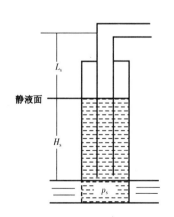

图 1-32　静液面示意图

（8）电流：是指电动机电流，取上下冲程顶点和底点的瞬间电流，单位为 A。

（9）采出液含水：指采出液中水的质量占采出液总质量的百分数，按 Q/SY DQ0917《采油（气）、注水（入）井资料填报管理规定》的规定，量纲为 1，数据保留 1 位小数。

（10）示功图：是指悬点载荷与悬点位移的关系曲线，反映深井泵的泵况。

（11）采出液聚合物浓度：聚合物驱抽油机井、电泵井、螺杆泵井资料录取的一项内容。

二、抽油机井参数的录取要求

1. 产液量录取

油井进行量油，是油井日常管理工作中很重要的工作内容，通过对单井进行量油，经常了解油井的产量变化情况，掌握油井的生产动态，可为油井分析、制定合理的油井工作制度和管理措施提供可靠的依据，确保油井正常生产。

（1）采用玻璃管、流量计量油方式。日产液量小于或等于 20t 的采油井，每月量油 2 次，按 Q/SY DQ0800《油井玻璃管量油规范》中 7.1 的规定，单井日产液不超过 20t 的井，每次量油 1～2 遍，两次量油间隔不少于 10d；日产液量大于 20t 的采油井，每 10d 量油 1 次；按 Q/SY DQ0800《油井玻璃管量油规范》中 7.1 的规定，单井日产液 20t 以上的井，每次量油至少 3 遍，每月量油 3 次。分离器（无人孔）直径为 600mm，玻璃管量油高度为 40cm；分离器直径为 800mm，玻璃管量油高度为 50cm；分离器直径为 1000mm，1200mm，玻璃管量油高度为 30cm。采用流量计量油方式，每次量油时间为 1～2h。按 Q/SY DQ0800《油井玻璃管量油规范》中的规定，水驱油井 7d 量油一次，每月必须有 4 次量油，两次间隔时间不少于 5d，聚驱井每 3d 量油一次。

（2）对于不具备玻璃管、流量计计量条件以及冬季低产井，可采用功图法、液面恢复法、翻斗、计量车、模拟回压称重法等量油方式。日产液量大于 10t 的采油井，每月量油 2 次；日产液量小于或等于 10t 的采油井，每月量油至少 1 次，两次量油间隔在 20～40d 之间。其中，采用液面恢复法量油每次不少于 3 个点，且对于日产液量小于或等于 1t 的采油井，每季度量油至少 1 次，发现液面变化超过 ±100m 等异常情况应进行加密量油。

（3）按 Q/SY DQ0800《油井玻璃管量油规范》的规定，措施井开井后，一周内量油至少 3 次。对采用玻璃管、流量计量油方式且日产液量大于 20t 的采油井应加密量油，一周内量油至少 5 次。

（4）量油值的选用

① 按 Q/SY DQ0800《油井玻璃管量油规范》的规定，对新井投产、措施井开井，每次量油至少 3 遍，取平均值，直接选用。

② 按 Q/SY DQ0800《油井玻璃管量油规范》的规定，对无措施正常生产井每次量油 1 遍，量油值在波动范围内，直接选用。超量油波动范围，连续复量至少 2 遍，取平均值。对变化原因清楚的采油井，量油值与变化原因一致，当天量油值可直接选用；对变化原因不清楚的采油井，当天产液量借用上次量油值，应第二天复量油 1 次，至少 3 遍，取平均值，产液量选用接近上次量油值，并落实变化原因。

③ 日产液量计量的正常波动范围：

——日产液量 ≤1t，波动不超过 ±50%。

　　——1t < 日产液量 ≤5t,波动不超过 ±30%。

　　——5t < 日产液量 ≤50t,波动不超过 ±20%。

　　——50t < 日产液量 ≤100t,波动不超过 ±10%。

　　——日产液量 >100t,波动不超过 ±5%。

　　(5)抽油机井开关井,生产时间及产液量扣除当日关井时间及关井产液量。当抽油机停机自喷生产时,资料录取按自喷井进行管理。

　　(6)抽油机井热洗扣产要求

　　由于原油中含有石蜡基成分,当输送温度低时,蜡析出会影响输送效率。为了提高输送效率,定期向油井注入一定温度的热水,同时油井不停产,对于这种情况的量油要扣产。

　　① 对采用热水洗井的采油井:

　　——日产液量 ≤5t,热洗扣产 4d。

　　——5t < 日产液量 ≤10t,热洗扣产 3d。

　　——10t < 日产液量 ≤15t,热洗扣产 2d。

　　——15t < 日产液量 ≤30t,热洗扣产 1d。

　　——日产液量 >30t,热洗扣产 12h。

　　② 对采用原井筒液或热油洗井的采油井,热洗不扣产。

　　③ 热洗井均不扣生产时间。

2. 油压、套压录取

　　在生产管理工作中,要记录油压、套压。从压力变化和产量的变化现象中进行分析,找出油层内和油井内影响正常生产的原因,以便及时采取相应的措施,使油井保持稳产高产。

　　油压(回压)的作用:(1)可以监测抽油泵工况。(2)监测地面流程是否畅通。

　　套压的作用:可以监测套管定压放气阀是否好用,也可以观测环空游离天然气的含量。

　　正常情况下油压、套压每 10d 录取 1 次,每月录取 3 次。对环状、树状流程首端井、栈桥井等应加密录取,定压放气井控制在定压范围内。

　　压力表的使用和校验:对于固定式压力表,传感器为机械式的压力表每季度校验 1 次,传感器为压电陶瓷等电子式的压力表每年校验 1 次。对于快速式压力表,传感器为机械式的压力表每月校验 1 次,传感器为压电陶瓷等电子式的压力表每半年校验 1 次。压力表使用中发现问题应及时校验。

3. 电流录取

　　抽油机井日常管理中,正常生产井每天测 1 次上下冲程电流。电流的高低代表抽油机悬点载荷的大小,计算出平衡率,为下一步是否调整抽油机平衡提供依据。电流波动大的井应核实产液量、泵况等情况,查明原因。电流用钳型电流表录取。

4. 采出液含水录取

　　(1)取样时避免掺水等影响资料的录取,双管掺水流程采油井应先停掺水后取样,井口停掺水至少 5min 或计量间停掺水 10~30min。

　　(2)采出液在井口取样,先放空,见到新鲜采出液,一桶样分 3 次取完,每桶样量取够总桶的 1/2～2/3。

（3）对非裂缝油藏未见水或采出液含水大于98%的采油井每月取样1次；对0%＜采出液含水≤98%及裂缝油藏的采油井每月录取3次含水资料，且月度取样与量油同步次数不少于量油次数。

（4）含水值的选用要求：

① 对新井投产、措施井开井的采油井，取样与量油同步，含水值直接选用。

② 对无措施正常生产井，含水值在波动范围内直接选用。含水值超过波动范围，对变化原因清楚的采油井，采出液含水值与变化原因一致，当天含水值可直接选用；对变化原因不清楚的采油井，当天采出液含水借用上次化验采出液含水值，应第二天复样，选用接近上次采出液含水值，并落实变化原因，原油含水分析日报格式见表1-4。

③ 采出液含水的正常波动范围：

——采出液含水≤40%，波动不超过±3%。

——40%＜采出液含水≤80%，波动不超过±5%。

——80%＜采出液含水≤90%，波动不超过±4%。

——采出液含水＞90%，波动不超过±3%。

表1-4　原油含水分析日报（格式）

编号	井号	取样日期	分析日期	含水%	备注

5. 示功图、动液面（流压）

为了了解油层的生产能力、设备能力以及它们的工作状况，为进一步制定合理的技术措施提供依据，使设备的抽油能力与油层的供油能力相适应，充分发挥油层潜力，并使设备在高效率下正常工作，以保证油井高产量、高泵效生产，应定期测油井示功图、动液面。

地面示功图是表示悬点载荷随悬点位置变化的封闭曲线，以悬点位移为横坐标，图上冲程与实际冲程之比值称为减程比；以悬点载荷为纵坐标，每毫米纵坐标表示的载荷称为力比。用动力仪在悬点处实测的示功图，称为实测示功图，如图1-33所示；而人工绘制的悬点理论载荷随悬点位移变化的封闭曲线，称理论示功图。实测示功图虽然是在悬点处测得，但其形状与泵的工作状况有密切的关系，所以也常说是泵的地面示功图。在油田采油实际工作中经常靠分析实测示功图来判断泵的工作状况。

动液面是油井生产期间油套管环形空间的液面，同样，动液面深度 L_f 表示井口到动液面的距离，动液高度 H_f 表示油层中部到动液面的距离，如图1-31所示。

（1）正常生产井示功图、动液面每月测试1次，两次测试间隔不少于20d，不大于40d。示

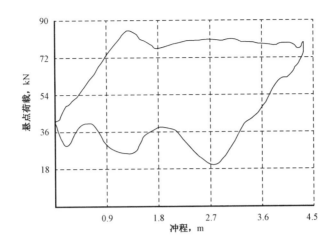

图 1－33　实测示功图

功图与动液面(流压)测试应同步测得,并同步测得电流、油压、套压资料,发现异常情况应及时测试。日产液量小于或等于 5t 的采油井,动液面波动不超过 ±100m;日产液量大于 5t 的采油井,动液面波动不超过 ±200m。超过波动范围,应落实原因或复测验证。

(2)措施井开井后 3～5d 内测试示功图、动液面,并同步录取产液量、电流、油压、套压资料。

(3)测试仪器每月校验 1 次。

6. 静压(静液面)录取

静液面(如图 1－32 所示)是关井后环形空间中的液面恢复到静止时的液面,从井口到液面的距离 L_s 称为静液面深度,从油层中部到静液面的距离 H_s 称为静液面高度,如图 1－32 所示。与它相对应的井底压力,即油层压力(静压)。

动态监测定点井每半年测 1 次静压,两次测试间隔时间为 4～6 个月。在正常生产情况下,液面恢复法压力波动不超过 ±1.0MPa,压力计实测静压波动不超过 ±0.5MPa,超过范围应落实原因,原因不清应复测验证。

7. 采出液聚合物浓度录取

按照 Q/SY DQ1385《聚合物驱采出、注入井资料录取管理规定》的规定:

(1)采出液未见聚合物采出井,采出液聚合物浓度每月化验 1 次;采出液见聚合物采出井,采出液聚合物浓度每月化验 2 次,两次间隔不少于 10d,与采出液含水同步录取,采出液聚合物浓度值直接选用。

(2)当采出液含水加密录取时,根据开发要求,适当选取部分样品同步进行采出液聚合物浓度化验,并同步选用采出液含水值与采出液聚合物浓度值。

8. 采出液水质录取

按照 Q/SY DQ1385《聚合物驱采出、注入井资料录取管理规定》的规定:

(1)采出液见聚合物采出井,采出液水质每月化验 1 次,与采出液含水同步录取,采出液水质资料直接选用。

（2）当采出液含水加密录取时,根据开发要求,适当选取部分样品同步进行采出液水质化验,并同步选用采出液含水值与采出液水质数据。

三、抽油机井录取资料操作

1. 手动玻璃管量油

1）玻璃管量油原理

如图1-34所示。

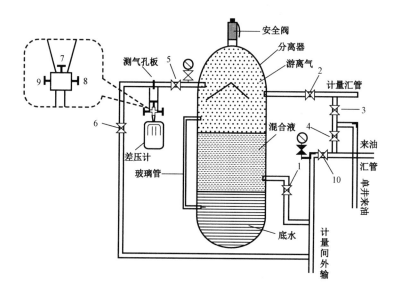

图1-34　玻璃管量油示意图

1—分离器出口阀;2—分离器进口阀;3—单井计量阀;

4—单井来油阀;5—气出口阀;6—单流阀;

7—测气平衡阀;8,9测气高低压阀;10—计量间外输总阀

在分离器侧壁装一高压玻璃管和分离筒构成连通器,根据连通器原理,分离器内液柱压力与玻璃管内水柱压力相平衡,因此,当分离器内液柱上升到一定高度时,玻璃管内水柱也相应上升一定高度,但因液、水密度不同,分离器内液柱和玻璃管中的水柱上升高度也不相同。只要知道玻璃管内水柱高度 h_w,就可以计算出分离器内液柱上升高度 H_{ow},记录玻璃管内水柱上升高度所需时间 t,则可计算出分离器内液柱重量,就可求出该井日产量。

玻璃管手动量油计算公式:

据连通器原理见式(1-1)至式(1-3)

$$H_{ow}\rho_{ow}g = h_w\rho_w g \tag{1-1}$$

$$H_{ow}\rho_{ow} = h_w\rho_w \tag{1-2}$$

则

$$H_{ow} = h_w \rho_w / \rho_{ow} \qquad (1-3)$$

若分离器直径为 D,则液柱重量按式(1-4)和式(1-5)计算:

$$W_L = H_{ow} \rho_{ow} \frac{\pi}{4} D^2 \qquad (1-4)$$

$$W_L = h_w \rho_w \frac{\pi}{4} D^2 \qquad (1-5)$$

若玻璃管水柱上升高度所需时间为 t 秒,则每秒液量为[式(1-6)]:

$$q' = \frac{W_L}{t} = \frac{h_w \rho_w \pi D^2}{4t} \qquad (1-6)$$

设 K 是量油常数,则有式(1-7):

$$K = \frac{h_w \rho_w \pi D^2}{4} \qquad (1-7)$$

其中,$\dfrac{\pi D^2}{4}$ 是计量分离器内横截面积,h_w 是量油高度,ρ_w 是清水密度,t 是折算每班产量时间。

2)量油高度与常数的选择

量油高度与常数的选择见表1-5。

表1-5　量油高度与量油常数选择

分离器内径,mm	有无人孔	量油高度,cm	计算常数,L/s	备注
600	有	40	9780	以人孔中心线以上10cm为上界线,中心线以下30cm为下界限
	无	30	7329	
800	有	50	22291.2	以人孔中心线以上15cm为上界线,中心线以下35cm为下界限
	无	50	21714.9	
1000	无	30	20347.2	
1200	有	30	29289.6	以人孔中心线为上界线,人孔中心线以下30cm为下界限

3)玻璃管手动量油操作步骤

携带好工用具,来到计量间,首先检查确认量油分离器。

(1)准备工作

① 准备记时秒表一块,1m 钢卷尺一把,300mm×36mm 活动扳手一把,600mm×75mm 管

钳或闸门扳手一把,记录本一本。

② 检查计量间流程。

③ 检查玻璃管,应清洁完好无损。

④ 油玻璃管下界限用红漆或红色胶带在玻璃管上标出上标线和下标线,红线宽 1～2mm。量油高度以下标线的上边线至下边线为准,误差不超过 ±1mm。

（2）量油

① 关严计量井掺水（液）闸门,冬季停止掺水（液）15min,其他季节停止掺水（液）15～30min。

② 关严其他井进分离器闸门。

③ 开分离器出油闸门。

④ 开计量井进分离器闸门,关严进集油汇管闸门。

⑤ 开气平衡闸门 3～5 圈。

⑥ 缓慢打开分离器玻璃管上闸门,再开下闸门。如果玻璃管内有油污或堵塞物,应放净油污,处理堵塞。

⑦ 关严分离器出油闸门。

⑧ 当玻璃管内液位上升到下标线的上边线时,记录计量开始时间;当液位再上升到上标线的下边线时记录计量终止时间。

⑨ 开大分离器出油闸门,观察玻璃管内液面下降情况,若液面不下降,则关气平衡闸门,用气压把液面压下去。

⑩ 重复⑤,⑦,⑧,⑨的要求,进行再次计量。

（3）玻璃管量油注意事项

① 油井洗井或无措施关井后,开井当天不允许计量。

② 量油操作中分离器、管线、闸门不应有渗漏现象。按 Q/SY DQ0800《油井玻璃管量油规范》,检查分离器压力与干线回压相同。

③ 分离器水包内应有足够的水。

④ 观察液面时,视线、液面、红线应在同一水平面内。

⑤ 量油与测气同时进行,每月有一次量油与取样同时进行。

⑥ 当用其他方法量油时,应保持玻璃管量油装置的完好。

2. 录取油压、套压

1）准备工作

（1）准备正常生产的油井（抽油机）一口,井口油套压力表装置齐全,备用校检合格的 1.6MPa 和 2.5MPa 压力表各一块。

（2）工具、用具:200mm（8H）活动扳手一把,450mm 管钳一把,纸笔。

（3）穿戴好劳保用品。

2）操作步骤

（1）携带好工具、用具及压力表,来到井场,首先检查井口生产流程,油套阀门是否打开,油套压力表是否符合规格。

(2)检查在用油套压力表是否准确:关油压压力表针型阀手轮,如果角阀可用扳手卸松,放空压力值刻度顶丝(螺栓)放压,压力表指针归零,说明压力表准确好用,否则就要用带来的备用表安装表接头。套压表也是如此检查,如不是角阀无法放手轮空的,可用扳手卸下压力表,在逆时针卸松压力表的过程中,压力表指针一点点下降归零,如不归零就是不准,即不能再用。检查确认普通油套压力表准确后,重新上紧压力表,打开针型阀,若表针重新升起并与放空前压力基本一致,则可以开始录取压力了。

(3)录取压力:

① 录取油压(读压力)要使眼睛位于压力表盘正前方,看准压力表指针所在位置,读出压力值;如果油压随井口产量波动(抽油机井泵况好的井在上冲程时压力上升,下冲程时略有下降),取其平均值,并记录下数值。

② 录取套压方法基本与录取油压相同,但由于其位置通常较低,故读套压值时,要俯身,使眼睛位于压力表正前方,读数并记录在纸上。

3)注意事项

(1)录取的压力值必须在表量程的 1/3 ~ 2/3 之间,否则要更换量程合适的压力表再录取读数。

(2)检查压力表时放空或卸表要缓慢,特别是放空时要准备放空桶,防止放空时油水四溅。

3. 井口取样

1)准备工作

(1)正常生产的抽油机井一口(掺水伴热井口流程)。

(2)200mm 活动扳手一把,取样桶一个,排污放空桶一个,棉纱少许。

(3)穿戴好劳保用品。

2)操作步骤

(1)识别取样样条(地质组或考试者指定的),并携带取样桶、工具等到井场,首先检查确认井口流程情况。

(2)关井口伴热(掺水)阀门,停掺水 10 ~ 15min 后开始取样。

(3)放空排污。把放污桶桶口对准取样出口弯头处,左手拿住,右手缓慢打开取样阀门,把取样弯头等处的污油排放净,即看见有新液喷出时关取样阀门,把污油桶放好在地面(井场)。

(4)取样。把取样桶桶口对准取样出口弯头处,用左手拿好,右手缓慢打开取样阀门,开大并以不喷溅为原则。取样量多少,几次取够可以本油田地质要求为准,这里以二次取全桶 2/3 为例说明:第一次取约 1/3 桶时,关取样阀门,等几分钟再开阀门,接着用取样桶继续取,约取到全桶 2/3 样量时,关严取样阀门。

(5)确认取样量够后,立即开掺水伴热阀门掺水。

(6)用棉纱擦净取样弯头处及取样边缘处的污油,盖好取样桶盖,系好样条。

(7)把污油桶内污油倒到规定的地方,清理现场,提好取样桶收工。

3)注意事项

(1)取好的取样桶不能渗或外溅,若是雨天更要注意不能使雨水进入取样桶内。

(2)如井出气或含水很高,一定要按地质规定要求进行。

(3)取样条一定要及时系好。

(4)绝不能不排污就取样。

4. 测电流

1)准备工作

(1)穿戴劳保用品。

(2)抽油机井一口。

(3)准备工具、用具:校验合格的钳型电流表(500A)一块,100mm 螺丝刀一把,记录笔,记录纸。

2)操作程序

(1)使用前对电流表进行零位调整。

(2)将钳型电流表的电流挡位拨至最大。

(3)将被测导线置于钳口中央,电流表端平。

(4)换挡时钳口应张开,退出导线,由大往小调整挡位。

(5)测量值应位于电流表量程的 1/3 ~ 2/3 之间。

(6)读取上行时的电流最大峰值和下行时的电流最大峰值,并记录在记录纸上。

(7)依据取得的上下冲程电流的峰值,计算本井平衡率,平衡率 = $I_小/I_大 \times 100\%$。

(8)确定调整方向:当平衡率大于或等于85%时,本井可不调整,当平衡率小于85%时,需进行调整,当上冲程电流大于下冲程电流时,配重铁向远离曲柄轴的方向调整,反之,向相反方向调整。

(9)将相关数据填入报表。

(10)收拾工具,清理现场。

3)注意事项

(1)钳型电流表使用时一定要选对挡位并且由大往小选挡位,以免损坏电流表。

(2)钳型电流表使用时应垂直或水平,不得倾斜使用,以免数据不准。

(3)读值时,眼睛、指针、刻度应成一条直线。

四、采油队资料填报、整理和上报

1. 采油井班报表填写和上报

采油井班报表如表 1 - 6 所示。

表1-6　采油井班报表

采油队：×××　　计量间站号：3#　　分离器型号：800mm　　2010年7月25日

井号	井别	生产时间 h·min	油嘴 mm	油压 MPa	套压 MPa	回压 MPa	油气计量 日产气 m³	油气计量 日产液 t	电泵井、螺杆泵井 工作电压 V	电泵井、螺杆泵井 工作电流 A			抽油机工作电流 A 上	抽油机工作电流 A 下	时间 起	时间 止	热洗 压力 MPa	热洗 排量 m³	热洗 温度 ℃ 进口	热洗 温度 ℃ 出口	掺水压力 MPa	掺水温度 ℃	回油温度 ℃	清蜡深度 m	备注
										A	B	C													
南10-1-39	抽	22		0.5	0.7	0.42		95					59	52	16:00	21:00	6.5	30	85	60	1.8	42	38		11:00~13:00停电
北2-5-672	抽	24		0.5	0.95	0.45		109					49	57							1.97	45	40		

井号	玻璃管量油 高度 cm	量油时间 s 1	量油时间 s 2	量油时间 s 3	量油时间 s 平均	掺水量 掺水流量计读数 起	掺水量 掺水流量计读数 止	掺水量 差值 m³	流量计量油 时间 起	流量计量油 时间 止	流量计量油 流量计读数 起	流量计量油 流量计读数 止	产油量 m³	密度	测气时间 min	气体温度 ℃	气体分压 MPa	气体流量计测气 气表读数 m³ 起	气体流量计测气 气表读数 m³ 止	平均压差
南10-1-39	50	185	230	252	222								97							
北2-5-672	50	160	191	235	195	关闭掺水量油							111							

1）资料填写方式

按 Q/SY DQ0917《采油(气)、注水(入)井资料录取管理规定》，采油(气)、注水(入)井班报表、原始化验分析成果等原始资料采用手工方式填写。

综合资料应用中国石油天然气股份有限公司油气水井生产数据管理系统(A2)〔以下简称油气水井生产数据管理系统(A2)〕生成，其他资料通过手工填写或录入计算机。

（1）按 Q/SY DQ0917《采油(气)、注水(入)井资料录取管理规定》，原始资料要求用蓝黑墨水钢笔或黑色中性笔填写，同一张报表字迹颜色相同。

（2）原始资料填写内容按资料录取有关规定及时准确地填写，数据或文字正规书写，字迹清晰工整，内容齐全准确，相同数据或文字禁止使用省略符号代替。

（3）采油井班报表产液量单位为 t，数据保留 1 位小数；压力单位为 MPa，数据保留 2 位小数；采出液含水用百分数表示，量纲为 1，数据保留 1 位小数；注水(入)井班报表注水(入)量单位为 m^3，数据保留整数位；压力单位为 MPa，数据保留 1 位小数；采气井班报表产气量单位为 $10^4 m^3$，数据保留 4 位小数；压力单位为 MPa，数据保留 2 位小数。其他数据按相关要求保留小数位。

（4）原始资料中的采油(气)、注水(入)井井号、油层层号按规范要求书写，如杏 1 - 1 - 25、北 4 - 8 - 丙48、萨高 163 - 422、萨 156、南 2 - 丁 3 - P39、南 5 - 2 - 更水 22、南 8 - 4 - 侧斜水 48、南 260 - 平 341、葡 111 - 检 53 等。油层号标明油层组、小层号，如萨Ⅱ2、葡Ⅰ3、高Ⅰ3 - 5 等。

（5）班报表除按规定内容填写外，还要求把当日井上的工作填写在报表备注栏内，例如，测试、测压、施工内容、设备维修、仪器(仪表)校对、洗井、检查油嘴、取样、量油、气井排水等，开关井填写开、关井时间，注水(入)井填写开、关井时的流量计底数。

（6）采油(气)、注水(入)井措施关井，应扣除生产时间。抽油机井热洗填写洗井时间、压力、温度等相关数据。注水(入)井洗井时，填写洗井时间、进出口流量、溢流量或漏失量等相关数据。注水(入)井放溢流填写溢流量。

（7）原始资料若发现数据或文字填错后，进行规范涂改，在错误的数据或文字上划"—"，把正确的数据或文字整齐清楚地填在"—"的上方。

（8）班报表要求岗位员工签名。

2）资料的录入

按 Q/SY DQ0917《采油(气)、注水(入)井资料填报管理规定》，采油(气)、注水(入)井班报表、原始化验分析成果等数据录入油气水井生产数据管理系统(A2)。

2. 采油资料的整理和上报

1）按 Q/SY DQ0917《采油(气)、注水(入)井资料填报管理规定》，采油(气)、注水(入)井班报表的整理和上报

（1）采油(气)、注水(入)井班报表填写完成后，要求当日上交到资料室。

（2）资料室负责审核整理采油（气）、注水（入）井班报表，并录入油气水井生产数据管理系统（A2）。

（3）资料室负责应用油气水井生产数据管理系统（A2）生成采油（气）井、注水（入）井生产日报，并在当日审核上报（表1-7）。

表1-7　油井综合记录

井号	日期	生产时间	油压	套压	日产液量	日产油量	日产水量	含水	采出液浓度	备注	流压
5W30	2010/08/10							50		15.00-15.00提捞关井	
10-11-B192	2010/08/10	24	0.5	0.63	16	2	14	87.7		校压力表	4.89
10-11-B193	2010/08/10	24	0.54	0.56	9.8	0.7	9.1	93.4		校压力表	1.78
10-11-B20	2010/08/10	24	0.5	0.54	8	0.4	7.6	95.3		校压力表	1.68
10-11-B202	2010/08/10	24	0.54	0.57	9.9	1.3	8.6	86.4		校压力表	7.55
10-11-B211	2010/08/10	24	0.53	0.55	8.6	0.4	8.2	95.4		校压力表	7.01
10-11-B22	2010/08/10	24	0.7	0.68	35	4.1	30.9	88.2			2.69
10-1-B18	2010/08/10							54		2008-05-06 15:00待作业 校压力表	7.06
10-1-B183	2010/08/10	24	0.79	0.76	47.3	2.2	45.1	95.3			3.78
10-1-B19	2010/08/10	24	0.71	0.67	26.3	1	25.3	96.2			2.02
10-1-B192	2010/08/10	24	0.55	0.58	46.4	2	44.4	95.8		校压力表	2.61
10-1-B193	2010/08/10	24	0.65	0.65	24.8	1.3	23.5	94.9		校压力表	3.31
10-1-B20	2010/08/10	24	0.71	0.73	43.3	2.1	41.2	95.2			4.44
10-1-B202	2010/08/10	24	0.72	0.82	67.4	3.5	63.9	94.8			3.99
10-1-B21	2010/08/10	24	0.7	0.68	51.8	3.4	48.4	93.4			3.97
10-1-B211	2010/08/10	24	0.55	0.55	42.6	3.7	38.9	91.4		校压力表	2.88
10-21-B203	2010/08/10	24	0.46	0.49	26.9	1.1	25.8	95.8			6.49
井号	日期	生产时间	油压	套压	日产液量	日产油量	日产水量	含水	采出液浓度	备注	流压
10-21-B21	2010/08/10	17	0.41	0.43	1.4		1.4	96.8		8:00-15:00间开间注	7.5
10-22-B20	2010/08/10	24	0.61	0.63	12.3	0.7	11.6	94.7			1.74
10-23-B192	2010/08/10	17	0.41	0.44	1.4	0.1	1.3	94.6		8:00-15:00间开间注	7.5
10-23-B202	2010/08/10	24	0.6	0.62	22.2	1.2	21	95.4			2.31
10-2-B18	2010/08/10	24	0.55	0.53	61.6	2.8	58.8	95.4			3.64
10-2-B181	2010/08/10	24	0.7	0.69	8	1	7	87.4			2.91
10-2-B183	2010/08/10	24	0.52	0.12	18	2	16	88.8			1.57
10-2-B191	2010/08/10	24	0.58	0.54	27	1.3	25.7	95.2			8.24
10-2-B20	2010/08/10	24	0.51		1	0.1	0.9	95.4			7.5
10-2-B203	2010/08/10	24	0.8	0.77	60.3	2.9	57.4	95.2			3.24
10-2-B211	2010/08/10	24	0.65	0.4	35.1	1.6	33.5	95.4			2.44
10-31-B20	2010/08/10	17	0.4	0.42	3.5	0.1	3.4	97		8:00-15:00间开间注	1.56
10-31-B21	2010/08/10	17	0.43	0.45	3.5	0.1	3.4	97		8:00-15:00间开间注	2.44
10-31-B211	2010/08/10	24	0.43	0.41	9.9	0.7	9.2	93.2			2.1

2）采油（气）、注水（入）井月度井史的整理和上报

（1）按 Q/SY DQ0917《采油（气）、注水（入）井资料填报管理规定》，采油（气）、注水（入）井月度井史由资料室负责应用油气水井生产数据管理系统（A2）生成。

（2）采油（气）、注水（入）井月度井史，除按规定内容填写外，应把压裂、堵水、大修、转抽、转注等重大措施，常规维护性作业施工内容及发生井下事故、井下落物、井况调查的结论，以及地面流程改造等重大事件随时记入大事记要栏内。

（3）新投产、投注井在投产后两个月内，把钻井、完井、测试、化验等资料录入井史。

（4）资料室负责每月底最后一日将当月月度井史数据审核上报（表1-8）。

（5）资料室负责单井年度井史在次年1月份打印整理。

采油作业

表1-8 采油井月度综合数据

井号	日期	生产时间	油压	套压	日产液量	日产油量	日产水量	含水	回压	采出液浓度	上行电流	下行电流	备注	泵径	排量	冲程	冲次
10-1-B20	2010/07/01	24	0.73	0.71	43	2	41	95.3			30	28		57	66.1	3	6
10-1-B20	2010/07/02	24	0.73	0.71	43.2	2	41.2	95.3			32	29	玻璃管量油（选用）	57	66.1	3	6
10-1-B20	2010/07/03	24	0.7	0.72	43.2	1.9	41.3	95.7			30	28	化验含水（选用）	57	66.1	3	6
10-1-B20	2010/07/04	24	0.7	0.72	43.2	1.9	41.3	95.7			31	28		57	66.1	3	6
10-1-B20	2010/07/05	24	0.7	0.72	43.2	1.9	41.3	95.7			31	31		57	66.1	3	6
10-1-B20	2010/07/06	24	0.7	0.72	43.2	1.9	41.3	95.7			31	31		57	66.1	3	6
10-1-B20	2010/07/07	24	0.7	0.72	43.2	1.9	41.3	95.7			31	31		57	66.1	3	6
10-1-B20	2010/07/08	24	0.7	0.72	43	1.9	41.1	95.7			21	19	校油.套压表,玻璃管量油（选用）	57	66.1	3	6
10-1-B20	2010/07/09	24	0.71	0.73	43	1.9	41.1	95.7			21	19		57	66.1	3	6
10-1-B20	2010/07/10	24	0.71	0.73	43	1.9	41.1	95.7			23	20		57	66.1	3	6
10-1-B20	2010/07/11	24	0.7	0.72	43	1.9	41.1	95.7			21	19		57	66.1	3	6
10-1-B20	2010/07/12	24	0.7	0.72	43.3	2	41.3	95.4			32	31	玻璃管量油（选用）	57	66.1	3	6
10-1-B20	2010/07/13	24	0.7	0.72	43.3	2	41.3	95.4			32	31	化验含水（选用）	57	66.1	3	6
10-1-B20	2010/07/14	24	0.7	0.72	43.3	2	41.3	95.4			32	30		57	66.1	3	6
10-1-B20	2010/07/15	24	0.7	0.72	43.3	2	41.3	95.4			32	30		57	66.1	3	6
10-1-B20	2010/07/16	24	0.7	0.72	43.3	2	41.3	95.4			32	30		57	66.1	3	6
10-1-B20	2010/07/17	24	0.7	0.72	43.3	2	41.3	95.4			31	28		57	66.1	3	6
井号	日期	生产时间	油压	套压	日产液量	日产油量	日产水量	含水	回压	采出液浓度	上行电流	下行电流	备注	泵径	排量	冲程	冲次
10-1-B20	2010/07/18	24	0.7	0.72	43.3	2	41.3	95.4			31	28		57	66.1	3	6
10-1-B20	2010/07/19	24	0.7	0.72	43.3	2	41.3	95.4			30	28		57	66.1	3	6
10-1-B20	2010/07/20	23	0.7	0.72	41.5	1.9	39.6	95.4			30	29	10:00-11:00维护一保	57	66.1	3	6
10-1-B20	2010/07/21	24	0.7	0.72	43	2	41.3	95.4			31	28		57	66.1	3	6
10-1-B20	2010/07/22	24	0.7	0.72	43.4	1.9	41.4	95.7			31	28	玻璃管量油（选用）	57	66.1	3	6
10-1-B20	2010/07/23	24	0.7	0.72	43.4	1.8	41.6	95.8			32	29	化验含水（选用）	57	66.1	3	6
10-1-B20	2010/07/24	24	0.7	0.72	43.4	1.8	41.6	95.8			32	29		57	66.1	3	6
10-1-B20	2010/07/25	24	0.7	0.72	43.4	1.8	41.6	95.8			30	29		57	66.1	3	6
10-1-B20	2010/07/26	24	0.7	0.72	43.4	1.8	41.6	95.8			31	28		57	66.1	3	6
10-1-B20	2010/07/27	24	0.7	0.72	43.4	1.8	41.6	95.8			30	29		57	66.1	3	6
10-1-B20	2010/07/28	24	0.7	0.72	43.4	1.8	41.6	95.8			32	32		57	66.1	3	6
10-1-B20	2010/07/29	24	0.7	0.72	43.4	1.8	41.6	95.8			32	32		57	66.1	3	6
10-1-B20	2010/07/30	24	0.7	0.72	43.4	1.8	41.6	95.8			32	32		57	66.1	3	6
10-1-B20	2010/07/31	24	0.7	0.72	43.4	1.8	41.6	95.8			32	32		57	66.1	3	6

3）采油队保存的资料

采油井单井基础数据如表1-9所示，内容包括井号、井别、投产时间、开采层位、砂岩厚度、有效厚度、人工井底深度、原始压力、饱和压力、见水时间、采油树型号等。抽油机井还包括抽油机型号、转抽时间、电机功率、泵径、泵深等；电泵井还包括电泵型号、泵深等；螺杆泵井还包括螺杆泵型号、泵深、螺杆泵转数等；提捞采油井还包括转提捞采油时间、工作参数、提捞周期等。

表1-9 抽油机井单井基础数据

井号	完钻井深 m	人工井底 m	套管规范及深度 mm×m	开采层位	射孔日期	射孔井段 m	砂岩厚度 m	有效厚度 m	地层系数 μm²·m	油层中部深度 m	原始压力 MPa	饱和压力 MPa	油补距 m	套补距 m	投产日期	来水方向	见水日期	转抽日期
11-1-B201	1317	1302.6	140×1314.2	萨、葡	97.07.30	1112.6~1172.2	30.7	6	1.851	1142.4	12.24	9.81	2.43	3	97.9.11	X11-1-W20	97.9.11	97.9.11
11-1-B202	1300	1151.6	140×1218.7	萨、葡	97.07.13	997.6~1075.3	44.6	11.7	1.405	1162.5	12.34	9.81	2.48	3	97.8.12	X11-1-W20	97.8.12	97.8.12
11-1-B203	1220	1204.6	140×1216.5	萨、葡	97.09.07	1035.8~1151.2	15.7	6.1	0.588	1118.5	12.04	9.81	2.43	3	97.10.6	X11-1-W21	97.10.6	97.10.6

4)采油、注入队使用的其他资料

(1)测试资料:

① 示功图、动液面测试资料。

② 注水(入)井分层流量测试资料。

(2)油田动态监测资料:

① 采油井测压资料。

② 注水(入)井测压资料。

③ 采油井产出剖面。

④ 注水(入)井注入剖面。

⑤ 其他资料。

(3)作业施工资料:

① 注水(入)井施工总结。

② 采油井施工总结。

③ 示功图、动液面测试资料。

④ 采油井施工总结。

3. 化验分析资料的整理和上报

(1)矿(作业区)的化验室负责所属采油井采出液含水,以及采气井采出气体的组分化验和采出液的水质分析化验,厂或注入队的化验室负责所属采油井采出液含水、含碱、含表面活性剂等化验及浓度、黏度等测定,注入液含碱、含表面活性剂等化验及浓度、黏度、界面张力等测定。

(2)按 Q/SY DQ0917《采油(气)、注水(入)井资料填报管理规定》,采油(气)、注入队负责把当日所取的化验样品在当日送到化验室,化验室第二天报出化验分析日报。

(3)采出液含水、含碱、含表面活性剂等化验及浓度、黏度等测定的原始记录,以及采气井采出气体的组分化验和采出液的水质分析化验的原始记录,注入液含碱、含表面活性剂等化验及浓度、黏度、界面张力等测定的原始记录由化验室负责填写。化验室每天报出的化验分析日报通过网络传输或手工报表等交接方式交资料室一份。

(4)每天的化验分析资料由资料室负责当日录入油气水井生产数据管理系统(A2)。

4. 上传资料的审核

通过油气水井生产数据管理系统(A2)上传的资料要求逐级认真审核,当发现外报资料出现错误时,应及时报告,经上级业务主管确认批准后及时逐级更正,同时填写更正记录,并标明出现错误原因及更正数据或文字,更正记录保存期一年(见表1-10和表1-11)。

表1-10 采油队开发管理指标统计表

第___采油厂第___油矿*(作业区)___采油队 ___年___月各项指标完成情况统计表

内容项目		单位	计划		实际		完成率		主要生产数据
			年	月	年	月	年	月	
生产任务	原油产量	10^4 t							采油井数( )口,计划关井数( )口,开井数( )口
	油田注水(人)	$10^4\,m^3$							注水(人)井数( )口,计划关井数( )口,开井数( )口
开发指标	综合含水	%							注水(人)井总数( )口,分层井数( )口,小直径井数( )口
管理指标	采油井利用率	%							
	注水(人)井利用率	%							验封井数( )口,密封井数( )口
	注水(人)井分注率	%							验封层数( )个,密封层数( )个
	注水(人)井数密封率	%							当月测试井数( )口,年累积测试井数( )口
	注水(人)井层数密封率	%							
	注水(人)井测试率	%							
	测试合格率	%							注水(人)井总层数( )个,计划停注层数( )个,合格层数( )个
	分层注水合格率	%							

制表人:　　　审核人:　　　日期:

表1－11　采油队开发数据表

第___采油厂第___油矿（作业区）___队___年___月开发数据表

内容 井网	注水（入）情况				产油情况				产水情况			综合含水 %	月注采比	平均流压 MPa
	开井数 口	日注水（入）量 m³	月注水（入）量 $10^4 m^3$	累计注水（入）量 $10^4 m^3$	开井数 口	日产油 t	月产油 $10^4 t$	累计产油 $10^4 t$	日产水 m³	月产水 $10^4 m^3$	累计产水 $10^4 m^3$			
纯油区														
过渡带														
合计														

制表人：　　　　　　审核人：　　　　　　日期：

五、事故案例分析

1. 案例1:量油后不关玻璃管控制闸门,造成玻璃管憋压破裂,发生跑油事故

1）事故经过

2010年12月25日10点工人赵某在计量间对某抽油机井进行量油,测完数据,准备倒回正常生产流程时,接到一个朋友电话,就倒回生产流程时候,忘记关玻璃管控制闸门。晚上中转站停电倒混输,由于回压突然升高造成计量间玻璃管憋压破裂,发生分离器跑油事故。

2）事故原因分析

① 工人赵某在工作期间接打电话违反劳动纪律,责任心不强。

② 赵某没有按操作规程,倒回生产流程,违反Q/SY DQ0800《油井玻璃管量油规范》的规定:按照要求完成计量后,关气平衡闸门,压下玻璃管内液位。依次关严玻璃管下闸门、上闸门,开大进汇管闸门,并关严分离器闸门,恢复生产流程。

3）整改措施

① 对赵某给予一定经济处罚,严肃劳动纪律。

② 玻璃管量油操作严格按照企业标准Q/SY DQ0800《油井玻璃管量油规范》操作。

📚 本节小结

本节宣贯四个标准:Q/SY DQ0800《油井玻璃管量油规范》,对于不同规格尺寸分离器选用不同分离常数,量油时掐好时间,看准量油高度。Q/SY DQ0916《水驱油水井资料录取管理规定》,对于产液量、油压、套压数值小数位数都做出规定。Q/SY DQ0917《采油(气)、注水(入)井资料填报管理规定》规定了书写要求与录入要求。Q/SY DQ1385《聚合物驱采油、注入井资料录取管理规定》对聚驱采油井聚合物采出浓度、采出液水质提出录取要求。

第四节　抽油机操作与维护保养

抽油机是24h连续运转的机械,维修保养工作是使抽油机能正常运转的基础工作。油田常规有春检、秋检工作,各地区根据各自具体情况结合岗位责任制、检泵修井周期建立定期保养制度。维修保养工作可以概括为8个字:"清洁、紧固、润滑、调整"。清洁是指清洁卫生;紧固是紧固各部件间的连接螺纹;润滑,是对各加油点(部位)要定期添加润滑油脂;调整即调整整机的水平、对中、平衡、控制系统等。此外,还有相关抽油机维护保养操作。本节宣贯标准3个:

Q/SY DQ0799　采油维修工技能操作

Q/SY DQ0804　采油岗位操作程序及要求

Q/SY DQ0813　游梁式抽油机操作、保养、维护、修理规程

一、抽油机设备维护保养

1. 抽油机"五率""一配套"

抽油机"五率"是指抽油机基础水平率,抽油机驴头、悬绳器、盘根盒三点一线对中率,抽油机运转平衡率,抽油机配件紧固率和抽油机润滑合格率。"一配套"是指抽油机修保设备、工具、保养制度配套。

为了提高抽油机的完好率和运转时率,应对抽油机进行定期维修保养。"五定"是指定时间、定保养人、定保养设备、定保养内容、定保养质量标准。通过这种保养制度,来保证抽油机的"五率"达到要求。抽油机"五率"的检查内容包括:

(1)抽油机基础水平率[式(1-8)]:

$$水平率 = \frac{抽油机对中合格井数}{抽油机使用总井数} \times 100\% \qquad (1-8)$$

单台抽油机底座的水平度合格值:纵向长度每米误差不得大于1mm;横向长度每米误差不得大于0.3mm。

(2)抽油机驴头、悬绳器、盘根盒对中率[式(1-9)]:

$$对中率 = \frac{抽油机对中合格井数}{抽油机使用总井数} \times 100\% \qquad (1-9)$$

对中是指悬绳位于两幅板的距离相等,光杆位于盘根盒孔眼中央,以光杆不磨盘根盒边缘为准,合格值见表1-12。

表1-12 光杆对中误差表

项目	单位				
冲程	m	0.6~1.5	1.6~2.5	2.6~3.5	3.6以上
偏差圆直径	mm	14	18	22	28

(3)抽油机运转平衡率[式(1-10)]:

$$平衡率 = \frac{抽油机平衡合格井数}{抽油机使用总井数} \times 100\% \qquad (1-10)$$

平衡是指抽油机下冲程时通过电机的最大电流与上冲程时通过电机的最大电流之比,应在85%~115%之间为合格井。

(4)抽油机螺栓紧固率[式(1-11)]:

$$紧固率 = \frac{抽油机紧固合格井数}{抽油机使用总井数} \times 100\% \qquad (1-11)$$

紧固合格是指单台抽油机各部螺栓均紧固、无松动,即紧固程度达到100%者为合格井。

（5）抽油机各部轴承润滑率[式（1－12）]：

$$润滑率 = \frac{抽油机润滑合格井数}{抽油机使用总井数} \times 100\% \qquad (1-12)$$

润滑合格是指抽油机各部轴承使用的润滑脂牌号合格，质量符合要求，加注量符合规定，每运行一个季度更换一次；减速箱使用的润滑脂牌号合格，质量符合要求，加注量符合规定，每运行一年更换一次。

2. 抽油机紧固

1）常见紧固方式

紧固是抽油机保养的重要内容，它对抽油机安全运转有至关重要的作用。抽油机零部件的紧固方式主要有：螺栓、螺母紧固，键连接紧固，顶丝紧固等。

（1）螺栓、螺母紧固。

由于抽油机工作在重负荷、震动的条件下，通常要采取以下防松措施：

① 弹簧垫片防松。弹簧垫片是应用范围较广的防松件。它有较强的弹力，紧固后其端部会产生较大的摩擦力以达到防松效果，如图1－35（a）所示。

② 双螺母防松。双螺母配合弹簧垫片防松较可靠，用于抽油机的曲柄销、中轴承及尾轴承等重要部位的防松上，如图1－35（b）所示。

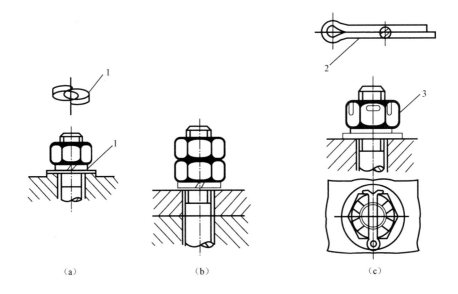

（a）　　　　　　　　　（b）　　　　　　　　　（c）

图1－35　螺栓螺母紧固示意图
1—弹簧垫片；2—开口销；3—冕形螺母

③ 冕形螺母与开口销防松。冕形螺母紧固在螺栓上后，用开口销穿过冕形螺母槽口与螺栓尾部的销孔，起到防松作用。此种防松方式用在抽油机连杆上销及曲柄销等的紧固防松上。如图1－35（c）所示。

（2）键连接紧固

键应用在抽油机的齿轮、三角胶带轮固定上。抽油机减速箱的输出轴与曲柄、曲柄销与衬套间的连接固定也采用键连接。键连接固定有时与螺栓紧固配合使用。

抽油机常用的键有平键与钩头键。平键的侧平面为工作面，钩头键以其顶面及侧平面为工作面。因此，平键连接要求键与键槽的侧面配合紧密、无松动；钩头键要打紧，使其两侧面及上、下面紧抵键槽面，无松动。一旦键与键槽间产生松动，就要检查键与键槽；键如损坏，则需更换同型号的新键。抽油机常用键，如图1-36所示。

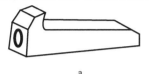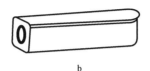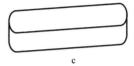

图1-36　抽油机常用键
a—钩头键；b—平键；c—平键

（3）顶丝紧固。

通常应用在抽油机的支架轴承、驴头、电机固定上，常与螺栓紧固配合使用。顶丝除有紧固作用外，还有调节位置的作用。

2）注意事项

操作工具使用在螺栓、螺母紧固操作中，要使用扳手，不准使用管钳。常用的扳手包括有固定扳手、活动扳手、套筒扳手等，如图1-37所示。

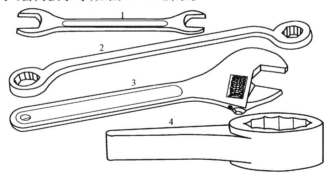

图1-37　抽油机常用的扳手
1,2—固定扳手；3—活动扳手；4—套筒扳手

紧固操作中，要根据螺帽的大小确定所用扳手的规格。表1-13中列出了活动扳手的规格。如果使用大扳手紧固小螺母，易产生脱扣或拧断螺杆的情况；过小的扳手，紧固力矩不够，易使紧固件松动。对于曲柄销螺母等大型螺母，需用特制的套筒扳手锤击紧固。

表1-13　活动扳手规格

长度,mm	150	200	250	300	350	375	450	600
最大开口,mm	19	24	30	36	41	46	55	65

（1）使用扳手紧固螺栓、螺母时，要使螺纹件的六角头对称面全部进入扳手开口中。使用活动扳手时，要使扳手的固定头在旋向的后方，使扳手固定头工作时承受主要作用力矩。用扳手紧固螺栓、螺母在操作中应注意，按 Q/SY DQ0799《采油维修工技能操作》的规定，扳手靠近螺栓根部，且扳手只准顺时针方向使用，不准反方向使用，扳手与螺栓中心线垂直并保持有一定的力。除抽油机特种套筒扳手外，严禁锤击扳手柄或使用加力杠紧固。

（2）紧固如法兰等由多只螺栓对称固定的零部件，应先对角紧固，使各条螺栓均衡受力，最后再将全部螺栓紧固一遍。

（3）紧固后的螺栓，其尾部端面应与螺母端面平齐或高出螺母端面 2～3 扣，螺栓尾端不得沉入螺母之中。冕形螺母要用开口销锁好，一般螺母要求平垫片、弹簧垫片齐全。

（4）损坏的螺纹紧固件应更换。在更换抽油机某部位的螺栓、螺母时，要选用同型号、同规格、同旋向的螺栓及螺母。不能以单头螺栓代替双头螺栓使用，也不能以短代长。冕形螺母损坏后，要更换同规格的冕形螺母，不准用普通螺母代替。更换曲柄销螺母要注意螺纹旋向。两只曲柄销所配用的螺母，其螺纹旋向相反。人站在井口观察时，右侧为左旋，左侧为右旋（曲柄旋向为从上方旋向驴头方向）。

（5）顶丝紧固要求。顶丝一般是与螺栓紧固配合使用的。在安装游梁、电机时，一般先用顶丝调整其所在位置，然后紧固好固定螺栓。禁止只紧固顶丝，不紧固其固定螺栓。

顶丝的维护保养很重要，平时要注意对顶丝做涂润滑脂防锈。如顶丝已生锈，切不可勉强拧动，要用润滑油或柴油浸涂于丝杆待油沿螺纹渗入内部后再慢慢活动。

抽油机紧固就是对连接抽油机各连结部位的螺纹进行检查，做到不松不缺。所有螺栓应加上合适的垫片，如采用平垫片，应配有双螺母；如采用弹性垫片，应配有单螺母。各部位螺纹见表 1-14。

表 1-14　紧固螺丝部位

序号	连接部位	螺丝个数
1	底座与水泥基础	12
2	减速箱筒座与底座	6
3	减速箱与筒座	8
4	支架与底座	6
5	电机滑轨与底座	4
6	电机与滑轨	4
7	平衡块与曲柄	6
8	减速箱与减速箱筒座	6
9	横梁与横梁尾轴	8
10	游梁与横梁尾轴	4
11	游梁与支架轴	4
12	支架与支架轴	8
13	曲柄销螺帽	1

3. 抽油机润滑

抽油机的润滑部位有 11 处,见表 1 - 15。

表 1 - 15 抽油机润滑点

序号	需润滑的部位	润滑点所在位置	润点数量	润滑油耗量,kg		润滑时间	
				加油时	更换时	加油	更换
1	减速器齿轮	减速器盖的舱口	1	20	130~300	视需要	半年一次
2	减速器输出轴承	在内侧顶盖的油孔	2	0.6	5	视需要	半年一次
3	中间轴轴承	在边侧顶盖的油孔	2	0.4	3.2	视需要	半年一次
4	输入轴轴承	在边侧顶盖的油孔	2	0.35	2.7	视需要	半年一次
5	曲柄销轴承	在轴承座两侧盖处	2	0.1	0.8	视需要	半年一次
6	横梁轴承	在轴承座两侧盖处	1	0.15	1.2	视需要	半年一次
7	连杆上端销	在销子端面的油孔	2	0.15	0.15	视需要	半年一次
8	支架轴承	在轴承座外侧盖处	2	0.2	1.2	视需要	半年一次
9	驴头插销轴上端	在销轴上端	1	0.3	0.3	视需要	半年一次
10	电动机轴承	在轴承座上	2	1	1	视需要	半年一次
11	刹车支座轴承	在轴承座上	1	0.15	0.15	视需要	半年一次

抽油机润滑如图 1 - 38 所示。

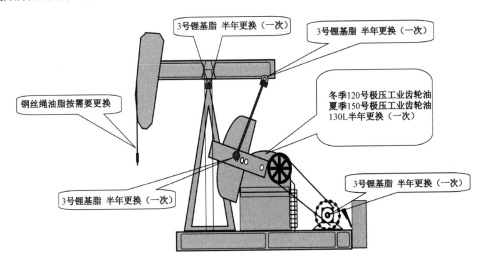

图 1 - 38 抽油机润滑部位

4. 抽油机调整

抽油机的调整:即对整机的水平、对中、平衡、控制系统的调整。

1)抽油机水平调整

抽油机底座应水平,其不水平度前后(纵向)允许误差在 3/1000 以内,左右(横向)

0.5/1000以内,基础与底盘地角螺栓处不得有悬空。检查内容:用水平尺测量不平度,整机两侧各测量3个点,如图1-39所示。

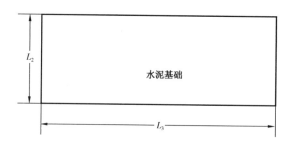

图1-39 抽油机水平测量示意图

支架顶平面水平允许偏差小于或等于1/1000。

地角螺栓处不得有悬空现象。地角螺栓两侧垫入斜铁。不得有缺少现象。螺帽上紧后应加止退螺帽,剩余螺纹不得超过3~5扣。

为消除纵向误差与横向误差,底座下面垫铁数量由式(1-13)和式(1-14)计算。

$$纵向水平差 = n \cdot L_4 \cdot L_3 / L_1 \qquad (1-13)$$

$$横向水平差 = n \cdot L_4 \cdot L_2 / L_1 \qquad (1-14)$$

式中 L_1——水平尺长,mm;

   L_2——抽油机底座宽(或水泥基础宽),mm;

   L_3——抽油机底座长(或水泥基础长),mm;

   L_4——测量垫片(塞尺)厚度,mm;

   n——测量垫片数量,mm。

2)抽油机对中调整

驴头中心与井口中心线在同一垂线上。

检测内容:驴头中心线对井口中心。用垂线法,即将线垂由驴头垂下,线下垫光杆直径为1/2厚度的垫物,落点应在井口中心线上。其允许偏差:5型机不大于3mm,10型机不大于6mm,12型机不大于8mm为合格。误差大时可用中央轴承座顶丝找正。

3)抽油机平衡调整

(1)抽油机安装平衡装置的原因。

抽油机运转时,承受着交变载荷。上冲程时,驴头承受载荷大;下冲程时,驴头承受载荷小,会使电动机在上下冲程中承受载荷不均匀,结果会烧毁电动机,引起抽油机振动,使驴头上下摆动,影响抽油机和抽油泵的正常工作。为了使抽油机上下冲程承受均匀的载荷,在抽油机游梁尾部或者曲柄上安装重物,使抽油机平衡。

(2)抽油机平衡方式。

一般情况下,把游梁式抽油机的平衡方式笼统地划分为4种,即游梁平衡、曲柄平衡、复合平衡和气动平衡。

（3）抽油机平衡的基本原理。

要使抽油机在平衡的条件下运转，就应该使电动机在上、下冲程中都做正功，在抽油机曲柄上或游梁的尾部上加一重物，在下冲程时让抽油杆和电动机一起对重物做功；在上冲程时重物释放出位能和电动机一起对悬点做功，从而使上下冲程电动机所做的功相等。

（4）检验抽油机平衡的方法。

测电流强度法是用钳形电流表测上下冲程时电动机输出的电流强度，通过对比上下冲程电流强度的峰值来判断抽油机的平衡。

当 $I_上 = I_下$ 时，抽油机平衡；

当 $I_上 < I_下$ 时，说明平衡过重；

当 $I_上 > I_下$ 时，说明平衡过轻（欠平衡）。

平衡率：下冲程电流强度的峰值与上冲程电流强度的峰值之比的百分数。其表达式见式（1-15）：

$$\alpha = \frac{I_下}{I_上} \times 100\%$$

（1-15）

式中 α——抽油机的平衡率，%；

$I_上$——上行程的电流强度峰值，A；

$I_下$——下行程的电流强度峰值，A。

当 $85\% \leqslant \alpha \leqslant 100\%$ 时，说明抽油机接近平衡，不用调整；当 $\alpha < 85\%$ 时，说明平衡过轻；当 $\alpha > 100$ 时，说明平衡过重。

（5）抽油机平衡的调整。

① 游梁平衡的调整：

平衡偏轻时：应在游梁的尾端加平衡块；

平衡偏重时：应将游梁尾端的平衡块减少。

② 曲柄平衡的调整：

平衡偏轻时：增加平衡半径，向远离曲柄轴的方向调整平衡块；

平衡偏重时：减小平衡半径，向靠近曲柄轴的方向调整平衡块。

由式（1-16）和式（1-17）可计算平衡块调整距离 H_2。

$$H_2 = H \cdot \frac{I_{上1} - I_{下1}}{I_上 - I_下}$$

（1-16）

$$H = |100 - 100\alpha|$$

（1-17）

4）刹车系统的调整

抽油机的刹车系统是非常重要的操作控制装置，其制动性是否灵活可靠，对抽油机各种操作的安全起着决定性作用。刹车系统性能主要取决于刹车行程（纵向、横向）和刹车片的合适程度。

（1）纵向拉杆（行程长短）的调节。

抽油机停在下死点,断电;松开刹车,用扳手卸开滑兰螺丝的上下锁死备帽,顺时针卸滑兰螺丝及缩短拉杆长度,逆时针可松长拉杆(使刹车不过紧)。

(2)横向拉杆(行程长短)的调节。

如果纵向拉杆调整到没有余地时(刹车座的摇臂也调到位了),刹车行程还没有达到要求,就要调节横向行程长短,调节方法与纵向拉杆调整基本相同。

(3)刹车把及锁销的调整。

刹车把锁销是锁定刹车把的,在刹车时上提刹车把,把锁块落在刹车槽内,锁定弹簧。对它进行调整的目的是能够锁死刹车,使之不能自行滑脱。应调整锁死牙块在刹车的 $1/3 \sim 2/3$ 之间,其间正好是刹车行程的范围。

(4)刹车片的调整。

内胀式刹车调整螺丝的作用:通过伞形螺丝的调整可以调整刹车片的张合度。

外抱式刹车弹簧的作用:通过弹簧调整刹车片的张合度。

(5)刹车片的更换。

抽油机刹车是经常使用的,每次都是在大强度制动力下进行的,这对刹车片的磨损是很大的。在其被磨薄或损坏时就要及时进行更换,具体如下:

① 外抱式刹车蹄片的更换:

如图 1 - 19(b)所示,停机在上死点,将刹车把推到底;卸掉摇臂销 14,卸掉刹车拉销 17,卸掉刹车蹄中心轴 22,卸掉刹车蹄 23,更换新的刹车蹄片即可。安装完后再略调整刹车行程,使之达到要求范围。

② 内涨式刹车蹄片的更换:

如图 1 - 19(a)所示,驴头在上死点停机、断电,将刹车把推到底;卸掉刹车轮的固定螺栓 19,打下刹车轮 20,卸掉刹车蹄固定销上的卡簧,向外拉掉刹车蹄 23,更换新蹄片;将同型号的新蹄片上到刹车蹄固定销上;卡好卡簧,蹄片的下部均匀地放在刹车毂 24 上,不可偏斜;用手钳和螺丝刀配合上好刹车蹄弹簧 16,将刹车蹄固定在最小的张开角度;上刹车鼓,对准键槽推进,打入键,上紧刹车毂,锁死螺丝;装好刹车摇臂;拉刹车把检查是否灵活,再调整好刹车行程。

5. 抽油机春检、秋检的内容

经过严寒的冬天运转,抽油机各部位轴承油脂变质,连接螺纹松动;基础一冻一化,造成抽油机底座水平变化;为此必须重新进行调整、紧固、润滑、清洁与防腐处理,这也就是抽油机的设备春检。秋检是抽油机经过一个夏季多雨季节的运转,各部位轴承油脂变质,连接螺纹松动,基础经水泡后抽油机底座水平变化,所以对抽油机要进行一次秋检,保证抽油机安全过冬。

抽油机春检、秋检的重点检修内容有 7 项:

(1)检查和加注各部轴承的润滑油(脂),包括减速器的机油油质。

(2)调整抽油机底座的纵向、横向水平,使纵向误差每米长度不大于 1mm,横向误差每米长度不大于 0.3mm。

(3)调整驴头、悬绳、悬绳器与盘根盒的光杆对中,以光杆不磨盘根盒边缘和悬绳器在驴头中心为准。

（4）调整抽油机的平衡,使抽油机上、下冲程时通过的最大电流的比值在85% ~ 115%之间。

（5）紧固各部连接螺丝,使所有的螺丝做到不松、不缺,曲柄销备帽有明显的防退线标志。

（6）清洁防腐,使设备不渗不漏、无油污。

（7）调整抽油机刹车,使刹车制动灵活好用。

二、抽油机维护保养操作

1. 抽油机启机

1）准备工作

（1）穿戴好劳保用品。

（2）游梁式抽油机一口,并具备正常运转条件。

（3）准备工具、用具:600mm管钳一把,试电笔一支,笔,纸,黄油,棉纱,钳形电流表一块。

2）操作程序

（1）检查抽油机周围无障碍物,倒流程,打开生产闸门。

（2）用测电笔测试,确认配电箱体不带电。

（3）盘皮带,双手按住皮带的外侧盘动皮带,检查有无卡阻现象。

（4）按Q/SY DQ0813《游梁式抽油机操作、保养、维护、修理规程》的规定,必须用测电笔测试,确认配电箱体不带电,验电要在无金属漆的地方验电,打开配电箱门。

（5）将自启开关扳到自动位置。

（6）戴绝缘手套侧身,短暂启动抽油机观察曲柄转向,若反转则调整电源相序。侧身合空气开关,利用惯性或点动启动抽油机。Q/SY DQ0804《采油岗位操作程序及要求》规定,10型以上抽油机利用惯性做2 ~ 3次摆动,当曲柄方向与运转方向一致时,启动抽油机。Q/SY DQ0804《采油岗位操作程序及要求》规定,小型抽油机(6型以下且平衡比大于85%),可以一次启动。

（7）检查抽油机各部位运转情况,检查井口是否正常。

① 听:各连接部位、减速箱、电器设备、轴承等有无异常声音,井口有无碰泵声音。

② 看:各部件有无异常振动,减速箱有无漏油现象,曲柄销子螺栓、平衡块固定螺栓及其他各部件的固定螺栓有无松动现象,回、套压是否正常,毛辫子是否有打扭现象,方卡子是否松滑,井口是否刺漏。

③ 摸:上行过程中用手背试光杆温度是否正常,光杆过热则调松盘根盒压帽。

（8）用钳行电流表检查抽油机运行电流,计算平衡情况。

（9）关好配电箱门。

（10）将相关资料填入报表。

（11）收拾工具,清理现场。

3）注意事项

（1）盘皮带时禁止手抓皮带。

(2)合空气开关时要侧身。

(3)利用惯性启动抽油机,禁止强制启动,防止烧坏电机或保险。

2. 抽油机停机

1)准备工作

(1)穿戴好劳保用品。

(2)游梁式抽油机井一口。

(3)工具、用具:600mm 管钳或"F"形扳手一把,300mm 活动扳手一把,黄油,棉纱,笔,纸。

2)操作程序

(1)带好准备的工具到抽油机现场,检查抽油机运转情况,确定停机的位置。

(2)按 Q/SY DQ0813《游梁式抽油机操作、保养、维护、修理规程》的规定,必须用测电笔测试,确认配电箱体不带电后,打开配电箱门。

(3)将自启开关扳到手动位置。

(4)按红色停止按钮,使电机停止工作,自然静止后,刹紧刹车,抽油机驴头停在上死点,戴绝缘手套侧身切断电源,松开刹车,待曲柄不动时,方可进行下一步操作。锁块一定要卡在刹车槽里面,避免"溜车"现象。侧身拉下空气开关。

(5)按 Q/SY DQ0813《游梁式抽油机操作、保养、维护、修理规程》的规定,一般驴头停在距离上死点 1/3 ~ 1/2 处;出砂井驴头停在上死点;气油比高的井、结蜡严重的井和稠油井一般停在下死点。

(6)关好配电箱门。

(7)检查流程是否正常。

(8)将数据资料填入报表。

(9)收拾工具,清理现场。

3)注意事项

(1)进行此项操作时刹车必须灵活好用。

(2)微调刹车时,松刹车必须缓慢。

(3)合、分空气开关时一定要侧身。

(4)停机前,一定要将自启开关扳到手动位置。

3. 更换抽油机井光杆盘根

1)准备工作

(1)穿戴好劳保用品。

(2)600mm 的管钳一把,250mm 活动扳手一把,300mm 螺丝刀一把,300mm 钢锯条或电工刀或切刀一把。

(3)同型号胶皮盘根 5 ~ 6 个,麻绳或铁丝一段。

(4)汽油、棉纱、黄油少许,绝缘手套一副。

2）操作步骤

（1）按 Q/SY DQ0813《游梁式抽油机操作、保养、维护、修理规程》的规定，切盘根呈30°～45°角，切口要沿顺时针的方向割，不能沿逆时针的方向割，因为盘根加入盘根盒后格兰上面的压盖螺纹方向都是顺时针转动，为了使上盘根时压紧，所以要求盘根的切口要顺着螺纹的方向，如图1-40所示。

（2）按停止按扭，按 Q/SY DQ0804《采油岗位操作程序及要求》，当悬绳器距防喷盒30～50cm处刹紧刹车。戴绝缘手套侧身拉下空气开关，断电。

（3）关闭胶皮闸门，使光杆位于盘根盒中心位置，如果是偏斜的光杆，应用胶皮闸门找正，两侧的丝杆能起到调整的作用。

（4）卸掉盘根盒上的压帽，取出格兰，用挂钩吊在悬绳器上。

（5）取出旧密封填料，密封填料一定要取净，尽管旧密封填料看起来还是比较完整，但其中心部分一般已经磨损，即与光杆真正起到密封作用的部分已经磨损，所以必须取掉，不然加新密封填料的数量就少，使用的时间也短。

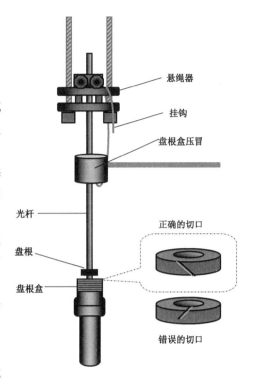

图1-40　抽油机井加盘根示意

（6）把锯好的密封填料涂上少许黄油，加入盘根盒内，加新密封填料时每个密封填料的切口一定要错开120°～180°，这样可使因第一个密封填料磨损而从切口漏出的油气被第二道密封填料挡住。如果切口在同一位置，那么所有密封填料的切口处都是连通的，当第一道密封填料磨损，油气就漏出来了，失去了加密封填料的作用。所以要求密封填料的切口错开120°～180°。

（7）上好压帽，松紧适当，松紧度应是在光杆运行不发热的情况下，松开2圈不漏气，松开3圈不漏油，在光杆上行时带少许油花，即松紧合适。

（8）开胶皮闸门，开胶皮闸门时一定要开到最大，不开大会使光杆磨损闸门芯的胶皮，如果磨损严重的话，就会使胶皮闸门关不严，下次开关胶皮闸门加密封填料就会漏油，不仅使加密封填料工作增加困难，还会造成更换胶皮闸门芯的工作量。

（9）松刹车，合空气开关送电，启动抽油机。

（10）检查光杆盘根是否有发热漏油现象，并调整盘根压帽松紧度。

（11）把有关资料数据填入报表。

3）注意事项

（1）拉下、合上空气开关启动抽油机时都要戴绝缘手套进行操作。

（2）手试光杆是否发热时，一定要小心、注意安全，只有在光杆上行时才能用手背去触摸。

（3）填加密封填料时不能用工具去砸密封填料，防止砸伤填料盒螺纹。

4. 更换抽油机皮带

1）准备工作

（1）工具、用具、材料准备：250mm 螺丝刀一把，300mm 活动扳手一把，30～32mm 梅花扳手一把，1000mm 撬杠一把，合适的抽油机皮带一组，绝缘手套一只，试电笔一支，细线（工程线）5m，润滑脂100g，班报表，记录笔。

（2）穿戴好劳保用品。

2）操作程序

（1）携带工用具到井场。

（2）打开配电箱门。

（3）将自启开关扳到手动位置。

（4）按停止按钮。

（5）将抽油机停在上死点，松刹车。

（6）戴绝缘手套侧身拉下空气开关。

（7）按 Q/SY DQ0799《采油维修工技能操作》的规定，顺时针使用扳手卸松电机前、后顶丝，禁止反方向使用扳手。

（8）卸松电机固定螺纹。

（9）用撬杠移动电机，使皮带松弛，如图 1-41 所示。

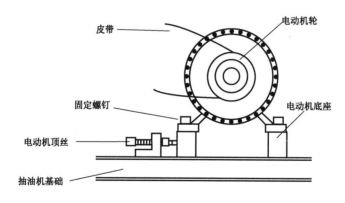

图 1-41　更换电动机皮带示意图

（10）用手向外盘动皮带，取下旧皮带。

（11）安装新皮带，先装大皮带轮，再装电机皮带轮，用力向内盘动皮带。

（12）用撬杠向后移动电机。

（13）调整电机顶丝，检查皮带松紧度。

（14）按 Q/SY DQ0804《采油岗位操作程序及要求》的规定，检查调整"四点一线"。

（15）对角紧固电机固定螺丝。

（16）确认抽油机周围无障碍物后准备启机。

（17）侧身合空气开关。

（18）点动启动抽油机。

（19）将自启开关扳到自动位置。

（20）关好配电箱门。

（21）检查抽油机皮带松紧度和运转情况。

（22）收拾工用具,清理现场。

3）注意事项

（1）停机操作时一定要侧身拉下空气开关。

（2）盘皮带时严禁用手抓皮带。

（3）抽油机皮带安装好后一定要确保"四点一线"。

（4）启机时一定要检查周围有无障碍物。

5. 调四点一线

1）准备工作

拉线一根,撬杠、扳手、试电笔、绝缘手套等工用具。

2）操作步骤

（1）检查控制箱、刹车。

（2）戴绝缘手套,按停机钮,抽油机驴头停在上死点。避开空气开关,切断电源,刹紧刹车。

（3）用一条线通过两轴中心测定两皮带轮平面是否在一条线上,按 Q/SY DQ0804《采油岗位操作程序及要求》的规定,误差应小于5mm,否则应调整。

（4）松电机顶丝及固定螺栓。

（5）调整电机达到四点一线,如图1-42所示。

（6）拧紧固定螺栓及顶丝。

减速箱主动皮带轮

电机小皮带轮

图1-42 四点一线

（7）松开刹车,避开空气开关,合电源,按操作规程启动抽油机。

3）注意事项

（1）启、停机,必须戴绝缘手套,避开空气开关;刹车必须刹紧,刹车位置必须有专人监护。

（2）皮带下按单根不超过二指。

（3）联组带按 Q/SY DQ0804《采油岗位操作程序及要求》的规定,下按不超过 20mm。

（4）抽油机驴头停在上死点。

6. 抽油机一级保养

1）准备工作

（1）穿戴好劳保用品。

（2）正常运转的抽油机一口。

（3）工具、用具:600mm 管钳一把,300mm、375mm、450mm 活动扳手各一把,电工工具一套,300mm 螺丝刀一把,黄油枪一把,润滑脂 5kg,洗油剂 5kg,棉纱 2kg,部分抽油机专用工具、水平尺、试电笔、绝缘手套、安全带各一件。

2）操作程序

（1）停抽,刹车(停在便于操作的位置),切断电源。

（2）清除抽油机外部油污、泥土,旋转部位的警示标语要清楚醒目。

（3）按 Q/SY DQ0804 的规定,紧固减速箱、底座、中轴承、平衡块、电动机的固定螺丝。安全线应无错位,电动机、中轴、顶丝应无缺损,并顶紧。

（4）打开减速箱视孔,松开刹车,盘动皮带轮,检查齿轮啮合情况。

（5）检查减速箱油面及油质,不足时应补加,变质时要更换。

（6）清洗减速箱呼吸阀。

（7）对尾轴承、中轴承、曲柄销子轴承、驴头固定销子、减速箱轴承等处加注润滑脂。

（8）检查刹车是否灵活好用,必要时应进行调整,刹车片上不能有油污,刹车把的行程应在 1/3 ~ 2/3 之间,不在此范围内应进行调整。检查刹车片磨损情况,并调整张合度及刹车行程。

（9）检查皮带松紧度,不合适要进行调整,皮带损坏要及时更换。

（10）检查绳辫子,如有起刺、断股现象,应更换绳辫子;检查悬绳器,上下夹板应完好;若检查时发现钢丝绳锈很多,说明麻芯中的机油已经用尽,应加油润滑或外部抹黄油润滑。

（11）检查电器设备绝缘、接地应良好,各触点接触完好。

（12）检查抽油机的平衡情况。

（13）检查驴头中心必须与井口中心对正。

3）注意事项

（1）抽油机运转 720h,进行一级保养作业。

（2）曲柄销子注润滑脂时,可将轴承盖卸下,直接加注黄油。

（3）高空作业时必须系安全带。

（4）按Q/SY DQ0799《采油维修工技能操作》的规定，按顺时针方向正确使用管钳；使用扳手不得使用加力杠，以免损坏扳手；正确使用抽油机的特种专用板手及电工工具。

7. 抽油机二级保养

1）准备工作

（1）工具、用具准备：250mm，300mm，375mm 活动扳手各一把，黄油枪一至两支，磁铁一块，水平尺一把，钢卷尺一把，金属软棒一根，齐头扁锉一把，方卡子一副，内扇拨轮器一副，曲柄销套筒扳手一把，3.75kg 大锤一把，200mm 手钳一把。

（2）材料准备：润滑脂一桶，小油壶一只，煤油 20kg，棉纱 3kg，水桶两只，中粗砂纸两张，油漆一桶，绝缘手套一副，安全带一副，煤油 20kg，棉纱 3kg。

（3）穿戴好劳保用品。

2）操作程序

（1）将驴头停在上死点，刹车，断电，进行一级保养的全部内容。

（2）系好安全带，对抽油机中轴、尾轴、曲柄轴承的润滑部位逐个进行清洗并加足润滑脂。

（3）检查减速箱轴承、油池温度，按 Q/SYVDQ0813《游梁式抽油机操作、保养、维护、修理规程》的规定，最高温度不得超过 70℃；用污油桶先把减速箱内污油回收，再打开减速箱上盖，检查各齿轮啮合情况，并用煤油清洗减速箱内部，用磁铁吸出铁屑并擦干，卸下减速箱盖板上的呼吸阀，拆洗清理干净后原样上好；按要求加足机油，根据情况决定是否更换垫片和油封。

（4）检查校对抽油机纵横水平和连杆长度。

（5）调整抽油机刹车，使行程在 1/3～2/3 之间；检查抽油机两刹车片动作是否一致；检查刹车片磨损情况，再决定是否需要调整或更换刹车片。

（6）调整驴头对中。

（7）检查曲柄销、螺帽是否有松动。

（8）对电器设备绝缘、接地进行检查。

（9）检查皮带松紧度以及"四点一线"情况，如不合格要进行调整。

（10）检查曲柄键工作情况，必要时更换新键。

（11）根据情况更换易损部件（如曲柄销、套、键、连杆、铜套等）。

（12）确认各项检查维护保养完毕后，松刹车，送电启抽。

（13）将有关资料填入报表。

3）注意事项

（1）按 Q/SY DQ0813《游梁式抽油机操作、保养、维护、修理规程》的规定，累计运转 4000h 以内进行一次，并填写清楚保养记录，包括一保全部内容。

（2）中、尾轴承加注黄油时应系好安全带。

8. 调刹车

1）准备工作

（1）正确穿戴劳动保护用品。

（2）准备工用具:250mm 活动扳手一把,300mm 活动扳手一把,200mm 手钳一把,500V 试电笔一支,绝缘手套一副,润滑脂和擦布若干。

2）操作步骤

（1）停机:侧身按停止按钮,将曲柄停在上死点,刹紧刹车,侧身拉下空气开关。

（2）试刹车:检查刹车把到最松位置和到全行程的 2/3 位置;检查刹车片与刹车轮的间隙,根据间隙确定刹车行程往大还是往小调。

（3）调整外抱式刹车:

① 调整张合度:松固定片左侧锁紧螺栓,松固定片右侧锁紧螺栓,观察两片是否与制动轮吻合,间隙应在 2~3mm 之间。

② 调整扇形换向轴角度,调纵向拉杆:松锁紧螺母,使刹把在未刹时与牙盘配合在 1/3 处,刹后制动在 2/3 处为最好。

③ 调刹把牙块与弧形牙盘行程段,调横向拉杆:松锁紧螺帽,拧拉紧螺母,使刹把在未刹时与牙盘配合在 1/3 处,刹后制动在 2/3 处为最好。

（4）调整内胀式刹车:

① 调整张合度,若两刹片与制动轮内圆接触不好,则调节螺母轴向里转动,直到吻合为止（以下步骤同外抱式）。

② 操作时拉杆平直,不得弯曲,使用推拉力。

③ 松开刹车,按照操作规程启动抽油机。

（5）收拾工具,清洁场地。

3）安全注意事项

（1）对配电箱验电,下拉空气开关时必须侧身,必须戴绝缘手套,确认安全后,方可操作;刹车必须刹紧,刹车位置必须有专人监护。

（2）刹车片与制动轮张合度均匀、吻合。

（3）待抽油机曲柄停稳后才可操作。

（4）调后刹车行程,按 Q/SY DQ0804《采油岗位操作程序及要求》的规定,在 1/3~2/3 之间,调节完应锁紧螺帽。

9. 调整游梁式抽油机曲柄平衡（按 Q/SY DQ0804《采油岗位操作程序及要求》的规定）

1）准备工作

（1）正确穿戴劳动保护用品。

（2）准备工用具:平衡块固定螺丝专用呆扳手一把,锁块螺丝套筒扳手一把,375mm 活动扳手一把,3.75kg 榔头一把,钳形电流表一块,专用机轮一根,试电笔一支,绝缘手套一副,润滑脂、砂纸、擦布若干。

2）操作步骤

（1）检测电流:选择测量挡位,测量上、下冲程电流峰值。

（2）根据电流值测平衡率:计算平衡率,判断调整方向、距离,平衡率 = 下电流/上电流 ×

100%，$100\% \geqslant I \geqslant 85\%$。Q/SY DQ0804《采油岗位操作程序及要求》规定，若上行程电流 $I_{上}$ 大，平衡重向远离曲柄轴方向移动；若下行程电流 $I_{下}$ 大，平衡重向曲柄轴方向移动。调整距离 H 按下式计算：

$$H(\text{cm}) = \left| 1 - I_{上} \middle/ I_{下} \right| \times 100$$

（3）判断调整方向，停机：侧身按停机按钮，将曲柄停在水平位置刹紧刹车，侧身拉下空气开关。

（4）调整平衡块：Q/SY DQ0804《采油岗位操作程序及要求》规定，卸松平衡块固定螺栓（但不要卸掉），要从前往后卸（人站在调整方向的反向操作），卸下牙块、螺栓。

用撬杠或专用摇把移动平衡块调到预定位置。装牙块拧紧固定螺栓。

（5）检查、启机：缓慢松刹车，侧身合空气开关，点启或利用惯性启动抽油机。

（6）测量调整后电流：测电流观察效果，按相同方法调整另一组平衡块。

（7）清理场地：收拾工具，清理场地。

3）安全注意事项

（1）测量前仔细检查被测电缆是否完好。

（2）使用电流表时戴绝缘手套。

（3）对配电箱验电，确认安全后，方可操作。

（4）下拉空气开关时必须侧身，必须戴绝缘手套。

（5）刹车行程不合理，需调整刹车行程。

（6）刹车必须锁死，否则不可操作。

（7）操作中出现"溜车"必须停止操作。

（8）Q/SY DQ0804《采油岗位操作程序及要求》规定，平衡块螺栓不准卸掉，以免滑脱伤人。

10. 调驴头对中

1）准备工作

（1）工具、用具：450mm，375mm 活动扳手各一把，600mm 管钳一把，方卡子一副，400mm 中平锉一把，吊线锤一个，麻绳 5m，$\phi12 \times 60$mm 钢筋一段，绝缘手套一副。

（2）穿戴好劳保用品。

2）操作程序

（1）检查调整刹车，保证灵活好用。

（2）按停止按钮，避开空气开关，切断电源，当游梁接近水平位置时，刹紧刹车。

（3）把光杆卡子座在盘根盒上，卡紧光杆，盘车卸掉驴头负荷，避开空气开关，切断电源，刹紧刹车。

（4）挂线锤，在驴头弧板中心自然垂下，按 Q/SY DQ0804《采油岗位操作程序及要求》的规定，在线和弧板处垫 1/2 毛辫直径的厚板，稳定后，看锤尖与盘根盒中心偏差位置，测出偏差，确定调整方向。

（5）卸松中轴承螺丝，根据测出偏差方向，调整中轴承前后左右顶丝，使游梁在任何位置时驴头中心点投影都与井口中心基本重合,偏差不大于规定尺寸。按 Q/SY DQ0804《采油岗位操作程序及要求》的规定,调驴头左右顶丝(限于驴头可调且驴头偏的抽油机;此时人应站在井口前,面对抽油机):

① 外置式顶丝:

——往左调:松驴头右侧顶丝,紧驴头左侧顶丝;

——往右调:松驴头左侧顶丝,紧驴头右侧顶丝。

② 内置式顶丝:

——往左调:松驴头右侧顶丝,紧驴头左侧顶丝;

——往右调:松驴头左侧顶丝,紧驴头右侧顶丝。

③ 按 Q/SY DQ0804《采油岗位操作程序及要求》的规定,略松中央轴承固定螺栓,根据方向(人站在中轴处,面对井口调整):

——往前调:松前面两条顶丝,紧后面两条顶丝;

——往后调:松后面两条顶丝,紧前面两条顶丝;

——往左调:松右前左后顶丝,紧左前右后顶丝;

——往右调:松左前右后顶丝,紧右前左后顶丝。

(6)拧紧各顶丝备帽及中轴承固定螺丝,拿掉线坠,接好悬绳器,慢松刹车,使驴头吃上负荷,卸掉方卡子,锉净毛刺。

(7)送电,松刹车,启动抽油机生产。

(8)将有关数据填入报表。

3)注意事项

(1)停机后必须切断电源,刹死刹车。

(2)登高作业时必须系好安全带。

(3)允许偏差:按驴头上、中、下位置时的线坠与地面三点投影圆直径不大于:冲程 0.6 ~ 1.5m 时为 14mm,冲程 1.5 ~ 2.5m 时为 18mm,冲程 2.5 ~ 3.5m 为 22mm,冲程 3.5 ~ 4m 时为 28mm。

11. 测剪刀差

1)准备工作

备好验规、塞尺、木直尺、试电笔、绝缘手套等工用具。

2)操作步骤

(1)检查控制箱、刹车。

(2)停机,按 Q/SY DQ 0804《采油岗位操作程序及要求》的规定,将曲柄停在水平位置,避开空气开关,切断电源,刹紧刹车。

(3)将验规分别插入曲柄内或将直尺紧贴曲柄侧面。

(4)测出对面曲柄与直尺及验规的差距。

(5)读出差值,做好记录。

(6)松刹车,避开空气开关,合电源,按操作规程启动抽油机。

3）注意事项

（1）启、停机时，必须戴绝缘手套，避开空气开关；刹车必须刹紧，刹车位置必须有专人监护。

（2）木尺不得弯曲，否则会影响测量结果。

（3）抽油机曲柄按 Q/SY DQ 0804《采油岗位操作程序及要求》的规定，停在基墩中间。

（4）剪刀差大小按 DQ 0804《采油岗位操作程序及要求》的规定，3 型不超过 4mm，5 型不超过 5mm，10 型不超过 6mm，14 型不超过 8mm。

12. 更换尾轴承螺栓

1）准备工作

备好扳手、大锤、待换螺栓、试电笔、绝缘手套、安全带、安全帽等。

2）操作步骤

（1）检查控制箱、刹车。

（2）停机，按 Q/SY DQ0804《采油岗位操作程序及要求》中 3.12.3.2 的规定，驴头要停在上死点，避开空气开关，切断电源，刹紧刹车。

（3）取出坏螺栓。

（4）换上新螺栓。

（5）拧紧新螺栓。

（6）松刹车，避开空气开关，合电源，按操作规程启抽。

3）注意事项

（1）启、停机时，必须戴绝缘手套，避开空气开关；刹车必须刹紧，刹车位置必须有专人监护。

（2）刹车应牢固、安全可靠。

（3）按规定设计要求使用螺栓。

13. 更换光杆

1）准备工作

准备好扳手、吊车及与需更换光杆尺寸相同的光杆等工用具。

2）操作程序

（1）压井或卸压，使油压为零。

（2）将驴头停在接近下死点，刹紧刹车，确认刹车可靠。

（3）按 Q/SY DQ0813《游梁式抽油机操作、保养、维护、修理规程》的规定，用卡子卡好光杆，松开刹车或点启动电机，使卡子坐在盘根盒上，卸掉抽油机载荷，刹紧刹车。

（4）卸掉吊绳和悬绳器。

（5）用吊车将光杆吊起适当距离，卸双翼光杆胶皮阀及其以上井口装置，将原井光杆提出井口,抽油杆用吊卡坐在井口上,卸掉原井光杆。

(6)用吊车将新光杆及双翼光杆胶皮阀及其以上井口装置与原井抽油杆连接,并安装好双翼光杆胶皮阀及其以上井口装置。

(7)安装吊绳和悬绳器、光杆卡子,将光杆卡子卡在适当位置。

(8)松开刹车,启动抽油机,检查确认无刮碰现象。

14. 更换悬绳器吊绳

1)准备工作

备好与需更换悬绳器吊绳尺寸相同的钢丝绳等相应工具。

2)操作程序

(1)将驴头停在接近下死点的位置,刹紧刹车,确认刹车可靠。

(2)用卡子卡住光杆,松开刹车,使卡子坐在盘根盒上,卸掉抽油机悬点载荷,刹紧刹车。

(3)将原井吊绳卸掉。

(4)更换新吊绳与悬绳器及驴头连接。

(5)松开刹车,提起光杆,按 Q/SY DQ0813《游梁式抽油机操作、保养、维护、修理规程》的规定,卸去坐在盘根盒上的卡子。

(6)启动抽油机,检查确认光杆对中,无刮、碰现象。

15. 更换中央轴承座

1)准备工作

选择适当吨位吊车和所需的相应的钢丝绳、牵引用棕绳,准备卡子、套筒扳手、活动扳手等相应工具,新中央轴承座一个。

2)操作程序

(1)检查刹车应灵活可靠,无自锁现象。

(2)将具有延时启动功能配电箱的启动挡位置于手动启动位,按停止按钮,将抽油机停在接近下死点的位置,刹紧刹车,卸掉防掉卡,用卡子卡好光杆。

(3)松刹车,点启动电机,使卡子坐在盘根盒上,刹紧刹车,卸去抽油机载荷,切断电源,卸悬绳器,使之与光杆分离。

(4)缓松刹车,让抽油机停在上死点,刹紧刹车,松开驴头两侧顶丝,将钢丝绳分别系好或穿牢在游梁前后预置的吊桩或吊环上,让钢丝绳稍吃劲,吊住游梁。

(5)卸掉两侧连杆与曲柄销连接固定螺栓,并在两侧连杆下端系上牵引绳,用撬杠等工具使连杆与曲柄销分离。

(6)卸掉中央轴承座轴头两侧卡瓦固定螺栓,人员离开支架平台。

(7)用吊车将游梁吊起,在牵引绳辅助下,将游梁吊至空地放下。

(8)卸松中央轴承座前后顶丝,卸掉中央轴承座与支架固定螺栓;用吊车将损坏的中央轴承座吊出,将新中央轴承座吊入支架平台就位,预紧中央轴承座固定螺栓;人员离开支架平台。

(9)用吊车将游梁吊起,在牵引绳的辅助下,重新坐入中央轴承座,将中央轴承座与游梁连接卡瓦装好并上紧固定螺栓。

（10）将连杆与曲柄销重新对接，并上紧连接固定螺栓；取下钢丝绳，吊车离开。

（11）调整中央轴承座前后顶丝，使两侧连杆与曲柄间隙一致，上紧中央轴承座固定螺栓。

（12）人员离开支架平台，检查抽油机周围无妨碍运转的物体后，松开刹车，合上电源，按启动按钮，将抽油机停在驴头下死点，刹紧刹车，断开电源，安装好悬绳器，使之与光杆对接，缓慢松开刹车，使抽油机吃上负荷，刹紧刹车，卸掉下部卡子，装好防掉卡。

（13）调整驴头两侧顶丝，按 Q/SY DQ0813《游梁式抽油机操作、保养、维护、修理规程》的规定，使驴头、光杆、井口三点对中。

（14）检查抽油机周围无妨碍运转的物体后，松开刹车，合上电源，按启动按钮，使抽油机运转，运转 10min 后，检查更换质量，运转正常后，将具有延时启动功能配电箱的启动挡位置于延时启动位，操作人员离开。

16. 更换尾轴承座

1）准备工作

选择适当吨位吊车和所需的相应的钢丝绳、牵引用棕绳，准备卡子、套筒扳手、活动扳手等相应工具，新尾轴承座一个。

2）操作程序

（1）检查刹车应灵活可靠，无自锁现象。

（2）将具有延时启动功能配电箱的启动挡位置于手动启动位，按停止按钮，将抽油机停在接近下死点的位置，刹紧刹车，卸掉防掉卡，用卡子卡好光杆。

（3）松刹车，点启动电机，使卡子坐在盘根盒上，刹紧刹车，卸去抽油机载荷，切断电源，松开驴头两侧顶丝，卸悬绳器，使之与光杆分离。

（4）将钢丝绳分别在游梁前后预置的吊桩或吊环上系好或穿牢，用吊车吊住游梁，让钢丝绳稍吃劲。

（5）卸掉连杆与曲柄销连接固定螺栓，并在两侧连杆下端系上牵引绳，松开横梁两侧连杆销锁紧螺栓，用撬杠等工具，使连杆与曲柄销分离。

（6）卸掉中央轴承座轴头两侧卡瓦固定螺栓，人员离开支架平台。

（7）用吊车将游梁吊离支架平台，在牵引绳的辅助下，吊至机架旁空地，利用牵引绳扳开连杆，使连杆与游梁平行，缓慢将游梁平稳放至地面。

（8）松开尾轴承座前后顶丝，卸下游梁尾轴承座连接固定螺栓，用吊车将游梁吊至空地放下。

（9）用吊车吊住尾轴承座稍吃劲。

（10）卸松尾轴承座支架与尾轴轴头锁紧螺栓，卸掉固定螺栓，将损坏尾轴承座与两侧支架分离。

（11）将新尾轴承座吊至横梁上，将尾轴承座装入支架就位，上紧支架固定螺栓和轴头锁紧螺栓。

（12）将游梁固定螺栓眼与尾轴承座固定螺栓眼对准，对好后上紧固定螺栓和尾轴承座前后顶丝。

（13）将游梁吊起，重新坐入中央轴承座，将中央轴承座与游梁连接卡瓦装好并预紧固定螺栓。

（14）用吊车将连杆与曲柄销重新对接，上好连接固定螺栓和横梁连杆销锁紧螺栓。

（15）调整中央轴承座前后顶丝，使两侧连杆与曲柄间隙一致，上紧中央轴承座固定螺栓。

（16）检查抽油机周围无妨碍运转的物体后，松开刹车，合上电源，按启动按钮，将抽油机停在驴头下死点，刹紧刹车，断开电源。

（17）安装悬绳器，使之与光杆对接，缓慢松开刹车，使抽油机吃上负荷，刹紧刹车，卸掉下部卡子，装好防掉卡。

（18）调整驴头顶丝，使驴头、光杆、井口三点对中，符合标准后紧固中央轴承座与支架的连接螺栓。

（19）检查抽油机周围无妨碍运转的物体后，松刹车，合电源，按启动按钮，使抽油机运转10min，检查更换质量，运转正常后，将具有延时启动功能配电箱的启动挡位置于延时启动位，操作人员离开。

17. 更换横梁

1）准备工具

选择适当吨位吊车和所需的相应的钢丝绳、牵引用棕绳、准备卡子、套筒扳手、活动扳手等相应工具，新横梁一个。

2）操作程序

（1）检查刹车应灵活可靠，无自锁现象。

（2）将具有延时启动功能的配电箱启动挡位置于手动启动位，按停止按钮，将抽油机停在距下死点50～200mm处，刹紧刹车，在紧贴盘根盒的位置打上卡子。

（3）松刹车，点启动电机，使卡子坐在盘根盒上，卸去抽油机载荷，刹紧刹车，切断电源，将吊绳头从悬绳器中脱出。

（4）将抽油机驴头停在上死点，松开驴头两侧顶丝，刹紧刹车，将钢丝绳分别在游梁前后预置的吊桩或吊环上系好或穿牢，用吊车吊住游梁，让钢丝绳稍吃劲；卸掉连杆与曲柄销连接固定螺栓，并在两侧连杆下端系上牵引绳，松开两侧横梁连杆销锁紧螺栓，用撬杠等工具使连杆与曲柄销分离。

（5）卸掉中央轴承座轴头两侧卡瓦固定螺栓，人员离开支架平台。

（6）用吊车将游梁吊离支架平台，在牵引绳的辅助下，吊至机架旁空地放下；利用牵引绳扳开连杆，使连杆与游梁平行，缓慢将游梁平稳放至地面。

（7）卸掉横梁与尾轴承座连接螺栓和连杆销锁紧螺栓，将连杆销打出；将损坏的横梁吊出，换上新横梁；将连杆销打入并预紧连杆销锁紧螺栓，紧固横梁与尾轴承座螺栓。

（8）用吊车将游梁吊起，使中央轴承座坐在支架平面上，预紧中央轴承座与支架的连接螺栓后，将连杆与曲柄销连接螺栓连接并紧固。

（9）取下钢丝绳，吊车离开。

（10）将吊绳与悬绳器连接,检查抽油机周围无妨碍运转的物体后,松开刹车,合上电源,点启动电机,使抽油机吃上负荷,刹紧刹车,卸掉下部卡子,装好防掉卡。

（11）调整顶丝,使驴头、游梁与井口对中,符合标准后紧固中央轴承座与支架的连接螺栓。

（12）检查抽油机周围无妨碍运转的物体后,松开刹车,合上电源,按启动按钮,使抽油机运转。

（13）抽油机运转10min,检查更换质量,运转正常后,将具有延时启动功能配电箱的启动挡位置于延时启动位,操作人员离开。

18. 更换支架

1）准备工作

选择适当吨位的吊车和所需的相应的钢丝绳、牵引用棕绳,准备卡子、套筒扳手、活动扳手等相应工具,新支架一个。

2）操作程序

（1）检查刹车应灵活可靠,无自锁现象。

（2）将具有延时启动功能的配电箱启动挡位置于手动启动位,按停止按钮,将抽油机停在距下死点50～200mm处,刹紧刹车,在紧贴盘根盒的位置打上卡子。

（3）松刹车,点启动电机,使卡子坐在盘根盒上,卸去抽油机载荷,刹紧刹车,切断电源,松开驴头两侧顶丝,将吊绳头从悬绳器中脱出。

（4）将钢丝绳分别在游梁前后预置的吊桩或吊环上系好或穿牢,用吊车吊住游梁,让钢丝绳稍吃劲。

（5）卸掉连杆与曲柄销连接固定螺栓,并在两侧连杆下端系上牵引绳,松开横梁两侧连杆销锁紧螺栓,用撬杠等工具使连杆与曲柄销分离。

（6）松开中央轴承座前后顶丝;卸掉中央轴承座与支架的连接螺栓;用吊车将游梁吊下,放在地面上。

（7）将钢丝绳挂在支架顶端,用吊车吊住支架稍吃上劲。

（8）卸掉支架与底座的连接螺栓,将损坏的支架吊出,换上新支架,紧固支架与底座的连接螺丝。

（9）用吊车将游梁吊起,使中央轴承座坐在支架平面上,预紧中央轴承座与支架的连接螺栓后,将连杆与曲柄销连接螺栓连接并紧固。

（10）取下钢丝绳,吊车离开。

（11）将吊绳与悬绳器连接,检查抽油机周围无妨碍运转的物体后,松开刹车,合上电源,点启动电机,使抽油机吃上负荷,刹紧刹车,卸掉下部卡子,装好防掉卡。

（12）调整顶丝,使驴头、游梁与井口对中,符合标准后紧固中央轴承座与支架的连接螺栓。

（13）检查抽油机周围无妨碍运转的物体后,松开刹车,合上电源,按启动按钮,使抽油机运转,抽油机运转10min,检查更换质量,正常运转后,将具有延时启动功能的配电箱启动挡位置于延时启动位,操作人员离开。

19. 更换连杆

1)准备工作

选择适当吨位的吊车和所需的相应的钢丝绳、牵引用棕绳,准备卡子、套筒扳手、活动扳手等相应工具,新连杆一个。

2)操作程序

(1)检查刹车应灵活可靠,无自锁现象。

(2)将具有延时启动功能的配电箱启动挡位置于手动启动位,按停止按钮,将抽油机停在距下死点 50~200mm 处,刹紧刹车,在紧贴盘根盒的位置打上卡子。

(3)松刹车,点启动电机,使卡子坐在盘根盒上,卸去抽油机载荷,刹紧刹车,切断电源,松开驴头两侧顶丝,将吊绳头从悬绳器中脱出。

(4)将钢丝绳分别在游梁前后预置的吊桩或吊环上系好或穿牢,用吊车吊住游梁,让钢丝绳稍吃上劲。

(5)卸掉连杆与曲柄销连接固定螺栓,并在横梁两侧连杆下端系上牵引绳,松开两侧横梁连杆销锁紧螺栓,用撬杠等工具使连杆与曲柄销分离。

(6)松开中央轴承座前后顶丝;卸掉中央轴承座与支架的连接螺栓;将游梁吊下,放在地面上。

(7)卸掉连杆与横梁锁紧螺栓,将连杆从横梁上取出;换上新连杆,将连杆与横梁螺栓穿好紧固。

(8)用吊车将游梁吊起,使中央轴承座坐在支架平面上,预紧中央轴承座与支架的连接螺栓后,将连杆与曲柄销连接螺栓连接并紧固。

(9)取下钢丝绳,吊车离开。

(10)将吊绳与悬绳器连接,检查抽油机周围无妨碍运转的物体后,松开刹车,合上电源,点启动电机,使抽油机吃上负荷,刹紧刹车,卸掉下部卡子,装好防掉卡。

(11)调整顶丝,使驴头、游梁与井口对中;符合标准后紧固中央轴承座与支架的连接螺栓。

(12)检查抽油机周围无妨碍运转的物体后,松开刹车,合上电源,按启动按钮,使抽油机运转,抽油机运转 10min,检查更换质量,正常运转后,将具有延时启动功能配电箱的启动挡位置于延时启动位,操作人员离开。

20. 更换游梁

1)准备工作

选择适当吨位的吊车和所需的相应的钢丝绳、牵引用棕绳,准备卡子、套筒扳手、活动扳手等相应工具,新游梁一个。

2)操作程序

(1)检查刹车应灵活可靠,无自锁现象。

（2）将具有延时启动功能的配电箱启动挡位置于手动启动位,按停止按钮,将抽油机停在距下死点 50～200mm 处,刹紧刹车,在紧贴盘根盒的位置打上卡子。

（3）松刹车,点启动电机,使卡子坐在盘根盒上,卸去抽油机载荷,刹紧刹车,切断电源,将吊绳头从悬绳器中脱出。

（4）松开驴头两侧的顶丝,用吊车将驴头稍微提起,摘下驴头销,吊出驴头,放在地面上。

（5）将钢丝绳分别在游梁前后预置的吊桩或吊环上系好或穿牢,用吊车吊住游梁稍吃上劲。

（6）卸掉曲柄销与连杆的连接螺栓,卸掉中央轴承座与游梁的连接螺栓,用吊车将游梁吊下,放在地面上。

（7）卸掉尾轴承座与游梁的连接螺栓;将损坏的游梁吊出,换上待用的游梁;将尾轴承座与游梁连接螺栓穿好紧固。

（8）用吊车将游梁吊起,慢慢下放,对好游梁与中央轴承座连接螺栓,连接并紧固后,预紧中央轴承座与支架连接螺栓,将连杆与曲柄销连接螺栓连接并紧固。

（9）用吊车将驴头吊起,挂到游梁上,穿上驴头销。

（10）取下钢丝绳,吊车离开。

（11）将吊绳与悬绳器连接,检查抽油机周围无妨碍运转的物体后,松开刹车,合上电源,点启动电机,使抽油机吃上负荷,刹紧刹车,卸掉下部卡子,装好防掉卡。

（12）调整顶丝,使驴头、游梁与井口对中;符合标准后紧固中央轴承座与支架的连接螺栓。

（13）检查抽油机周围无妨碍运转的物体后,松开刹车,合上电源,按启动按钮,使抽油机运转,抽油机运转 10min,检查更换质量,运转正常后,将具有延时启动功能配电箱的启动挡位置于延时启动位,操作人员离开。

21. 更换变速箱

1）准备工作

选择适当吨位的吊车和所需的相应的钢丝绳、牵引用棕绳,准备卡子、套筒扳手、活动扳手等相应工具,新变速箱一个。

2）操作程序

（1）检查刹车应灵活可靠,无自锁现象。

（2）将具有延时启动功能的配电箱启动挡位置于手动启动位,按停止按钮,将抽油机停在距下死点 50～200mm 处,刹紧刹车,在紧贴盘根盒的位置打上卡子。

（3）松刹车,点启动电机,使卡子坐在盘根盒上,卸去抽油机载荷,刹紧刹车,切断电源。

（4）卸掉连杆与曲柄销连接固定螺栓,并在横梁两侧连杆下端系上牵引绳,松开两侧横梁连杆销锁紧螺栓,用撬杠等工具使连杆与曲柄销分离。

（5）松刹车,点启动电机,将曲柄停在便于拆卸平衡块的水平位置,刹紧刹车,切断电源。

（6）用吊车吊住平衡块,稍吃住劲即可。

（7）卸掉平衡块与曲柄的连接螺栓,将平衡块吊出,放在地面。

（8）松刹车,将曲柄放下,呈自然下垂状态;卸掉变速箱与底座连接螺栓,卸掉刹车拉杆与变速箱刹车拐把的连接销;松开电机底座螺栓及顶丝,取下皮带。

（9）用吊车将损坏变速箱吊出,放在地面,将新变速箱吊起,慢放装好并紧固螺栓。

（10）将刹车拉杆与变速箱刹车拐把连接好,装皮带,调整电机顶丝,按 Q/SY DQ0813《游梁式抽油机操作、保养、维护、修理规程》的规定,使电机皮带轮与减速箱皮带轮四点成一线,皮带松紧适度,紧固电机固定螺栓螺帽。

（11）点启动调试刹车后,将曲柄停在水平位置,将曲柄与平衡块连接螺栓预先放入曲柄 T 形槽内,用吊车吊起平衡块,缓慢下放,对好螺栓并紧固。

（12）用吊车吊住游梁,使连杆一端缓慢下放,将连杆与曲柄销连接螺栓连好并紧固。

（13）检查抽油机周围,无妨碍运转的物体后,松开刹车,合上电源,点启动电机,使抽油机吃上负荷,刹紧刹车,卸掉下部卡子。

（14）检查抽油机周围无妨碍运转的物体后,合上电源,按启动按钮,使抽油机运转,抽油机运转 10min,检查更换质量,将具有延时启动功能配电箱的启动挡位置于延时启动位,正常后人员离开。

22. 更换抽油机底座

1）准备工作

选择适当吨位的吊车和所需的相应的钢丝绳、牵引用棕绳,准备卡子、套筒扳手、活动扳手等相应工具,新抽油机底座一个。

2）准备工作

（1）检查刹车应灵活可靠,无自锁现象。

（2）将具有延时启动功能配电箱的启动挡位置于手动启动位,按停止按钮,将抽油机停在距下死点 50~200mm 处,刹紧刹车,在紧贴盘根盒的位置打上卡子。

（3）松刹车,点启动电机,使卡子坐在盘根盒上,卸去抽油机载荷,刹紧刹车,切断电源,松开驴头两侧顶丝,将吊绳头从悬绳器上脱出。

（4）用吊车吊住游梁,稍吃上劲即可。

（5）卸掉曲柄销与连杆的连接螺栓,松开中央轴承座前后顶丝,卸掉中央轴承座与支架的连接螺栓,用吊车将游梁吊起,放在地面上。

（6）用吊车吊住支架顶端,稍吃上劲即可。

（7）卸掉支架与底座的连接螺栓,将支架吊出,放在地面上。

（8）松刹车,将曲柄放下,呈自然下垂状态;卸掉电机顶丝及底座固定螺栓,取下皮带,将电机吊出,放在地面上。

（9）卸掉变速箱与底座连接螺栓,卸掉刹车拉杆与变速箱刹车拐把的连接销,用吊车将变速箱吊出,放在地面上。

（10）卸掉底座与基础的连接螺栓,挂好钢丝绳,将损坏底座吊出,将新底座吊入就位,预紧固定螺栓。

（11）检查底座水平符合要求后,紧固底座与基础连接螺栓。

（12）将电机吊入坐好，预紧电机与底座连接螺栓。

（13）将变速箱吊入就位，上紧变速箱与底座连接螺栓；装皮带，调整电机顶丝，使电机皮带轮与减速箱皮带轮四点成一线，皮带松紧适度，紧固电机固定螺栓螺帽。

（14）将支架吊入，对好支架与底座的螺栓孔，紧固固定螺栓。

（15）将游梁吊起，使中央轴承座坐在支架平面上，预紧中央轴承座与支架的连接螺栓后，将连杆与曲柄销连接螺栓连接并紧固。

（16）取下钢丝绳，吊车离开。

（17）将吊绳与悬绳器连接，检查抽油机周围无妨碍运转的物体后，松开刹车，合上电源，点启动电机，使抽油机吃上负荷，卸掉下部卡子，刹紧刹车。

（18）调整顶丝，使驴头、游梁与井口对中，符合标准后紧固中央轴承座与支架的连接螺栓。

（19）检查抽油机周围无妨碍运转的物体后，松开刹车，合上电源，启动抽油机，抽油机运转 10min，检查更换质量，运转正常后，将具有延时启动功能配电箱的启动挡位置于延时启动位，操作人员离开。

三、事故案例分析

1. 案例 1：停止抽油机时，未停机直接断开空气开关，发生电弧灼伤

1）事故经过

2005 年 6 月 8 日上午 10 点左右，采油工李某停止抽油机井时，有用验电笔对电控箱验电，确认无电后打开柜门，没有侧身就直接用手断空气开关，发生漏电事故，造成胸部皮肤烧伤。

2）事故原因分析

（1）打开电控箱柜门没有验电就直接打开电控箱柜门。

（2）工人李某违反 Q/SY DQ0804《采油岗位操作程序及要求》的规定，没有戴绝缘手套，按停止按钮，没有避开空气开关。

3）预防措施

采油工人在对运转的抽油机井进行检查操作时，要严格执行企业标准 Q/SY DQ0804《采油岗位操作程序及要求》。

（1）启停停机，先用试电笔对电控箱验电，合断空气开关都要戴绝缘手套，并且侧身操作。

（2）遇有电箱漏电，要先查明原因，不可莽撞进行操作。

（3）没有安全措施，禁止不带绝缘手套合断空气开关。

（4）需要停抽油机进行操作时，不能少于两人。

2. 案例 2：更换抽油机皮带违规操作，造成亡人事故

1）事故经过

2004 年 7 月 27 日，采油二矿 110 队技术员带领三名员工到抽油机井上调参并更换皮带，更换完新皮带轮后，在装皮带时，由于间距过大，欲把电机向前移时，此时 110 队三井班长张某

路经此井,看到后,就说不用移电机,小轮套上,大轮套一半,启动电机就装上了,其他人也没有反对,就这样操作,抽油机启动皮带打滑跳动,张某急忙用手推皮带,结果右臂夹入皮带受重伤,送医院抢救无效死亡。

2)事故原因分析

(1)员工安全意识淡薄,刹车不到位,抽油机未停稳状态下近距离检查操作,违反了企业标准 Q/SY DQ0804《采油岗位操作程序及要求》有关抽油机停稳后再操作的规定。

(2)违反企业标准 Q/SY DQ0804《采油岗位操作程序及要求》中严禁抓、攥皮带的规定。

(3)工作急于求成造成思想麻痹大意。

(4)习惯性违章从众心理造成事件发生。

3)纠正和预防措施

采油工人在更换抽油机皮带操作时,要严格执行企业标准 Q/SY DQ0804《采油岗位操作程序及要求》。

(1)改正习惯性错误操作,干标准活。

(2)加强工作中危险因素识别。

(3)对工人进行全风险意识教育。

3. 案例3:未确认刹车锁块进入锁槽,平衡块下滑亡人

1)事故经过

2008 年 5 月 12 日 13 时左右,某厂第四油矿某采油队安排员工王某和刘某到一油井给抽油机固定螺栓画安全线,途中刘某到另外一口井用塑料布包配电箱,以备防雨。13 时 30 分左右,当刘某完成任务后,打算与王某一同回队时,发现王某已经夹在抽油机平衡块与三角架之间。刘某返回计量间汇报,遇到队长赵某,队长赵某赶到现场,发现王某已经死亡。

2)事故原因分析

从事故现场分析:当事人把抽油机(驴头)停在下死点后,抽油机停止运转。在刹车没有进入锁槽,刹车没有刹死的情况下,王某站在平衡块下划安全线,在此过程中,曲柄由上死点向下死点滑动,在滑动过程中曲柄将正在操作的当事人夹在三角架与曲柄之间,致其死亡。

(1)操作人员王某安全意识淡薄,违章操作,是事故发生的主要原因。

(2)违反 Q/SY DQ0804《采油岗位操作程序及要求》的规定,没有刹死刹车。

3)预防措施

采油工人对抽油机进行一级保养操作时,要严格执行企业标准 Q/SY DQ0804《采油岗位操作程序及要求》。

(1)对抽油机进行检修或检查时,必须停机,要对刹车确认,并打死刹车。

(2)刹车锁块进入到锁槽中,保证刹车刹死。在开、停机操作时,做好监护工作,进行认真检查。

(3)加强对岗位员工标准化操作规程培训,检查班前提问考核安全操作规程。

4. 案例4:更换抽油机密封圈时,格兰脱落砸伤手部

1)事故经过:

2010年8月15日10点左右,工人刘某发现密封圈处漏油,于是更换抽油机密封圈。因急于下班,没有挂好密封压帽及格兰就开始起出旧密封圈,格兰脱落砸伤手部。

2)事故原因分析:

(1)工人刘某安全意识淡薄。

(2)工人刘某没有挂好密封压帽及格兰就开始起旧密封圈,违反Q/SY DQ0804《采油岗位操作程序及要求》的规定,待卸压后退出压帽及格兰,用绳挂在悬绳器上。

3)预防措施

采油工人对抽油机更换密封圈操作时,要严格执行企业标准Q/SY DQ0804《采油岗位操作程序及要求》。

(1)加强工人安全教育。

(2)确保挂好密封圈和格兰,再进行下一步操作。

(3)每次靠近抽油机井前,要首先检查抽油机各部位螺丝是否有松扣、断脱、毛辫子是否有拔丝断股、驴头顶丝是否脱落、悬绳器销钉是否断脱等现象,避免在操作时高空落物伤人。

📚 本节小结

抽油机维修保养工作可以概括为八个字:"清洁、紧固、润滑、调整"。

清洁——是指清洁卫生;紧固——各部件间的连接螺丝;润滑——各加油点(部位)的定期添加润滑油脂;调整——即对整机的水平、对中、平衡、控制系统等为主的调整。

宣贯Q/SY DQ0799《采油维修工技能操作》中扳手、管钳的使用;Q/SY DQ0804《采油岗位操作程序及要求》中抽油机启动、停机、调平衡、调刹车、调对中、换皮带、调四点一线、测剪刀差、一级保养、更换尾轴承螺栓、加盘根11个操作;Q/SY DQ0813《游梁式抽油机操作、保养、维护、修理规程》中更换光杆、更换悬绳器吊绳、更换中央轴承座、更换尾轴承座、更换横梁、更换支架、更换连杆、更换游梁、更换减速箱、更换抽油机底座10个操作,并对上述操作技能提出了注意事项。

第五节 抽油机井动态管理

抽油机井井下由抽油杆、抽油泵、油管、油管锚定工具、脱接器与扶正器等井下工具组成。作为采油工要熟悉抽油机井井下组成,掌握抽油机井泵效的计算,对于油井出现异常情况,会憋泵操作,根据抽油机井产液调整冲程、冲次,使其达到合理的生产状态。本节宣贯标准有:

Q/SY DQ0802 油井热洗清蜡规程

Q/SY DQ0804 采油岗位操作程序及要求

一、抽油机井井下工具

1. 抽油泵

抽油泵是一种特殊形式的往复泵,抽油井井下抽油杆将动力传递给抽油泵,使抽油泵的柱塞做上下往复运动,将油井中石油沿油管抽到地面。抽油泵的工作原理与往复泵相同,但因工作条件不同,在其结构和工作参数等方面具有特殊性:

(1)抽油泵的外径受井眼尺寸的限制,只能是立式结构。在冲次相同的条件下,要增加泵的排量,就得增大冲程长度,加长泵的尺寸。

(2)抽油泵井下工作时,有的要装在三千多米深处,这样,柱塞上下压差很大,需维持柱塞与泵筒间的密封和耐磨性,提高泵效和延长使用寿命。

(3)抽油泵的工作使用周期受抽油杆强度和刚度的影响,如抽油杆变形和振动,影响柱塞的有效冲程长度和泵工作的平稳性。

(4)抽油泵在恶劣环境条件下连续工作,如油井含气、含砂,介质腐蚀,结垢,高压,高黏度且随着井深有较大的温度变化。

1)抽油泵结构

抽油泵是有杆泵抽油设备的井下部分,是有杆泵抽油装置的最重要的部分。下入深度从几百米到几千米,所抽汲的液体中常含有砂、蜡、水、气及有腐蚀性的物质,其工作环境恶劣,所以要求抽油泵结构简单、便于起下、制造泵的材料耐磨、抗腐蚀性能好、使用寿命长、加工安装质量高,以降低使用故障率。

抽油泵主要由工作筒、柱塞总成和固定阀总成三大部分组成,如图1-43所示。

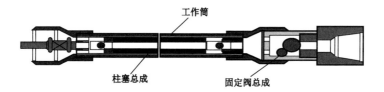

图1-43 抽油泵组成

(1)工作筒。

抽油泵工作筒由外管、衬套、外管接箍组成,如图1-44所示。

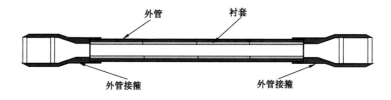

图1-44 抽油泵工作筒结构

(2)柱塞总成。

柱塞总成由上、下游动阀罩,阀球,上、下阀座,柱塞、柱塞拉杆组成,如图1-45所示。

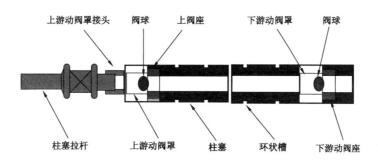

图 1 - 45　柱塞总成

（3）固定阀总成。

固定阀总成由固定阀球、固定阀罩、阀座、固定阀座接头组成,如图 1 - 46 所示。

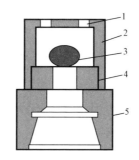

图 1 - 46　固定阀总成
1—固定阀球;2—阀座;3—固定阀罩孔;
4—固定阀罩;5—固定阀座接头

2) 抽油泵型号

我国抽油泵型号如图 1 - 47 所示,API 抽油泵型号如图 1 - 48 所示。

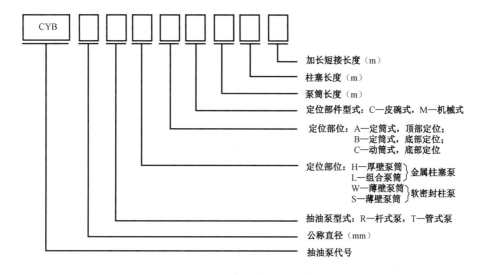

图 1 - 47　我国抽油泵型号

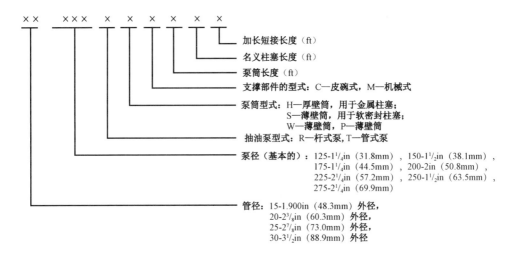

图 1 - 48   API 抽油泵型号

3）抽油泵类型

根据抽油泵在井筒中安装方式，分为管式泵和杆式泵两种。

（1）管式泵。

又称油管泵，如图 1 - 49（a）所示，其特点是把外筒、衬套和吸入阀在地面组装好并接在油管下部先下入井中，然后把装有排出阀的活塞用抽油杆柱通过油管下入泵中。衬套由耐磨材料加工成若干节，衬入外筒内壁。

活塞是用无缝钢管制成的中空圆柱体，外表面光滑带有环状沟槽，作用是让进入活塞与衬套间隙的沙粒聚集在沟槽内，防止沙粒磨损活塞与衬套，并且沟槽中存的油能起润滑活塞表面的作用。检泵起泵时为泄掉油管中的油，可采用可打捞的吸入阀（固定阀），通过下放杆柱，让活塞下端的卡扣咬住吸入阀的打捞头，把吸入阀提出。但是这种泵由于吸入阀打捞头占据泵内空间，使泵的防冲距和余隙容积大，容易受气体的影响而降低泵效。目前大多数下入管式泵的井，是在油管下部安装泄油器，通过打开泄油器泄掉油管中的油。管式泵的特点是结构简单，成本低，在相同油管直径下允许下入的泵径较杆式泵大，因而排量大。但检泵时必须起下管柱，修井工作量大，故适用于下泵深度不大、产量较高的井。

（2）杆式泵。

杆式抽油泵，又称为插入泵，如图 1 - 49（b）所示，是常用的定筒式顶部固定杆式泵，其特点是有内外两个工作筒，外工作筒上端装有锥体座及卡簧（卡簧的位置为下泵的深度），下泵时把外工作筒随油管先下入井中，然后把装有衬套、活塞的内工

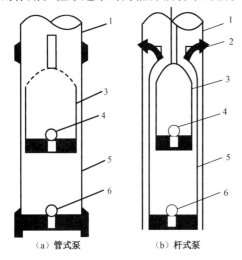

图 1 - 49   抽油泵结构示意图
1—油管；2—锁紧卡；3—活塞；
4—游动阀；5—工作筒；6—固定阀

作筒接在抽油杆的下端下入到外工作筒中并由卡簧固定。检泵时不需要起出油管,而是通过抽油杆柱把内工作筒拔出。另外还有定筒式底部固定杆式泵,其固定点在泵筒的底部,以及动筒式底部固定杆式泵,将活塞固定在底部,由抽油杆柱带动泵筒上下往复运动抽油。

杆式泵的特点是检泵时不需要起下油管,检泵方便,但结构复杂,制造成本高,在相同的油管直径下允许下入的泵径较管式泵要小,因而杆式泵适用于下泵深度大,产量较小的油井。

目前油田使用的常规抽油泵存在的缺点是金属活塞和衬套的加工要求高,制造不方便,且易磨损。为了便于加工和保证质量,将衬套分段加工(每段长 300cm 或 150cm),然后组装在泵筒内,但使用时易发生衬套错位造成卡泵。针对这一缺点,目前国内外油田都在研制整筒泵,整筒泵没有衬套,用软柱塞和泵筒直接配合。近年来,随着新型密封材料的出现,研制适合油井条件的抗油、耐磨、耐高温、密封性能好的软柱塞成功的概率大大增加了。

标准抽油泵基本参数见表 1-16。

表 1-16 抽油泵基本参数

基本型式		泵的直径,mm		柱塞长度系列 m	加长短节长度 m	连接油管外径 mm	柱塞冲程长度范围 m	理论排量 m³/d	连接抽油杆螺纹直径 mm(SY 5059-83)
		公称直径	基本直径						
杆式泵		32	31.8	0.6		48.3,60.3	1.2~6	14~69	23.813
		38	38.1	0.9		60.3,73.0	1.2~6	20~112	26.988
		44	44.5	1.2	0.3	73.0	1.2~6	27~138	26.988
		51	50.8	1.5	0.6	73.0	1.2~6	35~173	26.988
		57	57.2	1.8	0.9	88.9	1.2~6	44~220	26.988
		63	63.5	2.1		88.9	1.2~6	54~259	30.163
管式泵	整体泵筒	32	31.8			60.3,73.0	0.6~6	7~69	23.813
		38	38.1			60.3,73.0	0.6~6	10~112	26.988
		44	44.5			60.3,73.0	0.6~6	14~138	26.988
			45.2						
		57	57.2	0.6	0.3	73.0	0.6~6	22~220	26.988
		70	69.9			88.9	0.6~6	33~328	30.163
		83	83			101.6	1.2~6	93~467	30.163
		95	95	0.9	0.6	114.3	1.2~6	122~613	34.925
	组合泵筒	32	32						
		32	38	1.2		60.3,73.0	0.6~6	7~69	23.813
		38	44	1.5		60.3,73.0	0.6~6	10~128	26.988
		44	56		0.9	73.0	0.6~6	13~138	26.988
		56	70			73.0	0.6~6	21~220	26.988
		70				88.9	0.6~6	33~328	30.163

注:理论排量按每分钟 10 冲次,充满系数为 1 计算。

4）抽油泵工作原理

在泵的工作过程中,活塞是主动件,作用是通过改变泵内容积来改变泵内的压力。泵阀是从动件,仅当满足阀球下方压力大于其上方压力时阀打开,让液体通过阀座孔向上流,否则阀关闭阻止液体向下流。具体抽汲过程为:

（1）上冲程[如图1-50(a)所示]。

活塞上行时,游动阀受油管内活塞以上液柱的压力作用而关闭,并排出活塞冲程一段液体。固定阀由于泵筒内压力下降,被油套环形空间液柱压力顶开,井内液体进入泵筒内,充满活塞上行所让出的空间。

（2）下冲程[如图1-50(b)所示]。

活塞下行时,由于泵筒内液柱受压,压力增高而使固定阀关闭。在活塞继续下行中,泵内压力继续升高,当泵筒内压力超过油管内液柱压力时,游动阀被顶开,液体从泵筒内经过空心活塞上行进入油管。

在一个冲程中,深井泵应完成一次进油和一次排油。活塞不断运动,游动阀与固定阀不断地交替关闭和顶开,井内液体就不断地进入工作筒,从而上行进入油管,最后达到地面。

抽油泵的工作过程是由3个环节组成的:柱塞上行在泵筒中让出容积,井中液体进入泵筒内,柱塞下行从泵内排出液体。

5）泵的理论排量

假设活塞冲程等于光杆冲程,上冲程吸入泵内的全是液体,并且其体积等于活塞让出容积,而这些液体全部

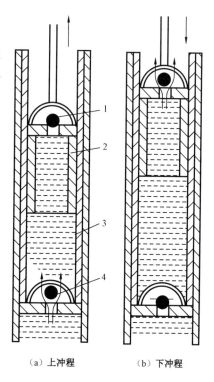

（a）上冲程　　　　（b）下冲程

图1-50　抽油泵工作原理示意图
1—游动阀;2—活塞;3—工作筒;4—固定阀

都能排到地面没有漏失,在这种理想条件下,泵一天的体积排量由式(1-18)计算。

$$Q_t = 1440 f_p S n \qquad (1-18)$$

每日质量排量为式(1-19):

$$Q_m = 1440 f_p S n \rho_1 \qquad (1-19)$$

式中　Q_t——泵的体积理论排量,m^3/d;

　　　Q_m——泵的质量理论排量,t/d;

　　　f_p——活塞截面积,$f_p = \pi D^2/4$,m^2;

　　　D——泵径,m;

　　　S——光杆冲程,m;

　　　n——冲数,r/min;

　　　ρ_1——井中液体密度,t/m^3。

对某一特定泵而言,f_p 为定值,故也可将式(1-18)转化为式(1-20):

$$Q_t = KSn \tag{1-20}$$

式中 K 为与泵有关的系数。

相关名词:

(1)冲程:活塞上下运动一次叫一个冲程,即驴头带动光杆运动的最高点到最低点之间的距离。

(2)光杆冲程:光杆从下死点到上死点之间的距离,用 S 表示。

(3)活塞冲程:活塞在上下死点之间的距离,用 S_p 表示。

(4)冲次:抽油泵活塞在工作筒内每分钟上下运动的次数。

6)泵的常见故障

(1)阀门部位故障。每天阀球往复撞击上万次,一是导致阀球与阀座的线密封面产生不同程度的磨损,使得密封性能下降,承压后造成游动阀或固定阀漏失;二是阀罩壁磨薄,而后断裂;三是顶部出液孔磨损后,导致阀球的嵌入孔内造成不同步。

(2)活塞拉伤。在泵筒和活塞之间,由于砂粒等杂物的刮研造成活塞拉伤。

(3)螺纹部位脱扣。由于上扣不紧或厌氧胶失效,抽油泵各螺纹部位发生脱扣。

2. 抽油杆

在抽油装置中抽油杆是中间部分,起连接抽油机与抽油泵,并把抽油机的动力传递给抽油泵的作用。抽油杆发展技术分为第一代金属杆、第二代非金属抽油杆和第三代连续抽油杆。根据化学成分不同,抽油杆可分为碳钢抽油杆、合金钢抽油杆及玻璃钢抽油杆等类型。合金钢抽油杆在强度和抗腐蚀性能方面都优于碳钢抽油杆,而玻璃钢抽油杆的抗腐蚀性能优于钢制抽油杆。根据抽油杆在杆柱中起的作用不同,抽油杆又可分为光杆、普通抽油杆和加重杆。

1)抽油杆作用

(1)光杆。

光杆是抽油杆柱中最上端的一根抽油杆,其表面光滑,通过井口密封盘根,上端通过悬绳器和绳辫子与抽油机驴头相连。驴头在下死点时,光杆伸入盘根盒以下的长度称为方入,盘根盒以上到悬绳器之间的光杆长度称为方余,光杆的方入要大于光杆冲程。

(2)抽油杆。

抽油杆主要有钢制实心抽油杆、玻璃纤维(或称玻璃钢)抽油杆、空心抽油杆和连续抽油杆几种类型。钢制抽油杆结构简单,容易制造,成本低,是常规有杆泵抽油系统常用的类型。抽油杆结构(如图1-51所示)为两头带接箍的钢圆柱体。

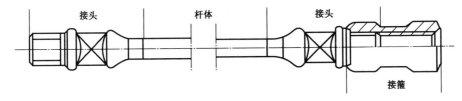

图 1-51　抽油杆示意图

常用的抽油杆直径有 4 种,单位为 mm(in),分别为 $\phi16(5/8)$,$\phi19(3/4)$,$\phi22(7/8)$,$\phi25(1)$,常规抽油杆基本技术参数见表 1-17。

玻璃钢抽油杆的主要特点是耐腐蚀,重量轻,适用于含腐蚀性介质严重的抽油井和深井抽油,成本高,且抗弯、抗压性能差,使用玻璃钢抽油杆可以降低抽油井悬点载荷,减小能耗,增加抽油泵下泵深度,如果在抽油井参数与井下杆柱等相互配合下可实现抽油泵柱塞抽吸超行程而提高泵效。空心抽油杆用空心圆钢管制成,两端有连接螺纹,主要用于稠油井抽油,成本高。此外还有连续抽油杆、钢丝绳抽油杆等新产品。

表 1-17　常规抽油杆基本技术参数

	公称直径,mm(in)		16(5/8)	19(3/4)	22(7/8)	25(1)
抽油杆	截面积,cm²		2.01	2.84	3.80	4.91
	长度,mm		8000	8000	8000	8000
	质量(不带接箍),kg		12.93	18.29	24.50	31.65
	质量(带接箍),kg/m		1.665	2.350	3.136	4.091
	螺纹	长度,mm	29	35	35	45
		每英寸螺纹数	10	10	10	10
	方形段,mm	方形边长	22	27	27	32
		长度	38	38	38	38
	加大过渡部分长,mm		22	22	22	22
接箍	外径,mm		38±0.4	42±0.4	46±0.4	55±0.4
	长度,mm		80±1	80±1	80±1	100±1
	质量,kg/个		0.44	0.53	0.62	1.12

(3)加重杆。

抽油杆柱在向下运动时,由于原油通过游动阀阻力作用向上顶托活塞,使与泵连接处的几根抽油杆受到压缩力作用常会发生弯曲,而长时间的弯曲拉直运动会加速这部分抽油杆的疲劳破坏,为改善抽油杆柱的工作状况,延长抽油杆柱的工作寿命,采用在泵以上几十米的杆柱直径加粗,称为加重杆。加重杆的结构如图 1-52 所示,是两端带抽油杆螺纹的实心圆钢杆,一端车有吊卡颈和打捞颈,杆身直径有 $\phi35$,$\phi38$,$\phi51$ 三种,单位为 mm。

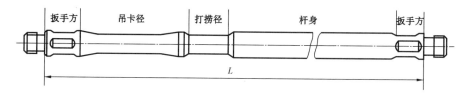

图 1-52　加重杆

2)抽油杆代号

抽油杆代号如图 1-53 所示。

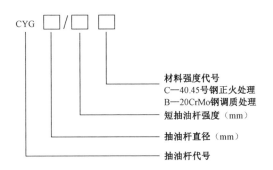

材料强度代号
C—40.45号钢正火处理
B—20CrMo钢调质处理
短抽油杆强度（mm）
抽油杆直径（mm）
抽油杆代号

图 1 - 53　抽油杆代号

3）抽油杆常见故障：

（1）磨断。在下冲程中，抽油杆受压弯曲后与油管间发生摩擦而断裂。另外，抽油杆体被扶正器磨细后断裂。

（2）杆体断。由于超期服役，扶正器在杆体上窜动将杆体磨细，或注塑杆扶正环根部应力集中，造成杆断。

3. 油管

油管起着连接井口与抽油泵并将液体传输到地面的作用。目前，在用油管为 φ73mm，φ89mm 两种规格，按材质可分为三防钢质油管和普通钢质油管。其中，三防钢质油管主要用于聚合物驱和三元复合驱块，普通钢质油管主要用于水驱。API 油管性能规范见表 1 - 18。

表 1 - 18　API 油管性能规范

规格 mm × mm	接头形式	重量 N/m	壁厚 mm	内径 mm	钢级	最小抗压强度 MPa	连接头抗拉强度 kN
φ73 × 5.51	N – U 平式	93	5.5	62	J55	≥50.1	≥323
φ89 × 6.45	N – U 平式	134	6.5	76	J55	≥51.0	≥487

油管常见故障如下：

（1）油管磨漏。在下冲程中，抽油杆受压弯曲后将油管磨漏。

（2）油管螺纹断。与抽油杆不同，油管断脱部位只发生在螺纹部位。

（3）油管螺纹漏失。由于锥度大、研扣等原因，油管螺纹漏失。

4. 油管锚

为了降低油管的上下窜动，减少冲程损失，延长油管使用寿命，在油管下端安装了油管锚。目前，油管锚主要有双向油管锚、偏心油管锚、泄油式油管锚和支撑卡瓦。在易发生油管断脱的 φ57mm 以上泵径的抽油机井可下油管锚。

常见故障：部分油管锚由于下入井中年限过长，受腐蚀、结垢、沉砂等因素影响，易发生解封失灵，造成油管柱拔不动事故。

5. 脱接器

脱接器用于活塞外径大于油管内径的井，起到连接活塞和抽油杆的作用。

目前,在用脱接器有旋转自锁式脱接器和长爪式脱接器。其中,旋转自锁式脱接器主要用于聚合物区块,其优点是无对接爪不会发生应力集中而断脱,其缺点是二次对接成功率低;长爪式接器主要用于水驱和三元复合区块,由于加长了对接爪,爪根部应力集中得到有效控制,很少发生爪断脱。常见故障有脱接器爪断、脱接器失灵。

6. 扶正器

扶正器用于杆管偏磨井,起到减轻抽油杆与油管间磨损的作用。

目前,在用扶正器有接箍式扶正器、插入式扶正器、限位环扶正器和扭卡式扶正器。常见故障为扶正器断脱。

二、示功图分析抽油机井故障

示功图是悬点载荷随位移变化的封闭曲线,地面示功图是表示悬点载荷随悬点位置变化的封闭曲线,以悬点位移为横坐标,以悬点载荷为纵坐标。在油田采油实际工作中经常靠分析实测示功图来判断泵的工作状况。

分析实测示功图的步骤:

(1)在实测示功图上绘制理论示功图,并将实测示功图与理论示功图进行对比分析。

(2)与典型示功图对比分析。

(3)结合油井产量、原油黏度等生产资料进行分析。

1. 考虑弹性变形的理论示功图特征

假定:泵充满程度100%。

(1)油管无漏失、泵工作正常。

(2)油层供液能力充足,泵能够完全充满。

(3)光杆只承受抽油杆柱与活塞上液柱重量的静载荷,不考虑惯性力。

(4)不考虑砂、蜡、稠油的影响。

(5)不考虑油井连喷带抽。

(6)认为进入泵内的流体是不可压缩的,阀是瞬时开闭的。在这种条件下绘制出的示功图是一个平行四边形,如图1-54所示。

理论示功图各线点所代表的意义:横坐标表示冲程(悬点位移),纵坐标代表悬点承受的载荷。

A:下死点。固定阀和游动阀都关闭。

AB:加载线。光杆上行 λ 距离,活塞没有移动,由于抽油杆柱和油管弹性变形,光杆载荷逐渐增加,加载到最大值,两阀关闭。

B:上行变形结束点。光杆加载完毕,活塞和光杆同步上行,固定阀打开。

BC:活塞吸入过程线。光杆载荷不变,保持最大值活塞上行,泵开始进液,到达 C 点,活塞完成一个冲程,光杆完成一个冲程。

ABC:光杆上行程线。

C:上死点。固定阀和游动阀都关闭,悬点开始下行。

CD:卸载线。由于抽油杆和油管弹性变形,抽油杆减载,油管加载,光杆下行 λ 距离,活塞

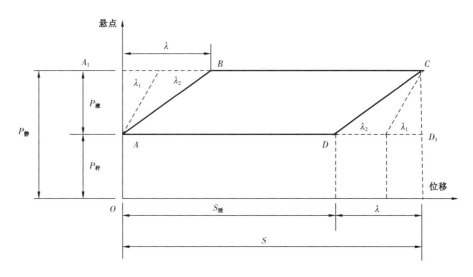

图 1 – 54　考虑弹性变形的理论示功图

没有移动,到达 D 点时减载结束,载荷达到最小值,两阀关闭。

D:下行变形结束点。光杆卸载完毕。载荷降到最小值,活塞开始向下运动,游动阀打开。

DA:活塞排出过程线。光杆载荷不变,保持最小值活塞下行,泵开始排液,到达 A 点,活塞完成一个冲程,光杆完成一个冲程。

CDA:光杆下行线。

2. 典型实测示功图

1)正常示功图

抽油泵工作正常,同时受其他因素影响较小时所测的示功图。这类功图的共同特点是理论示功图差异不大,均为一近似的平行四边形,如图 1 – 55 所示。泵效数据是在 40% ~70% 之间。图中两条蓝色线是分析用的最大理论载荷线和最小理论载荷线,为了便于分析,通常把增载线和减载线省略。

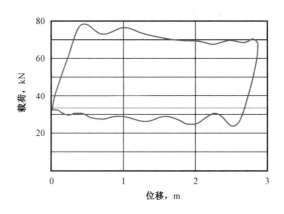

图 1 – 55　实测泵正常时的示功图

2）震动影响的示功图

震动影响示功图特征：一般来说，示功图中上行线和下行线的平均线平行，左右线平行。

如果泵较深，则抽油杆受到较大惯性力和力在抽油杆柱中传递滞后的影响，使示功图沿着顺时针方向产生一定偏转。冲次的加快、惯性载荷及震动载荷的增加，使图形波动和偏转得更加厉害。上下行程线有波纹越多，说明设备震动越严重，如图1-56所示。

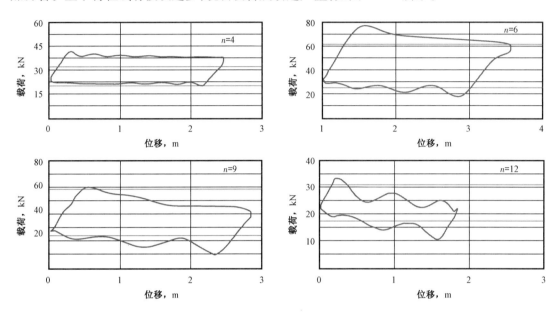

图1-56　震动影响示功图

3）气体影响示功图

理论气体影响示功图特征：加载推迟，卸载变慢，示功图右下角呈圆弧线。泵内气体占据空间越大，气量越大，弧线越明显，如图1-57所示。

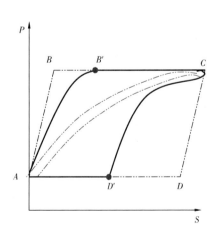

图1-57　理论气体影响示功图

原因分析：由于在下冲程末余隙内还残存一定数量压缩的溶解气，上冲程开始后泵内压力因气体的膨胀而不能很快降低，加载变慢，使固定阀打开滞后 B' 点残存的气量越多，泵口压力越低，则吸入阀打开滞后的越多，即 BB' 线越长。$B'C$ 为上冲程柱塞有效冲程。

下冲程时，气体受压缩，泵内压力不能迅速提高，卸载变慢，使排出阀滞后打开 D' 泵的余隙越大，进入泵内的气量越多，则 DD' 线越长。$D'A$ 为下冲程柱塞有效冲程。

实测气体影响示功图（如图1-58所示）与理论示功图比较，上下行程线有波纹，说明抽油设备有振动。加载线正常，右下角缺失，卸载线滞后，动液面为586.74m，动液面较深。沉没度为369.88m，泵效为46.45%。

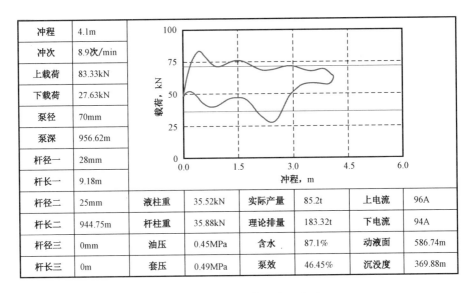

冲程	4.1m						
冲次	8.9次/min						
上载荷	83.33kN						
下载荷	27.63kN						
泵径	70mm						
泵深	956.62m						
杆径一	28mm						
杆长一	9.18m						
杆径二	25mm	液柱重	35.52kN	实际产量	85.2t	上电流	96A
杆长二	944.75m	杆柱重	35.88kN	理论排量	183.32t	下电流	94A
杆径三	0mm	油压	0.45MPa	含水	87.1%	动液面	586.74m
杆长三	0m	套压	0.49MPa	泵效	46.45%	沉没度	369.88m

图 1 – 58　实测气体影响示功图

4)供液不足示功图

供液不足示功图特征:上冲程加载正常,下冲程卸载变慢,卸载线与增载线平行,卸载线呈刀把状,同时沉没度较低。

原因分析:理论供液不足不影响示功图的上冲程,与理论示功图相近。下冲程由于泵筒中液体充不满,悬点载荷不能立即减小,只有当柱塞遇到液面时,才迅速卸载,卸载线与增载线平行,卸载点较理论示功图卸载点左移(如图中 D' 点)。有时,当柱塞碰到液面时,由于振动,最小载荷线会出现波浪线。充不满程度越严重,则卸载线越往左移,如图 1 – 59 中 2,3 线所示。

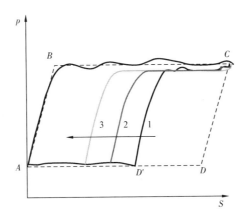

图 1 – 59　理论供液不足

供液不足影响示功图与气体影响示功图的区别:供液不足碰到液面后突然卸载,存在明显拐点,卸载快、斜率大,加载线与卸载线基本平行。气体影响则在下冲程时柱塞压缩气体,逐渐卸载,卸载线呈弧形,现场憋泵:起压较慢或不起压。

实测供液不足示功图如图 1-60 所示,与理论示功图相比较,上下行程有波纹,说明抽油设备有振动。加载线正常,右下角缺失,卸载线滞后。动液面为 943.63m,泵挂深度为 1001.62m,动液面接近泵挂深度。泵效为 30.28%。比较气体影响示功图和供液不足影响示功图:气体沉没度比供液不足沉没度高;气体泵效 46.45%,高于供液不足泵效 30.28%。

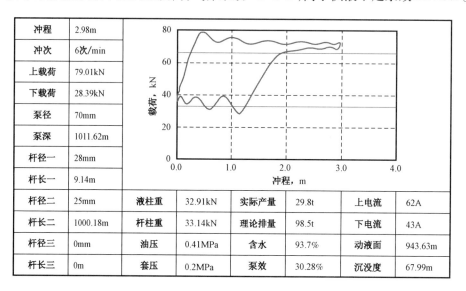

冲程	2.98m						
冲次	6次/min						
上载荷	79.01kN						
下载荷	28.39kN						
泵径	70mm						
泵深	1011.62m						
杆径一	28mm						
杆长一	9.14m						
杆径二	25mm	液柱重	32.91kN	实际产量	29.8t	上电流	62A
杆长二	1000.18m	杆重	33.14kN	理论排量	98.5t	下电流	43A
杆径三	0mm	油压	0.41MPa	含水	93.7%	动液面	943.63m
杆长三	0m	套压	0.2MPa	泵效	30.28%	沉没度	67.99m

图 1-60 实测供液不足

5)游动阀漏失示功图

理论游动阀漏失示功图特征:

(1)增载线的倾角比泵工作正常时要小,倾角越小,漏失量越大。

(2)左上角和右上角变圆,漏失量越大,圆滑程度越厉害。

(3)卸载线比增载线陡。

原因分析:

上冲程时,泵内压力降低,柱塞两端产生压差,使柱塞上面的液体经过游动阀的不严密处(阀及柱塞与衬套的间隙)漏到柱塞下部的工作筒内,漏失速度随柱塞下面压力的减小而增大。由于漏失到柱塞下面的液体有向上的"顶托"作用,悬点载荷不能及时上升到最大值,使加载缓慢,如图 1-60 所示。

随着悬点运动的加快,"顶托"作用相对减小,直到柱塞上行速度大于漏失速度的瞬间,悬点载荷达到最大静载荷(如图 1-61 中的 B' 点)。

当柱塞继续上行到后半冲程时,因柱塞上行速度又逐渐减慢,在柱塞速度小于漏失速度的瞬间(如图 1-61 中的 C' 点),又出现了液体的"顶托"作

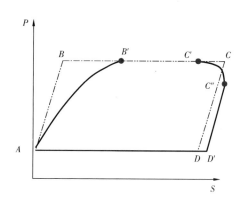

图 1-61 理论游动阀漏失影响

用,使悬点负荷提前卸载。

当活塞运行到后半冲程,活塞上行速度减慢到低于漏失速度时,又出现漏失液体的"顶托"作用,使悬点提前卸载,固定阀提前于 C' 点就关闭,当悬点运行到上死点时,悬点载荷已降到 C'' 点。由于游动阀的漏失,使固定阀滞后于 B' 点打开,提前于 C' 点关闭,活塞的有效吸入冲程 $s_p = B'C'$。

下冲程时,游动阀漏失不影响泵的工作。因此,示功图形状与理论示功图相似。

由于游动阀的影响,固定阀在 B' 点才打开,滞后了 BB' 这样一段柱塞冲程。

实测游动阀漏失示功图(如图 1-62 所示)与理论示功图相比较,左上角变圆,右上角变圆。日产液由 53t 下降到 33.4t,沉没度由 273m 上升到 427.21m,泵效由 43.34% 下降到 27.32%。

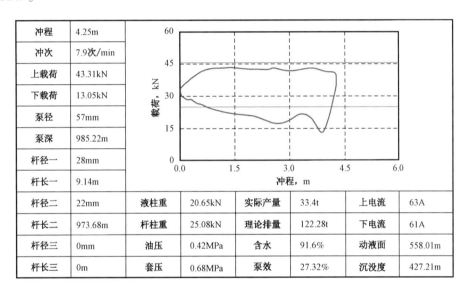

冲程	4.25m						
冲次	7.9次/min						
上载荷	43.31kN						
下载荷	13.05kN						
泵径	57mm						
泵深	985.22m						
杆径一	28mm						
杆长一	9.14m						
杆径二	22mm	液柱重	20.65kN	实际产量	33.4t	上电流	63A
杆长二	973.68m	杆柱重	25.08kN	理论排量	122.28t	下电流	61A
杆径三	0mm	油压	0.42MPa	含水	91.6%	动液面	558.01m
杆长三	0m	套压	0.68MPa	泵效	27.32%	沉没度	427.21m

图 1-62 实测游动阀漏失影响

6) 固定阀漏失示功图

理论固定阀漏失示功图特征:卸载线为一向上凹的曲线,其倾角比理论卸载线的倾角要小,漏失越大,相对的倾角越小;并且漏失越严重,右下角变得越圆。由于提前增载,示功图的左下角变圆,而且漏失越严重,左下角变得越圆。

原因分析:

下冲程开始后,由于固定阀漏失,泵内压力不能及时提高而延缓了卸载过程,使游动阀不能及时打开。只有当柱塞速度大于漏失速度后,泵内压力提高到大于液柱压力,将游动阀打开而卸去液柱载荷(如图 1-63 图中的 D' 点)。

悬点以最小载荷继续下行,直到柱塞下行速度小于漏失速度的瞬间(如图 1-63 图中的 A' 点),泵内压

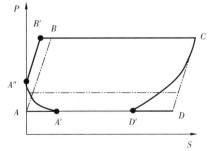

图 1-63 理论固定阀漏失

力降低使游动阀提前关闭,悬点提前加载,到达下死点时,悬点载荷已增加到A''。上冲程时,固定阀漏失不影响泵的工作,示功图形状与理论示功图形状相近。由于吸入部分的漏失而造成排出阀打开滞后(DD')和提前关闭(AA')。

实测固定阀漏失示功图(如图1-64所示)与理论示功图相比较,左下角变圆,右下角不明显。日产液由73t下降到52.5t,沉没度由427.21m下降到290.42m,泵效由48.1%下降到34.6%。量油产量下降,上电流48A正常,下电流45A稍大。

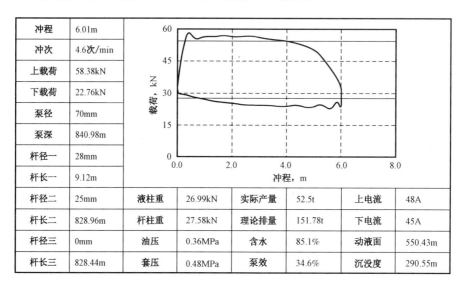

冲程	6.01m						
冲次	4.6次/min						
上载荷	58.38kN						
下载荷	22.76kN						
泵径	70mm						
泵深	840.98m						
杆径一	28mm						
杆长一	9.12m						
杆径二	25mm	液柱重	26.99kN	实际产量	52.5t	上电流	48A
杆长二	828.96m	杆柱重	27.58kN	理论排量	151.78t	下电流	45A
杆径三	0mm	油压	0.36MPa	含水	85.1%	动液面	550.43m
杆长三	828.44m	套压	0.48MPa	泵效	34.6%	沉没度	290.55m

图1-64 实测固定阀漏失

7)双阀漏失示功图

理论双阀漏失示功图特征:示功图呈细长条形,在下静载线附近泵的排量为零,示功图的4个角变圆。

原因分析:由于游动阀的漏失,使固定阀滞后于B'点打开,提前于C'点关闭,活塞的有效吸入冲程$s_p = B'C'$。当游动阀漏失严重时,$B'C'$等于零,固定阀不能打开,活塞的上下运动起不到改变泵内压力的作用,

当固定阀严重漏失时,游动阀一直不能打开,悬点不能卸载。示功图位于最大理论载荷线附近。因摩擦力的缘故,示功图呈条带状,如图1-65所示。

实测双阀漏失现象(如图1-66所示):量油产量下降,液面上升,增载卸载都很缓慢,图形圆滑,双阀漏失严重时的示功图与断脱示功图相类似,上电流较低,下电流稍大,严重漏失时不出油。抽憋压力上升缓慢,严重时不升,驴头停在上、下死点都稳不住压力。

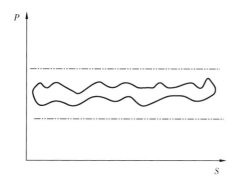

图1-65 理论双阀漏失影响

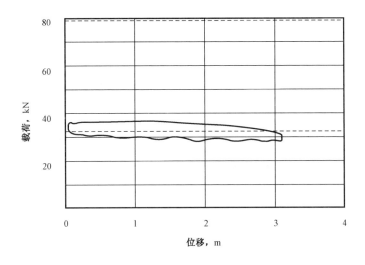

图 1 -66　实测双阀漏失影响

8）油管漏失的示功图

理论油管漏失示功图特征：和正常出油时的示功图一样，只是当漏失严重，油井不出油时，示功图的最大负荷线较最大理论负荷线低。

理论分析：由于油管漏失不是油井装置本身所致，示功图图形不发生变异，和正常出油时的示功图一样。如果油管的螺纹连接处未上紧或螺纹损坏，或因油管被磨损、腐蚀而产生裂缝和孔洞时，进入油管的液体就会从这些裂缝、孔洞及未上紧处重新漏入油管套管间的环行空间，使作用于悬点上的液柱载荷减小，不能达到最大理论载荷值，所低的这段长度相当于漏失处至井口这段液柱在光杆处所产生的负荷，若漏失处离井口很近，低出的这段长度趋于零，如图 1 -67 所示。

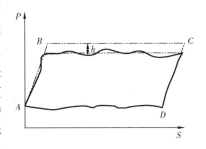

图 1 -67　油管漏失理论示功图

通过示功图，根据式（1 -21）可计算出漏失位置：

$$L = \frac{h \cdot c}{q'_{L}} \qquad (1-21)$$

式中　q'_{L}——活塞全部面积上每米液柱重量，kN/m；

　　　　L——漏失点距井口深度，m；

　　　　h——漏失点距井口在图上的高度，mm；

　　　　c——力比，kN/mm。

实测油管漏失示功图特征（如图 1 -68 所示）：图形整体下移，上下变窄。实际日产量下降到 73.9t/d，动液面 417.84m 变浅，沉没度为 590.35m，泵效为 40.24%。上下电流分别为 60A、53A。当漏失量大于泵的排量时，泵抽吸上来的油全部漏入井筒，油井不出油。

冲程	4.18m	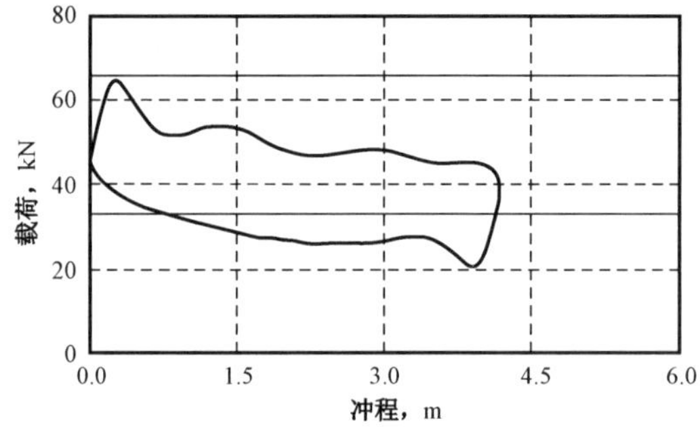					
冲次	8.4次/min						
上载荷	64.68kN						
下载荷	20.56kN						
泵径	70mm						
泵深	1008.19m						
杆径一	28mm						
杆长一	9.14m						
杆径二	25mm	液柱重	32.52kN	实际产量	73.9t	上电流	60A
杆长二	996.09m	杆柱重	33.04kN	理论排量	183.57t	下电流	53A
杆径三	0mm	油压	0.34MPa	含水	88.2%	动液面	417.84m
杆长三	0m	套压	0.38MPa	泵效	40.24%	沉没度	590.35m

图 1-68　油管漏失实测示功图

9)抽油杆断示功图

理论抽油杆断脱特征(如图 1-69 所示):加载、卸载过程中,上下载荷线不重合,功图呈棒状,载荷差小。

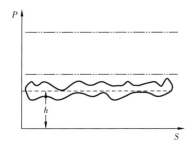

图 1-69　理论杆断示功图

理论分析:抽油杆断脱后的悬点载荷实际上是断脱点以上的抽油杆柱在液体中的重量,杆上行时的载荷只是断杆与液体之间的摩擦力(向下),杆下行时的载荷同样只是断杆与液体之间的摩擦力(向上),区别在于摩擦力的方向相反,导致上下载荷接近,但不重合。

示功图的位置取决于断脱点的位置:断脱点离井口越近,示功图越接近横坐标;断脱点离井口越远,示功图越接近最小理论载荷线。

双阀漏失示功图与杆断脱时示功图的区别:杆断脱时示功图一半接近或低于下基线,而双阀同时漏失示功图则在上下基线之间。

实测抽油杆断脱示功图如图 1-70 所示。井口产量突然大幅度下降,从43t 下降到 7.2t,液面上升幅度大到井口,示功图一般在下理论负荷线以下,图形呈黄瓜状。电流上冲程小,下冲程大,越是上部断脱,上电流越小,下电流越大。憋压不升,如果是底部断脱,憋压可能出现上冲程压力下降,下冲程压力上升的现象。变化值不变,热洗后抽憋测功图,压力不升图形不变。如果是杆断,下放光杆超过防冲距一段距离后不再下行,如果是杆脱下,放光杆距离与防冲距基本相当。

脱接器脱落(图 1-71)、游动阀罩断脱(图 1-72)与抽油杆在底部断脱在生产数据的变化上是一致的,上下电流变化也基本一样。泵的柱塞不做上下往复运动,泵就失去了抽油作用。这时悬点载荷就剩杆的自重,与抽油杆断脱情况基本一样。

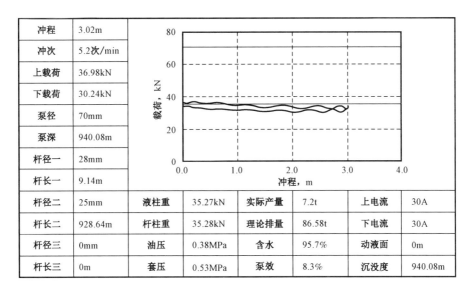

冲程	3.02m						
冲次	5.2次/min						
上载荷	36.98kN						
下载荷	30.24kN						
泵径	70mm						
泵深	940.08m						
杆径一	28mm						
杆长一	9.14m						
杆径二	25mm	液柱重	35.27kN	实际产量	7.2t	上电流	30A
杆长二	928.64m	杆柱重	35.28kN	理论排量	86.58t	下电流	30A
杆径三	0mm	油压	0.38MPa	含水	95.7%	动液面	0m
杆长三	0m	套压	0.53MPa	泵效	8.3%	沉没度	940.08m

图 1-70　实测抽油杆断脱示功图

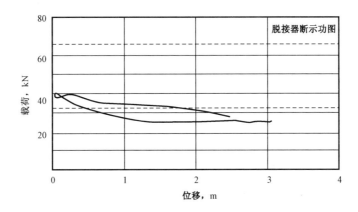

图 1-71　脱接器断示功图

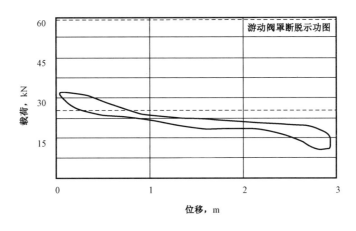

图 1-72　游动阀罩断脱示功图

10）抽带喷示功图

理论抽带喷示功图特征（图1-73）：有轻微加载、卸载过程，与杆断脱相似，载荷差小。

理论分析：油井连抽带喷，当处于上冲程时，由于油流有自喷能力，它就顶着活塞往上跑，造成游动阀被顶开或不能严密地关闭。同时，油气充分混合，液柱比重减轻，造成光杆上的负荷大大减轻，达不到示功图的最大理论载荷线。

当下冲程时，油流同样向上顶活塞，并使固定阀和游动阀都处于开启的状态，造成光杆的负荷没有什么变化，负荷仍高于示功图的最小理论载荷线。

抽带喷实测示功图如图1-74所示，与理论示功图比较，图形变窄，整体下移，靠近下载荷线。实际产量为115t，动液面174m较浅，沉没度为762.75m，泵效为82.12%，大多数抽带喷井超过60%。

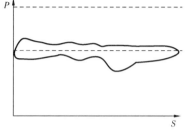

图1-73　喷势强、油稀带喷示功图

冲程	4.21m						
冲次	6次/min						
上载荷	49.46kN						
下载荷	21.19kN						
泵径	70mm						
泵深	936.75m						
杆径一	28mm						
杆长一	9.14m						
杆径二	25mm	液柱重	30.7kN	实际产量	115t	上电流	31A
杆长二	926m	杆柱重	30.68kN	理论排量	139.98t	下电流	40A
杆径三	0mm	油压	0.4MPa	含水	98.6%	动液面	174m
杆长三	0m	套压	0.47MPa	泵效	82.12%	沉没度	762.75m

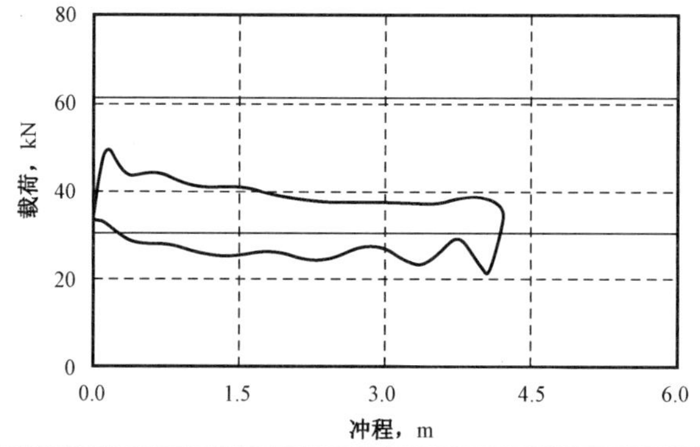

图1-74　抽带喷实测示功图

11）油管断脱

理论示功图（如图1-75所示）特征：示功图有一定面积，靠近理论最小载荷线附近。

理论分析：当油管由于弹性疲劳、油管之间未上紧而发生脱扣时，此时抽油泵工作正常，抽油泵抽汲上来的油全部漏入进入井筒，油井不出油，憋泵压力不起，示功图的最大载荷线较理论最大载荷线低，示功图有一定的面积，示功图下移到理论最小载荷线附近。

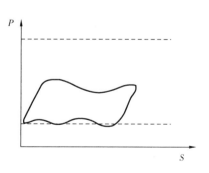

图1-75　油管断脱理论示功图

油管断脱实测示功图如图 1 - 76 所示,该井量油发现无产量,油压为 0.4MPa,动液面为 93.81m,沉没度为 849.21m,上行电流为 102A,下行电流为 97A。憋泵 30 个冲次,不起压,检泵发现第 91 根油管机械扣断。

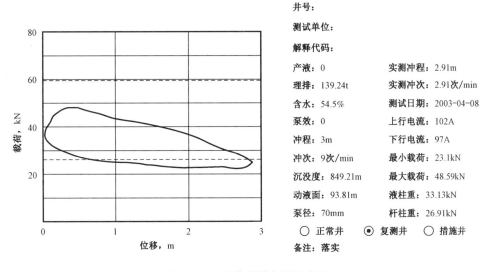

井号:	
测试单位:	
解释代码:	

产液:0	实测冲程:2.91m
理排:139.24t	实测冲次:2.91次/min
含水:54.5%	测试日期:2003-04-08
泵效:0	上行电流:102A
冲程:3m	下行电流:97A
冲次:9次/min	最小载荷:23.1kN
沉没度:849.21m	最大载荷:48.59kN
动液面:93.81m	液柱重:33.13kN
泵径:70mm	杆柱重:26.91kN

○ 正常井 ◉ 复测井 ○ 措施井
备注:落实

图 1 - 76 油管断脱实测示功图

12)油井结蜡示功图

理论油井结蜡示功图特征:结蜡井上下行程流动阻力增加。上行程时,流动阻力的方向向下,使悬点载荷增加;下行程时,流动阻力的方向向上,使悬点载荷减小。示功图出现肥大,上、下行线均超过理论负荷线,且有波纹。

理论分析:泵没有坏,图形基本呈平行四边形。对于含蜡量高的油井,如果蜡在活塞与衬套间隙集结,引起不均衡载荷,使示功图载荷线出现波浪状波动,游动阀、固定阀均受结蜡影响,开关不灵而引起漏失,图形四个角均呈圆形,上下负荷线超出理论负荷线,如图 1 - 77 所示。

实测结蜡示功图如图 1 - 78 所示,与理论示功图比较,近似平行四边形,上下载荷线超出上下理论载荷线。日产液量下降到 34t/d,液面上升到 667.21m,上下电流分别为 25A,22A,均上升,泵效为 58.67%。

13)上冲程活塞脱出泵筒示功图

特征:右下角有耳朵,右上角缺,形如倒置"菜刀",如图 1 - 79 所示。

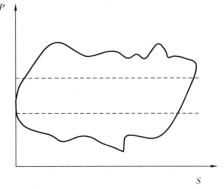

图 1 - 77 理论油井结蜡理论示功图

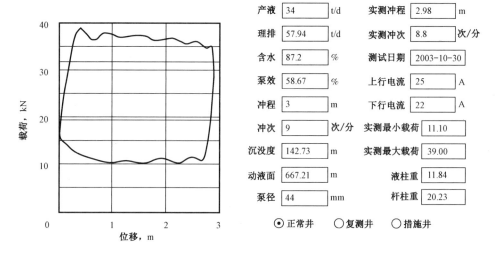

产液	34 t/d	实测冲程	2.98 m
理排	57.94 t/d	实测冲次	8.8 次/分
含水	87.2 %	测试日期	2003-10-30
泵效	58.67 %	上行电流	25 A
冲程	3 m	下行电流	22 A
冲次	9 次/分	实测最小载荷	11.10
沉没度	142.73 m	实测最大载荷	39.00
动液面	667.21 m	液柱重	11.84
泵径	44 mm	杆柱重	20.23

⊙ 正常井   ○ 复测井   ○ 措施井

图 1-78　实测结蜡示功图

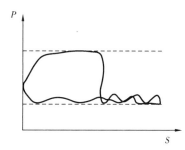

图 1-79　理论活塞脱出泵筒示功图

原因分析:下泵时由于防冲距过大,使上行程的后半行程活塞脱出工作筒,脱出工作筒后悬点立即卸载,因此,后半行程与下行程线基本重合并伴有振动。

实测活塞脱出泵筒示功图如图 1-80 所示,油井实际日产液为 25t/d,泵效为 36.08%。动液面为 631.3m,沉没度为 367.78m,后半行程 2m 后,上下行程线重合。

冲程	2.98m						
冲次	6.4次/min						
上载荷	56.53kN						
下载荷	20.7kN						
泵径	57mm						
泵深	999.08m						
杆径一	28mm						
杆长一	9m						
杆径二	22mm	液柱重	23.05kN	实际产量	25t	上电流	56A
杆长二	985.88m	杆柱重	25.58kN	理论排量	69.34t	下电流	55A
杆径三	0mm	油压	0.23MPa	含水	90.1%	动液面	631.3m
杆长三	0m	套压	0.28MPa	泵效	36.08%	沉没度	367.78m

图 1-80　实测活塞脱出泵筒示功图

14) 下死点处活塞碰固定阀的示功图

特征描述:示功图在左下角打扭。

原因分析:下泵时防冲距过小,驴头在下行终止前(到下死点前),活塞与固定阀相撞,光杆负荷突然减小,示功图在左下角打扭。同时,上行程产生较大的波形,主要是因为防冲距太小,活塞到近下死点时碰固定阀,使负载突然减小,由于余振引起上行呈波浪形,如图 1-81、1-82 所示。

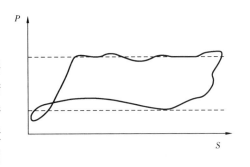

图 1-81　防冲距过小活塞碰固定阀示功图

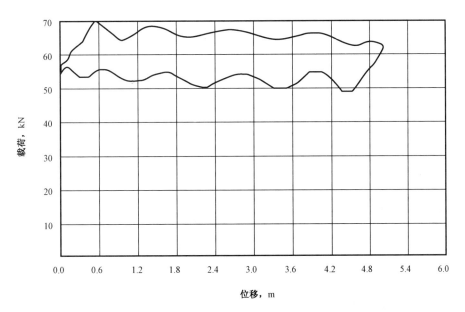

图 1-82　实测防冲距过小活塞碰固定阀示功图

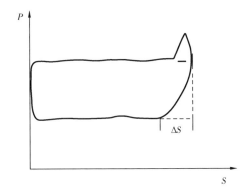

图 1-83　理论上行碰泵示功图

15) 上行碰泵

理论上行碰泵示功图(如图 1-83 所示)特征:上冲程快终了时,柱塞滑杆并帽和泵头导环相碰撞,使载荷额增加。右上角有凸出。

原因分析:因为抽油杆长度配得不合适,使光杆下第一个接箍进入采油树,在井口碰刮;或是因用杆式泵或大泵时防冲距过大造成抽油机驴头在上行终止前抽油杆接箍刮井口,使负载突然增加,图形在右上方有个小耳朵。

实测上行碰泵示功图如图 1-84 所示。

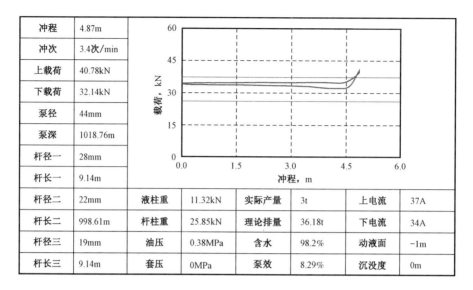

冲程	4.87m						
冲次	3.4次/min						
上载荷	40.78kN						
下载荷	32.14kN						
泵径	44mm						
泵深	1018.76m						
杆径一	28mm						
杆长一	9.14m						
杆径二	22mm	液柱重	11.32kN	实际产量	3t	上电流	37A
杆长二	998.61m	杆柱重	25.85kN	理论排量	36.18t	下电流	34A
杆径三	19mm	油压	0.38MPa	含水	98.2%	动液面	−1m
杆长三	9.14m	套压	0MPa	泵效	8.29%	沉没度	0m

图 1-84　实测上行碰泵示功图

四、憋泵法分析抽油机井故障

憋泵是检验抽油泵是否漏失的直观必要的手段,分为抽憋和停憋两种方法。

抽憋方法:关掺水、关回油阀门,抽油机运行 5～10min 或 30～40 个冲次,观察回压上升过程中的变化情况;当回压达到 2.0MPa 或不再上升后,将抽油机停在上死点或下死点稳压,观察回压如何变化,判断井下故障情况。

停憋方法:在停机状态下,打开回油阀门,卸掉压力至正常值后关回油阀门,观察压力变化情况 5～10min,判断油井是否有喷势。

利用憋泵方法来判断泵况,常见有以下几类:

1. 泵工作正常

泵工作正常时,压力随憋泵时间稳步上升。供液充足时,压力上升过程中指针摆动很小;供液不足时,压力会有小幅下降。停机稳压,压力不降。

2. 抽油杆断脱

抽油杆断脱后,密封圈会漏水,取样全都是气或水,液面可能上升到井口;外放套管气时,与正常对比气量减少很多,电流明显下降。

浅部断脱:憋泵时无论憋多少冲次,回压无变化,压力仍为初始压力。

深部断脱:憋泵时多数会表现出下冲程压力上升,上冲程压力下降。另外,下放抽油杆探泵,有探不到泵或探泵不实的现象。

3. 游动阀漏失

"驴头"上行过程中压力上升幅度较大,但迅速回落,漏失严重时回落幅度大,漏失较轻时回落幅度小。上死点停机稳压时,压力下降。此时取样仍有液量,但每个冲程的取样量大幅度减少。

4. 固定阀漏失

憋泵时压力表指针上下冲程大幅摆动,上冲程压力上升,下冲程压力下降。但由于游动阀不漏,压力会逐渐上升,但上升缓慢。下死点停机稳压时,压力下降。

5. 双阀门漏失

抽憋时,由于固定阀和游动阀同时漏失,压力会有较大幅度摆动,但仍有所上升,上升幅度逐渐变小,直至不升。停机稳压时,由于双阀门不严,压力会快速下降。

6. 油管漏失及油管断脱

憋泵时压力上升慢,压力表指针波动大,停机时压力稳不住。关掺水憋压时,会发现油压、套压同时上升。

管漏严重时憋泵不起压,示功图变窄,与固定阀关不严示功图类似,区别是管漏井压力稳不住、固定阀关闭不严的井,用掺水将油压憋起后能稳压。

7. 气体影响大

憋泵时,由于气体压缩影响,初始压力上升较慢,但当压力达到一定程度时,压力上升幅度会加大。

8. 油井自喷影响

如果油井具备自喷能力,在停憋时压力会上升。如果杆管已断脱,上升压力与自喷压力相同;如果漏失,上升压力会高于自喷压力。

9. 卡泵井

卡泵有蜡卡、砂卡、垢卡、活塞下阀罩磨损卡等多种。蜡卡时洗井困难,套管会有憋压现象,很难洗通或洗井液在地面无返回温度。砂卡、垢卡时洗井能洗通,套管不会憋压,抽油机卡死后活动不开。活塞下阀罩磨损卡是抽油机在下冲程的后半程时出现不同步,示功图上部正常,下部出现凹底。

五、抽油机井热洗管理

1. 常见热洗方式

1)大排量低压热洗清蜡方法

对于无热洗流程的机采井,使用高压热洗车组存在洗井完不成计划、热洗质量差及热洗清蜡费用高的问题,可采取掺水大排量低压集中热洗。这些井多分布在过渡带,且具有低产液、低沉没度、低流压、示功图反映气影响或供液不足等问题,如果采用高压热洗势必造成热洗液倒灌、污染油层,影响原油产量。这部分井虽然没有热洗流程但具有掺水流程,可实现大排量低压热洗。

大排量低压热洗是指在同一计量间同时热洗两口井,这样站间热洗液流量大,流速快,热量损失小,站间温差小。因此来水温度高、热洗液排量大、热洗效果好。

2)高压蒸汽掺水复合热洗清蜡方法

针对泵况差的无热洗流程抽油机井与高沉没度抽喷井,可采取高压蒸汽掺水复合热洗;或当热洗车热洗工作量大、出勤率低、完不成热洗计划及热洗排量时,也可采取高压蒸汽掺水复合热洗清蜡方法。

高压蒸汽掺水复合热洗方法是,先用高压蒸汽热洗车,热洗过程中井口温度必须达到100℃以上,一罐水(15m³)洗完后,再将温度为75℃以上的掺水改为热洗。对于泵径为44mm的泵,掺水巩固排蜡4h;对于泵径为56mm或57mm的泵,掺水巩固排蜡3h;对于泵径为70mm及70mm以上的泵,掺水巩固排蜡2h。

3)掺水带热洗提温热洗工艺的改进及集中热洗方法

有热洗流程机采井按季节常温集油时,一般会停运两用加热炉。但为了进行热洗,又需要将加热炉频繁提温、降温,而快速提温会对热洗设备产生负面影响;同时,单井热洗替液等也会带来的能源浪费。针对上述问题,应采取掺水大排量低压及热洗泵集中热洗。

针对掺水带热洗的加热炉,热洗时,提温难度大,要保证热洗温度势必造成整个掺水系统温度过高、能源浪费、管线设备结垢严重、火管坍塌几率变大。针对上述问题,采取了改进措施及集中热洗清蜡方法。

2. 热洗工作制度

1)热洗周期

热洗周期首先应根据单井液量、含水初步确定。见表1-19。

表1-19 抽油机热洗周期

日产液量,t	含水,%	热洗周期,d	日产液量,t	含水,%	热洗周期,d
<10	<50	25	30~<50	<50	45
	50~<60	30		50~<60	60
	60~<70	40		60~<70	75
	70~<80	50		70~<80	90
	80~<90	60		80~<90	105
	90~<95	75		90~<95	120
	≥95	90		≥95	125
10~<20	<50	30	50~<90	<50	60
	50~<60	45		50~<60	75
	60~<70	60		60~<70	90
	70~<80	70		70~<80	105
	80~<90	80		80~<90	120
	90~<95	90		90~<95	135
	≥95	105		≥95	150

日产液量,t	含水,%	热洗周期,d	日产液量,t	含水,%	热洗周期,d
20 ~ <30	<50	45	≥90	<50	75
	50 ~ <60	60		50 ~ <60	90
	60 ~ <70	75		60 ~ <70	105
	70 ~ <80	80		70 ~ <80	120
	80 ~ <90	90		80 ~ <90	135
	90 ~ <95	105		90 ~ <95	150
	≥95	120		≥95	180

其次根据热洗综合运行曲线及作业杆管结蜡状况分析判断热洗周期合理性。

通过液量、上电流、沉没度、上载荷、下载荷、等数据分析热洗周期、评价热洗质量。若五项中任意三项变化达到如下要求,可确定热洗周期。

(1)产液量下降 10% 以上。

(2)上电流上升 1.12 倍以上。

(3)沉没度上升 100m 以上。

(4)上载荷上升 5% 以上。

(5)下载荷下降 3% 以上。

在排除影响热洗质量的因素后,若其中三项以上指标在热洗前后无明显变化,说明热洗周期偏短应当按原热洗周期的 20% 延长。

2)热洗参数

影响热洗质量的参数主要有热洗时间、来水温度、热洗压力和排量。其中来水温度、压力和排量受热洗设备的制约。因此,如何确定合理的热洗时间与热洗方法,对保证热洗质量、效果及节能降耗具有十分重要的意义。

(1)计量间来水温度

对于专用热洗炉,计量间来水温度必须在 78℃ 以上;对于掺水带热洗的提温方式,计量间来水温度应在 76℃ 以上;对于高压蒸汽热洗车,出口温度必须在 100℃ 以上。

(2)热洗排量及压力

中转站应分别配备额定排量为 $1m^3/h$ 或 $25m^3/h$ 热洗泵。若深井泵泵径为 57mm 以下,用额定排量为 $15m^3/h$ 的热洗泵;泵径为 70mm 以上,用额定排量为 $25m^3/h$ 的热洗泵。这样可保证热洗排量及压力。高压蒸汽热洗车洗井液量必须在 $30m^3$ 以上。

(3)热洗时间

对于低产液量井,油流举升到地面的时间为 5~6h,这样热洗液温度会大幅度降低,化蜡效果较差。深井泵泵径越大、泵况越好,热洗时间则越短。对于液量为 20t 以下的井,热洗时间应为 7~8h。沉没度低于 150m、泵径为 56mm 以下的井,热洗时,应把柱塞提出工作筒。液量为 20 ~ <50t 的井,热洗时间为 5~6h;液量为 50 ~ <90t 的井,热洗时间为 4~5h;液量 ≥90t 的井,热洗时间为 3h。上述液量区间的低沉没度井,采用下限热洗时间。

3）影响热洗质量的因素

（1）人为因素对热洗质量的影响。

若中转站岗位工人与热洗工技术素质差、责任心不强、热洗质量意识淡薄，只注重完成热洗任务，不注重热洗质量时，会影响热洗效果。另外，无专职热洗工，热洗质量也无法保证。

（2）热洗设备因素对热洗质量的影响。

掺水带热洗加热炉提温难度大、管理弊端多。掺水带热洗提温方式是靠几台加热炉同时均衡提温，要保证热洗温度势必造成整个掺水系统及所有计量间、单井温度过高，造成能源浪费。同时，由于这种方式加热负荷量大，提温难度大，热洗期间温度往往达不到要求，且造成热洗设备、管线结垢严重，火管穿孔坍塌几率变大。若加热炉火管老化、结垢、坍塌、穿孔以及走水状况不好，也会影响热洗提温。

另外，热洗泵泵效差导致热洗压力、排量达不到要求时，因排量低、流速小，热洗液热量损失大、温差大，或来水温度达不到要求时，也会使热洗质量变差。

（3）流程状况因素对热洗质量的影响。

计量间热洗闸门、掺水闸门不严，热洗液分流影响热洗排量和压力；井口罗卜头串、直掺阀、放气阀、油套连通阀、掺水阀等不严及阀组内漏，会使得部分热洗液在井口处回流，造成井下热洗温度低，达不到熔蜡温度，严重影响热洗质量。

（4）抽汲参数及环境对热洗质量的影响。

热洗干线跨渠、埋土浅或裸露会导致保温状况差；北方地区每年11月底至次年5月初，热洗干线可能冻死而不能热洗；聚驱井站距离远，站间温差大，若平均温差在4.8℃左右，影响热洗质量；抽汲参数越小，抽油机井理论排量就越小，井筒举升液体时间越长，热洗效果越差；无热洗流程时，热洗工艺受井场路况及热洗排量低的影响，热洗效果差或不能按计划洗井。

3. 热洗方法

热洗操作的总过程可分为四步：即：替液阶段、化蜡阶段、排蜡阶段和巩固阶段。

1）替液阶段

井口流程改走连通，用高温热洗水替净油站到计量间、计量间至井口管线中的低温水。

2）化蜡阶段

第一阶段结束时，井口温度应达到75℃以上。这时可把热洗水改入套管，必须用小排量热洗，如发现机杆不同步应进一步控制排量，同时测量电机电流。

3）排蜡阶段

井口回油温度达到60℃以上进入排蜡阶段。可放大排量热洗60min左右，同时测量电机电流。

4）巩固阶段

电流明显下降且趋向平稳，进入第四阶段。这时用中排量洗井1h左右，同时测量电机电流。控制排量的目的是防止长时间大排量洗井使低压层灌进热洗水。当电流稳定，井口回油温度高于60℃，经过1h左右可结束热洗。

针对不同井产液量和含水情况,其热洗方法不尽相同,大体上可分为四步热洗法、三步热洗法和二步热洗法三种。分步热洗的基本条件可参照表 1-20

表 1-20 抽油机井热洗分步操作标准

分类		四步热洗	三步热洗	二步热洗
油井技术状况	产注量,t/d	≤30	31~70	71 以上
	含水,%	≤30	31~70	71 以上
	泵效,%	≤30	31~70	71 以上
	泵径,mm	44	56	71 以上
	夜面深,m	≥700	500~700	≤500
热洗技术要求	进口温度,℃	75 以上	75 以上	75 以上
	出口温度,℃	60	60	60
热洗排量及时间	热洗泵排量为 $20m^3/h$ 第一步替液,计量间关掺水,开洗井阀,井口开旁通阀,第二、三、四步为反洗。排量为:$10m^3/h\rightarrow20m^3/h\rightarrow15m^3/h$,总洗井时间 2.5h~3h	第一步:替液 30min,排量 $20m^3/h$;第二步:小排量 $10m^3/h$,化蜡 60min;第三步:大排量 $20m^3/h$,排量 30min;第四步:中排量 $15m^3/h$,巩固 60min	第一步:替液 30min,排量 $20m^3/h$;第二步:小排量 $15m^3/h$,化蜡 60min;第三步:大排量 $20m^3/h$,排蜡巩固 90min	第一步:替液 30min,排量 $20m^3/h$;第二步:大排量 $20m^3/h$ 化蜡排蜡,巩固热洗 90min

4. 热洗管理

1)热洗资料管理

(1)中转站热洗汇管温度、压力每隔 1h 录取一次。

(2)计量间热洗来水温度、回油温度每 30min 记录一次,热洗压力、排量及电流分别在替液、化蜡、排蜡、巩固 4 个阶段各有一次记录。热洗车热水出口温度、回油温度、热洗压力、电流每个阶段记录一次。

(3)每年有一次热洗后含水率恢复速度的化验资料,摸清单井热洗实际影响产液量情况。

(4)资料录取后要及时填写热洗质量监测报表,并由工程技术员负责分析热洗效果,对达不到热洗效果的井安排重新热洗。报表要求保存一年。

2)热洗检查制度

(1)计量间热洗来水温度是否在 75℃ 以上。

(2)热洗计划执行情况与违反热洗管理规定情况。

(3)热洗设备有问题时,采油队及时处理情况。

(4)当机采井泵况突然异常,检查检泵延检期不得超过热洗周期的 1/3。如作业现场鉴定,存在杆管结蜡严重或蜡卡等故障,应严肃处理。

(5)热洗车组洗井,2 挡排量是否到 85℃ 或存在间歇热洗等问题。

(6)热洗车组温度表、压力表是否准确无误。

(7)清防蜡数据库等是否及时维护或上报。

（8）采油队热洗质量合格率是否达到75%。

3）热洗质量保障

（1）回油温度不应低于65℃，并稳定2h以上。

（2）热洗过程中不得停抽。

（3）热洗时间不包括替液时间，应根据单井液量及泵效而定。

（4）对于液量<20t以下、泵径为$\phi44mm$、$\phi38mm$井，泵效不低于45%，热洗时间为7h；泵效低于45%，热洗时间为8h。

（5）液量为20～<50t之间、泵径为$\phi56mm$、$\phi57mm$井，泵效不低于45%，热洗时间为5h；泵效低于45%，热洗时间为6h。

（6）液量为50～<90t之间、泵径为$\phi70mm$井，泵效不低于45%，热洗时间为4h；泵效低于45%，热洗时间为5h。

（7）液量≥90t以上、泵径为$\phi83mm$、$\phi95mm$井，泵效不低于45%，热洗时间为3h；泵效低于45%，热洗时间为4h。

（8）对功图结蜡井热洗温度要比正常提高5℃，热洗时间延长2～3h。

（9）对于热洗质量差或热洗效果不佳的井，工程技术员应及时查找原因，重新安排热洗，并全过程进行跟踪核实。

（10）对于影响热洗质量的问题，要及时向采油队队长汇报，及时解决。

5. 抽油机井热洗清蜡规程

1）热洗前的准备工作

（1）检查油压、套压，来水压力、温度。

（2）测量电机上、下冲程电流。

（3）检查流程正常。

（4）检查抽油机各部件运行正常。

（5）放套管气，使套压低于泵压0.3～0.5MPa，然后关死套管闸门和放气阀。

（6）通知中转站提高炉温，热洗汇管温度应达到80～85℃。

（7）Q/SY DQ0802《油井热洗清蜡规程》要求，遇到以下情况不得洗井：

① 来水（油）压力低于套压不洗。

② 来水（油）温度低于75℃不洗。

③ 流程中有刺漏未及时处理好不洗。

④ 抽油机有故障未排除不洗。

⑤ 已通知有停电、停泵情况时不洗。

2）热洗操作

（1）启动热洗泵，使热水在站内进行循环。

（2）倒井口热洗流程。

① 先开小循环阀门，后关大循环阀门。

② 对于套压高于热洗压力的井，要将套管气放入干线。

（3）倒计量间热洗流程。

① 先关掺水阀门,再开热洗阀门。

② 通知中转站输送高压热水,在井口进行循环预热。

③ 待输到井口的热水(油)温度达到热洗温度75℃以上时,打开热洗阀门和套管阀门,关闭连通闸门进行热洗。

④ 热洗排量由小至大,直至洗通、洗好为止。对于暂时洗不通的井,要控制连通阀门,防止造成憋泵现象。

（4）高压热洗车热洗操作。

① 根据施工井场的具体情况,选好高压热洗车的停车位置,停车位置与井口不得小于6m。

② 对于套压高于热洗压力的井,要将套管气放入干线。

③ 把高压热洗车出口管线与井口套管连接,确保连接密封。

④ 顺序打开高压热洗泵进口阀门、出口阀门及套管阀门。

⑤ 启动高压热洗泵,按热洗步骤进行热洗。

⑥ 热洗完成后顺序关闭套管阀门、高压热洗泵出口阀门、进口阀门。

⑦ 拆卸高压热洗管线,将其放回高压热洗车原处,完成本次高压热洗。

六、抽油机井动态控制图应用

抽油机井动态控制图如图1－85所示,它是利用直角坐标系以井底流压为纵坐标,以抽油井泵效为横坐标作出的图像。抽油机井动态控制图把油层供液能力与抽油泵抽油能力之间的协调关系结合起来,直观地显示一口井或一批(队、矿、区块)井所处的生产状态。整个坐标图内有7条线,共划分为5个区域,各项参数是某油田(某区块)根据其采油生产(实际)规律而确定的。

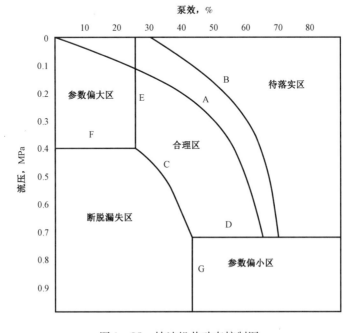

图1－85 抽油机井动态控制图

图中各线及区域的意义：

7条线：

A——平均理论泵效线，即在该油田平均下泵深度、含水等条件下的理论泵效；

B——理论泵效的上线，即在该油田最大下泵深度、最高含水等条件下的理论泵效；

C——理论泵效的下线，即在该油田最小下泵深度、最低含水等条件下的理论泵效；

D——最低自喷流压界限线；

E——合理泵效界限线；

F——供液能力界限线；

G——泵、杆断脱漏失线。

5个区域：

(1)合理区：抽油机井的抽油能力与油层供液能力非常协调合理，泵的沉没度合理，泵况较好，是最理想的油井生产动态。在合理区中，抽油机井生产状况表现为抽汲参数合理，供排关系协调，符合油田开采技术界限要求。生产管理中应加强对日常各项生产参数的跟踪管理，做好日常维护保养，定期热洗清蜡并确保地面管线畅通，使抽油机井的工作状况尽量保持在合理区内。

(2)参数偏小区：该区域的井流压较高，泵效高，抽汲参数偏小，表明供液能力大于排液能力，示功图显示正常或偶有连抽带喷。从协调供排关系上讲，应放大生产参数。通常调大参或换大泵来增加产液量，但是此区部分井含水率很高，地下情况复杂，盲目放大生产压差会导致产水量骤增，影响开发效果。因此，高液量、高沉没度、高含水井要慎重处理。

(3)参数偏大区：该区域的井流压较低，泵效低，抽汲参数偏大，示功图多表现为供液能力不足。从协调供排关系上看，应调整抽汲参数或换小泵。油田开发方面要调整注水系统来维持注采平衡，根本措施是压裂或补孔。在没有压裂、补孔等措施条件下，此区域井地面参数不宜过大，保持平稳抽汲，缓慢恢复液面。如果抽汲参数较低，供液不足仍严重，可以采取间抽措施。

(4)断脱漏失区：该区域的流压较高，但泵效低、沉没度高，凡是使抽油机井产液量下降、沉没度上升的各种因素都可能导致抽油机井处于该区。如果井下发生实质性井下故障，如泵阀门漏失、泵间隙漏、油管漏、油管挂密封圈漏、杆断脱、管断脱，必须作业解决。蜡影响和回压高也是导致油井进入该区的原因，油井结蜡严重、油流通道减小或阀门处结蜡致使阀门关闭不严，表现为液量下降、沉没度上升。回油管线堵塞、憋高井口压力，也会使抽油机井进入该区。因此，要做好日常的井下清蜡和地面干线清理工作，避免误判为井下故障。

但是，由于计算方法中流压的计算与泵深有关，在上提泵挂、泵深度变浅的情况下，流压数值增加，可能导致该井进入断脱区。此类井非泵况问题，不需处理。

(5)待落实区：该区域的井流压较低、泵效高，违背了生产规律，表明资料有问题，需核实录取的资料。

待落实区井出现一般有3种情况：一是刚作业完井，由于施工时压井的缘故，开井初期会有高液量产出，导致泵效高，此类井生产一段时间后可恢复正常；二是量油或测试出现故障，此类井落实量油或重新测试液面后可能恢复正常；三是油井所处底层特殊，但供排非常协调，油井可能会进入该区。此类井只要泵效好，可不需处理。

进入该区的抽油机井应重点核实生产资料:产液量、动液面等相关生产数据是否同时录取,抽汲参数是否正确,生产流程有无问题。在确保资料准确后再采取处理措施。

综上所述,抽油机井动态控制图可以说是检验抽油机井生产动态是否正常的一个标准,可以把一个单位或一个区域的抽油机井都点入图中进行统计,判断该区域这一批井的潜力大小,找出下一步工作的方向。

例题:本区块共有 10 口井,全部井录取的资料见表 1-21:

表 1-21　某区块抽油机井泵效和流压数据

井号	1#	2#	3#	4#	5#	6#	7#	8#	9#	10#
泵效(η),%	23	31	46	36	27	63	53	45	60	68
流压,MPa	3.5	2.0	3.0	3.5	7.1	8.1	4.1	6.0	6.5	2.0

将上面录取的资料绘制在动态控制图里,如图 1-86 所示。

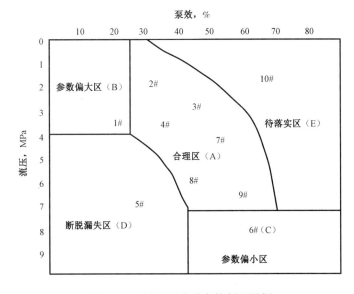

图 1-86　抽油机井动态控制图举例

分析:

(1)A 区为合理区:2#、3#、4#、7#、8#、9#共 6 口井位于此区,该区泵效与流压协调,参数合理,系统效率高,抽油机井的抽油与油层的供液协调合理,是最理想的油井生产动态。

处理措施:对该区块的各井加强管理,对 6 口井重点管理,使其保持长期稳产、高产。

(2)B 区为参数偏大区:落入 1#井,该井的流压与泵效均较低,地层条件差,表现为供液能力不足,抽汲参数过大。

处理措施:调小工作参数,提高工作时的注采比,对油层进行酸化、压裂等改造措施,如果该井的示功图显示气大,可采取放套管气,加深泵挂,合理控制套管气,也可增加对应注水井的注水量或实行热驱进行三次采油进一步挖潜。

(3)C 区为参数偏小区:落入 6#井,该井的流压与泵效较高,表明供液能力大于排液能力,该井泵效已达到 63%,可流压仍然很高,表明抽汲参数过小,说明该井还有潜力可挖。

处理措施:将参数调整到最佳状态,让该井尽量进入 A 区,如果是连抽带喷井,则要重点挖潜,可重新转自喷生产或下电动潜油泵。

(4)D 区为断脱漏失区:落入 5#井,该井的流压较高,但泵效低,表明这口井抽油泵失效(不干活),泵、杆断脱或漏失,是管理工作的重点对象。

处理措施:通过测示功图可进行判断,根据情况采取相应措施,如是轻微砂蜡卡,可碰泵、冲砂或热洗;如是泵杆断脱或漏失,可进行对扣、打捞或检泵等措施。总之,依据判断进行处理整改后使该区的井尽量恢复到 A 区。

(5)E 区为待落实区:落入 10#井,该井的流压较低,但泵效却为 68%,表明资料有问题,需核实录取资料。重点要落实量油问题,其次是动液面问题。

处理措施:应重新录取资料,重新分析调整。

七、抽油井机井节能降耗

1. 抽油机井系统效率

抽油机井的系统效率是指抽油机的有效功率与电动机输入功率之比值。

2. 电动机输入功率

电动机输入功率是指电动机从电源吸取的功率。用指针式三相电能表测量时,计算输入功率的公式为式(1-22):

$$P_1 = \frac{3600 n_p K}{N_p t_p} \qquad (1-22)$$

式中 P_1——输入功率,kW;

K——电流互感器变比,常数;

n_p——有功电能表耗电每小时所转圈数,r/h;

N_p——有功电能表耗电为 1 kW·h 时所转圈数,r/(kW·h);

t_p——有功电能表转 n_p 圈所用时间,s。

抽油机的电机输入功率由电机动力电线接入处测得,目前测量电机输入功率主要有以下 3 种方法:

(1)通过电力分析仪测试,这是目前标准规定的测试方法,能准确测量即时功率、平均功率、功率因素等多项指标。

(2)通过有功电度表测得固定时间的电功数,除以时间得到平均功率。

(3)通过电流表测得电流值后算出功率,由于这种方法误差较大,只能做估算用。这是目前采油队普遍使用的估算电机输入功率的方法。

3. 抽油机井有效功率

抽油机井有效功率是指在有效扬程下,以一定排量将井下液体提升到地面所需要的功率。有效功率的计算公式为式(1-23)或式(1-24):

$$P_2 = \frac{QH\rho g}{86400} \qquad (1-23)$$

其中：

$$H = H_f + \frac{(p_t - p_c) \times 1000}{\rho g} \qquad (1-24)$$

式中　P_2——有效功率，kW；

　　　Q——油井日产液量，m^3/d；

　　　H——有效扬程，m；

　　　ρ——油井混合液体密度，t/m^3；

　　　g——重力加速度，$9.8m/s^2$；

　　　H_f——油井动液面深度，m；

　　　p_t——油压，MPa；

　　　p_c——套压，MPa。

4. 区块系统效率

区块系统效率采用加权平均法计算，计算公式为式(1-25)：

$$\eta = \frac{\sum\limits_{i=1}^{n} P_{yi}\eta_i}{\sum\limits_{i=1}^{n} P_{yi}} \qquad (1-25)$$

式中　η——区块系统效率；

　　　P_{yi}——第 i 口井消耗功率，kW；

　　　η_i——第 i 口井系统效率，%。

5. 光杆功率

光杆功率计算按式(1-26)：

$$P_3 = \frac{A \cdot S_D \cdot f_d \cdot n_实}{6000} \qquad (1-26)$$

式中　P_3——抽油机光杆功率，kW；

　　　A——示功图的面积，mm^2；

　　　S_D——示功图减程比(示功图图上冲程与实际冲程之比)，m/mm；

　　　f_d——示功图力比(示功图每毫米纵坐标表示的载荷)，N/mm；

　　　$n_实$——光杆实测平均冲速，r/min。

6. 抽油机井的地面效率

抽油机井地面效率是指光杆功率与地面电动机输入功率的比值。

抽油机井地面效率值的大小受电机效率、皮带传动效率、减速箱效率、四连杆效率4项效率大小影响。

（1）电机效率。

指电机轴输出功率与电机输入功率的比值。普通电机的主要功率损失包括铜损、铁损、通风系统及轴承摩擦损耗。

我国各油田抽油机上多用 Y 系列电机，由于受抽油机系统载荷的不均衡特性及负载率不高等影响，使其电机效率无法达到额定值，多数电机效率在 65% ~80% 之间，最好情况可达 85%。

（2）皮带传动效率。

查相关机械手册可知，目前抽油机上常用绳芯 V 带与窄 V 带，故最大传动效率可达 96%。

（3）减速箱效率。

抽油机已使用多年，减速箱漏油严重，在保养不及时的情况下，这很大程度上减少了减速箱轴承与齿轮的使用寿命，影响了抽油机的正常运转，影响了减速箱的传动效率。

查相关机械手册可知，齿轮传动副效率一般为 98%，轴承效率一般为 99%。抽油机一般是二级齿轮传动，有两对齿轮和三对轴承，故一般减速箱效率为 93%。

（4）四连杆效率。

四连杆机构的功率损失主要来自轴承摩擦与驴头钢丝绳变形，也受到因不同冲程影响游梁与连杆传递角度的不同时力的分解损失，因此是个变量。抽油机四连杆机构有三副轴承和一副钢丝绳，钢丝绳的传动效率为 98%，故抽油机四连杆机构的传动效率约为 88% ~95%。

由上述分析可见，最大地面效率 $\eta_s = 85\% \times 96\% \times 93\% \times 95\% = 72\%$。

7. 抽油机井井下效率

抽油井井下效率是指有功功率与光杆功率的比值。抽油机井下效率受密封盒效率、抽油杆效率、抽油泵效率、井下管柱效率大小的影响。

8. 有功节电率

有功节电率是指应用节能设备前后吨液百米提升高度有功耗电量之差与应用节能设备前吨液百米提升高度有功耗电量的比值。有功节电率的计算公式为式（1 - 27）：

$$\xi_{JY} = \frac{W_1 - W_2}{W_1} \times 100 \qquad (1 - 27)$$

式中 ξ_{JY}——有功节电率，%；

W_1——应用节能产品前吨液百米提升高度有功耗电量，$kW \cdot h/(10^2 m \cdot t)$；

W_2——应用节能产品后吨液百米提升高度有功耗电量，$kW \cdot h/(10^2 m \cdot t)$。

9. 无功节电率

无功节电率是指应用节能设备前后吨液百米提升高度无功耗电量之差与应用节能设备之前吨液百米提升高度无功耗电量的比值。无功节电率的计算公式为式（1 - 28）：

$$\xi_{JW} = \frac{Q_1 - Q_2}{Q_1} \times 100\% \qquad (1 - 28)$$

式中 ξ_{JW}——无功节电率，%；

Q_1——应用节能设备前吨液百米提升高度无功耗电量，$kVar \cdot h/(10^2 \cdot t)$；

Q_2——应用节能设备后吨液百米提升高度无功耗电量,$kVar \cdot h/(10^2 \cdot t)$。

10. 综合节电率

综合节电率的计算公式为式(1-29):

$$\xi_J = \frac{W_1 - W_2 + K_q(Q_1 - Q_2)}{W_1 + K_q Q_1} \times 100\% \qquad (1-29)$$

11. 有功功率

在二端网络中消耗的电功率是指平均功率,也称为有功功率。

12. 装机功率

机械采油井所装电动机额定功率为装机功率,单位为千瓦(kW)。

13. 功率利用率

功率利用率是指实际消耗功率与电动机额定功率的比值。

14. 吨液耗电量

吨液耗电量是指日耗电量与日产液量的比值。计算公式为式(1-30):

$$P_{th} = \frac{24P_y}{t} \qquad (1-30)$$

式中 P_{th}——吨液耗电量,$kW \cdot h/t$;
　　P_y——有功功率,kW;
　　t——日产液量,t/d。

15. 百米吨液耗电量

百米吨液耗电量的计算公式为式(1-31):

$$P_{bdh} = \frac{P_y \times 24 \times 100}{th} \qquad (1-31)$$

式中 P_{bdh}——百米吨液耗电量,$100kW \cdot h/t$;
　　P_y——有功功率,kW;
　　t——日产液量,t/d;
　　h——动液面深度,m。

16. 当年节电量

当年节电量是指自节能技术应用后正常运行至年底的总节电量。

17. 年节电量

年节电量是指自节能技术应用后正常运行起一年内的总节电量。

18. 测试率

测试率是指实际测试井数占计划测试井数的百分比。计算公式为式(1-32):

$$\lambda_{cl} = \frac{m_{sc}}{m_{jc}} \times 100\% \qquad\qquad (1-32)$$

式中　λ_{cl}——测试率,用百分数表示;

　　　m_{sc}——实际测试井数,口;

　　　m_{jc}——计划测试井数,口。

八、抽油泵维护操作

1. 抽油机井憋压

1)准备工作

(1)穿戴劳保用品。

(2)工具、用具、材料准备:4.0MPa 压力表 1 块,200mm 扳手 1 把,450mm 管钳 1 把,生料带少许,表、笔、尺各 1 个,16 开的米格纸 2 张。

2)操作步骤

(1)携带好准备的仪表、工具等到抽油机井口现场。

(2)检查井口、抽油机设备齐全完好,流程正确,无渗漏。

(3)用试电笔检查配电箱外壳不带电,试刹车灵活可靠。

(4)更换合适量程的压力表,记录初始压力值。

(5)关井口回压闸门,开始憋压,观察压力随上下冲程的变化,记录压力随时间的变化值。

(6)待压力达到 1.5~2.0MPa,记录时间,停抽,刹紧刹车,切断电源。

(7)稳压 5min,观察压降,记录压力随时间的变化值。

(8)缓慢打开回压闸门泄压,更换回原压力表。

(9)检查抽油机周围无障碍物,送电,松刹车,启抽。

(10)收拾工具,清理现场。

(11)根据记录数据,画出憋压曲线图,即把坐标上的各点用光滑曲线连起来,判断泵工作状况,填写报表。

3)技术要求

(1)憋压时如果压力上升很慢或没有明显上升,就要以时间为标准,以 8~15min 为宜。

(2)若憋压瞬时压力上升太快时,应先停抽,关闭回压闸门,启抽,待压力达到规定压力值时,停抽,观察压降。

(3)记录压力随时间的变化值时,分别记录 3 个以上的压力值及与之对应的时间点。

(4)根据上下冲程压力变化值判断泵的工作状况:

① 上冲程时压力上升较快,下冲程时压力不变或略有上升,说明泵的工作状况良好。

② 上冲程时压力上升较快,下冲程时压力下降,抽油数分钟后,压力变化范围不变,这种情况说明游动阀始终关闭打不开,说明泵内不进油。

③ 上冲程时压力上升缓慢或不上升,下冲程时压力不变,说明排出部分漏失(可能是游动

阀漏、油管漏、活塞与衬套的间隙漏）。

④ 上冲程时压力上升较快,下冲程时压力下降较慢,说明固定阀漏失,但不严重;如果下行程压力下降得越快,说明固定阀漏失越严重。

⑤ 上冲程时压力上升较快,下冲程开始压力下降后,压力又基本稳定,说明供液不足。

⑥ 上冲程时压力不上升,下冲程时压力下降,说明双阀均漏失严重。

（5）根据稳压情况判断泵的工作情况:

① 若压力不变或略有下降,说明没有漏失。

② 若压力下降越来越快,说明漏失严重。

2. 抽油机井碰泵

1）准备工作

（1）工具、用具、材料准备

与光杆同型号的卡子一副,375mm、450mm 活动扳手各一把,平锉,钢卷尺,粉笔,擦布,砂纸,试电笔,绝缘手套,笔,记录本。

（2）劳保用品准备齐全,穿戴整齐。

2）操作步骤

（1）检查井口、抽油机设备齐全完好,流程正确,无渗漏。

（2）用试电笔检查配电箱外壳不带电,试刹车灵活可靠。

（3）停机,将驴头停在接近下死点,刹紧刹车,切断电源。

（4）擦净光杆油污,用光杆卡子在光杆密封盒上卡紧光杆(如图 1 - 87 所示),送电,松刹车点抽,卸去驴头负荷,刹紧刹车,切断电源,锁好刹车保险装置。

（5）手摇悬绳器(如图 1 - 88 所示),检查光杆有无下滑现象;以悬绳器上方光杆卡子上平面为基准做好标记,向上量取超过防冲距 100 ~ 200mm(即:$L_{防冲距}$ + 100 ~ 200mm)的距离,做好标记(如图 1 - 89 所示),松开悬绳器上的光杆卡子,手握卡子两侧,将卡子上提到标记位置,上紧。

图 1 - 87　钳牙向上　　　　图 1 - 88　手摇悬绳器　　　　图 1 - 89　量取上移距离

（6）取下刹车保险装置,松刹车,待平稳吃上负荷后,刹紧刹车。

（7）卸下光杆密封盒上的卡子,用平锉、砂纸清除光杆毛刺,擦净光杆。

（8）按 Q/SYDQ0804《采油岗位操作程序及要求》的规定,检查抽油机周围无障碍物,送电,松刹车,启抽,使活塞和固定阀罩碰击 3 ~ 5 次,注意观察,监听声音,判断是否碰泵。

（9）碰完泵后,按调防冲距的操作调回原防冲距。

（10）启抽后,检查井口有无碰挂现象,抽油机运转正常后,录取井口压力。

（11）收拾工具,清理现场,填写报表。

3）注意事项

（1）碰泵时悬绳器上的方卡子要卡紧,不能松动。

（2）碰击的次数不宜过多,以免撞坏泵。

（3）按 Q/SY DQ0804《采油岗位操作程序及要求》的规定,方卡子打牢,防止滑脱伤人。

（4）防冲距要合适,出油正常。

3. 抽油机调冲程

1）准备工作

（1）工具、用具、材料准备：

与光杆同型号的卡子一副,0.75kg,3.75kg 榔头各一把,1000mm 撬杠两根,手钳,375mm,450mm 活动扳手各一把,专用套筒扳手,冲键扳手,敲击扳手各一把,环链葫芦,钢丝绳,棕绳,平锉,砂纸,擦布,铜棒,黄油,安全带,钳形电流表,试电笔,绝缘手套,笔,记录本。

（2）劳保用品准备齐全,穿戴整齐。

2）操作步骤

（1）检查井口、抽油机设备齐全完好,流程正确,无渗漏。

（2）用试电笔检查配电箱外壳不带电,试刹车灵活可靠。

（3）按 Q/SY DQ0804《采油岗位操作程序及要求》的规定停机,使曲柄停在朝井口方向45°~60°的位置,刹紧刹车,切断电源。

（4）擦净光杆油污,用光杆卡子在光杆密封盒处卡紧光杆,送电,松刹车点抽,卸去驴头负荷,刹紧刹车,切断电源,锁好刹车保险装置。

（5）根据结构不平衡重选择位置,挂好环链葫芦和保险绳,将尾轴与变速箱、驴头与底座分别拴住,并使其绷紧（如图 1 - 90 所示）。按 Q/SY DQ0804《采油岗位操作程序及要求》的规定,悬绳器必须与光杆分离。

（6）卸松连杆与曲柄销总成拉紧螺栓。

（7）用手钳拔掉两边曲柄销开口销子（或卸下备帽）,卸松冕形螺母与曲柄销螺纹平扣为止（如图 1 -91 所示）。

图 1 -90 挂环链葫芦

图 1 - 91 销子螺纹与螺母平扣

（8）垫铜棒用榔头将两边曲柄销打松（如图1－92所示），卸下冕形螺母、压紧垫圈，卸下连杆与曲柄销总成拉紧螺栓，缓慢调整环链葫芦，使连杆与曲柄销总成分离（如图1－93所示），取出曲柄销总成及衬套（有键的用冲键扳手取出键），对衬套进行检查，若有损坏应进行更换。

（9）将两边选定的冲程孔清洗干净，并涂上黄油，清理曲柄销表面，将两边衬套（有键的装入键）、曲柄销总成装入选定冲程孔内。

图1－92　垫铜棒砸曲柄销

（10）装好两边曲柄销压紧垫圈，上紧冕形螺母，装好开口销子（或上紧备帽），曲柄销子轴承座内面与曲柄孔端面应保持4～10mm间隙（如图1－94所示）。

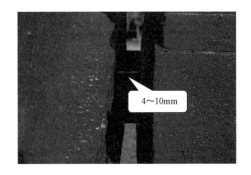

图1－93　连杆与曲柄销总成分离　　　　　图1－94　保持4～10mm间隙

（11）用环链葫芦调整连杆位置，分别穿入并拧紧两边连杆和曲柄销总成的拉紧螺栓，取下环链葫芦和保险绳。

（12）重新校对防冲距，光杆卡子上、下移动距离为调前与调后冲程数值差的一半。

（13）取下刹车保险装置，松刹车，待平稳吃上负荷后，刹紧刹车，卸下光杆密封盒上的卡子，用平锉、砂纸清除光杆毛刺，擦净光杆。

（14）检查抽油机周围无障碍物，送电，松刹车，启抽，检查冲程调整部位有无异常声响，井口有无碰、挂现象。

（15）测电机电流，计算平衡率。

（16）抽油机运转正常后，收拾工具，清理现场，填写报表。

3）技术要求

（1）根据结构不平衡值选择位置，挂好环链葫芦，当结构不平衡重为正值时，挂在驴头位置；当结构不平衡重为负值时，环链葫芦挂在尾轴上。若一端使用环链葫芦，则另一端可使用环链葫芦或保险绳将尾轴与变速箱、驴头与底座分别拴住，使用钢丝绳和环链葫芦将游梁和变速箱拉紧时，钢丝绳和环链葫芦要符合要求。

（2）带有衬套和键的曲柄销子安装前可涂黄油，带锥度的曲柄销，销体和衬套孔不涂黄油，装前用干棉纱擦净即可。

（3）曲柄销子轴承座内面与曲柄孔端面应保持 4～10mm 间隙，否则应调整衬套位置，对无衬套的曲柄销子则直接装入曲柄孔内。

（4）冲程由大调小应下放防冲距，冲程由小调大应上提防冲距。

（5）测电流计算平衡后，若平衡率差不太多则运行 1d 后再测平衡率，决定是否需要重新调整平衡，若严重不平衡，必须马上调平衡。

4. 抽油机调冲次

1）准备工作

（1）工具、用具、材料准备：

选定的皮带轮一个，拔轮器一副，300mm，375mm 活动扳手各一把，梅花扳手一套，钩头扳手，150mm 平口螺丝刀，3.75kg 榔头一把，铜棒一根，500mm，1000mm 撬杠各一根，绝缘手套，试电笔，钳形电流表，秒表，游标卡尺，工程线 5m，润滑脂，细砂纸，擦布，笔，记录本。

（2）劳保用品准备齐全，穿戴整齐。

2）操作步骤

（1）检查井口、抽油机设备齐全完好，流程正确，无渗漏。

（2）用试电笔检查配电箱外壳不带电，试刹车灵活可靠。

（3）停抽，将曲柄停在接近下死点便于操作的位置，刹紧刹车，切断电源，锁好刹车保险装置。

（4）卸皮带护罩，用钩头扳手将皮带轮备帽卸松。

（5）卸松电机固定螺丝，松电机前顶丝，向前移动电动机，使皮带松弛，取下皮带。

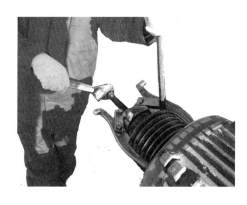

图 1-95　卸旧皮带轮

（6）将拔轮器三爪装到电动机皮带轮内侧，拔轮器顶丝顶在电动机轴中心孔内，用一根撬杠插在拔轮器三爪内，并卡在电动机基础槽上，使拔轮器与电动机基础啮住，用扳手顺时针缓慢、均匀地转动拔轮器尾端顶丝杠（如图 1-95 所示），直到电动机皮带轮被拔松为止，松开拔轮器顶丝，取下拔轮器、撬杠，将皮带轮备帽卸掉，取下电动机皮带轮。

（7）清理电动机轴和新皮带轮孔，安装前要检查皮带轮与电机轴接触面，应大于 80%。

（8）装上新皮带轮（如图 1-96 所示），带上皮带轮备帽，垫上铜棒，用榔头均匀对称敲击皮带轮（如图 1-97 所示），旋紧皮带轮备帽。按 Q/SY DQ0804《采油岗位操作程序及要求》的规定，测量电机轴及皮带轮孔间隙，最大间隙不超过 ±0.02mm，涂上黄油。

（9）装皮带，向后移动电动机，调整顶丝，使皮带松紧合适，上紧皮带轮备帽，对角上紧电动机固定螺丝，装皮带护罩。

（10）检查抽油机周围无障碍物，取下刹车保险装置，送电，松刹车，启抽。

（11）观察皮带轮有无摆动现象，测电流，检查抽油机平衡率。

（12）校对抽油机冲次。

图 1-96 装上新皮带轮

图 1-97 垫上铜棒均匀对称敲击皮带轮

（13）待抽油机运转正常后，收拾工具，清理现场，填写报表。

3）技术要求

（1）清理轴和孔要彻底，防止造成配合间隙过大或皮带轮晃动。

（2）安装皮带轮时要用铜棒垫着，边旋转边敲或对角敲，勿用力过猛，禁止直接用榔头敲打皮带轮。

（3）安装不带锥度的皮带轮时，应首先测量电机轴径和新皮带轮内孔径，要求配合间隙不大于 ±0.02mm。

（4）检查皮带松紧度时，在皮带中部双手重叠下压皮带 2～3 次，压下 1～2cm 为合格。

5. 调防冲距

1）准备工作

（1）工具、用具、材料准备：

与光杆同型号的卡子一副，375mm、450mm 活动扳手各一把，平锉，钢卷尺，粉笔，擦布，砂纸，试电笔，绝缘手套；笔，记录本。

（2）劳保用品准备齐全，穿戴整齐。

2）操作步骤

（1）检查井口、抽油机设备齐全完好，流程正确，无渗漏。

（2）用试电笔检查配电箱外壳不带电，试刹车灵活可靠。

（3）根据应调防冲距的大小确定停机位置（调小防冲距，驴头接近下死点；防冲距调大，驴头停在合适位置）。停机，按 Q/SY DQ0804《采油岗位操作程序及要求》的规定，按停止按钮，避开空气开关，切断电源，当驴头距下死点 5～80cm 时刹紧刹车，切断电源。

（4）擦净光杆油污，用光杆卡子（如图 1-98 所示）在光杆密封盒上卡紧光杆；送电，松刹车点抽，卸去驴头负荷（如图 1-99 所示），刹紧刹车，切断电源，锁好刹车保险装置。

（5）手摇悬绳器，检查光杆有无下滑现象（如图 1-100 所示），量取应调距离；调小防冲距,以悬绳器上光杆卡子上平面为基准,用钢卷尺向上量出应调距离,在光杆上做好标记;调大防冲距,以悬绳器上光杆卡子上平面为基准,做好标记,卸松光杆卡子,从标记处向下量出应调距离,做好标记。

图1-98　钳牙朝上安装卡子　　图1-99　卸去驴头负荷　　图1-100　手摇悬绳器

(6)手握卡子两侧,将卡子移动到标记位置,上紧。

(7)取下刹车保险装置,松刹车,待平稳吃上负荷后,刹紧刹车。

(8)卸下光杆密封盒上的卡子,用平锉、砂纸清理光杆毛刺,擦净光杆。

(9)检查抽油机周围无障碍物,送电,松刹车,启抽。

(10)启抽后,检查井口有无碰挂现象。

(11)抽油机运转正常后,录取井口压力。

(12)收拾工具,清理现场,填写报表。

3)技术要求

调后防冲距符合要求,不挂不碰。

九、事故案例分析

案例:调整防冲距时,手抓光杆,砸伤手部

1)事故经过

2013年5月20日9点左右,工人张某和李某一起对抽油机进行调整防冲距操作。由于李某是新员工,在进行操作时候,碰泵时候手抓光杆,方卡子脱扣,砸伤手部。

2)事故原因分析

(1)新员工李某对采油岗位操作规程不熟悉,不了解步骤就盲目操作,违反 Q/SY DQ0804《采油岗位操作程序及要求》不准用手摸光杆的规定,导致了事故发生。

(2)一同工作的员工监护不到位,没有及时提醒。

(3)安全意识淡薄。

3）预防措施

加强 Q/SY DQ0804《采油岗位操作程序及要求》的学习，苦练操作技能，加强班组间的员工配合。

📚 本节小结

本节介绍抽油杆、抽油泵、油管、油管锚定工具、脱接器、扶正器井下工具的作用，重点掌握抽油泵组成，抽油泵维护操作中憋泵、碰泵、调冲程、调冲次、调防冲距 5 个操作，使得抽油泵在合理的参数范围内工作。Q/SY DQ0804《采油岗位操作程序及要求》对上述 5 个操作提出了要求。油井热洗应遵守 Q/SY DQ0802《油井热洗清蜡规程》的规定。

第二章　潜油电泵井管理

随着油田开发时间的延长,油田综合含水逐渐升高,油井排液量也在增加,单纯依靠抽油机采油已经不能满足油田生产需要,作为无杆泵采油之一的电动潜油泵井采油就发挥作用了。电动潜油泵作为一种新的机械采油设备,由于它具有排量大的特点——在 $5\frac{1}{2}$in 套管中可达 $700\text{m}^3/\text{d}$,因此适应中、高排液量、高凝油、定向井、中低黏度井。其扬程可达 2500m,具有井下工作寿命长、地面工艺简单、管理方便、经济效益明显等特点,近十多年来在油田得到了广泛应用,是油田长期稳产的重要手段之一。

以电动潜油泵作为井下抽油设备的生产井就叫电动潜油泵井,简称电泵井。由于电泵井在油田获得了广泛应用,故采油工作者必须了解电动潜油泵井的结构、工作原理、井口装置组成、设备维护保养及电泵井生产管理。

本章宣贯六个标准:

Q/SY DQ0572　潜油电泵使用维护与检修管理

Q/SY DQ0798　油水井巡回检查规范

Q/SY DQ0804　采油岗位操作程序及要求

Q/SY DQ0916　水驱油水井资料录取管理规定

Q/SY DQ0919　油水井、计量间生产设施管理规定

Q/SY DQ0973　电泵井清蜡操作规程

第一节　潜油电泵井巡回检查

电泵井一天 24h 在野外连续工作,Q/SY DQ0798《油水井巡回检查规范》规定,采油工检查流程井口、接线盒与控制屏三部分。主要检查电流运行曲线值、三相电压/电流是否在额定值范围内、井口处油/套压值是否正常,并填写电流卡片。

本节宣贯四个标准:

Q/SY DQ0572　潜油电泵使用维护与检修管理

Q/SY DQ0798　油水井巡回检查规范

Q/SY DQ0916　水驱油水井资料录取管理规定

Q/SY DQ0919　油水井、计量间生产设施管理规定

一、电动潜油泵装置

电动潜油泵装置由三大部分、八大件组成。即地面部分、中间部分和井下部分(三大部分),以及变压器、控制屏、接线盒、电缆、多级离心泵、油气分离器、保护器、潜油电机(八大件)等组成。电动潜油泵装置如图 2 - 1 所示。

1．地面部分

地面部分主要由变压器、控制屏和接线盒组成。

1）变压器

调整电路电压，通过线圈转化成潜油电机所需的工作电压（数百伏至数千伏的电源）。按 Q/SY DQ0919《油水井、计量间生产设施管理规定》的规定，电泵井生产设施管理现场检查细则要求有操作护栏。变压器油位保持在 $1/3 \sim 2/3$，设施应有干燥器配制，硅胶见本色。高压配电室清洁，接线紧固、无氧化。按 Q/SY DQ0572《潜油电泵使用维护与检修管理》的要求，变压器台应距井口 30m 以外，周围 5m 内不得有杂草及其他易燃物，避免落地电弧引起火灾。变压器至控制屏电缆要埋在地面 0.4m 以下，过道要穿金属护管。

2）控制屏

电动潜油泵机组的启动、运转和停机都是依靠控制屏来完成。Q/SY DQ0798《油水井巡回检查规范》要求控制屏有接地线，电缆绝缘良好；控制屏安装垂直、平稳，控制屏后面与墙壁之间应留有约 0.3m 维护、散热空间。控制屏指示仪表、指示灯、记录仪齐全完好；控制屏内控制线路整齐规范。

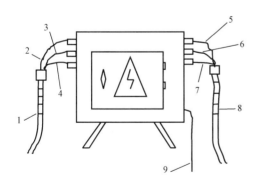

图 2 - 2　电泵井接线盒示意图
1—井下电缆；2,3,4,5,6,7—火线；
8—控制屏电缆；9—接地线

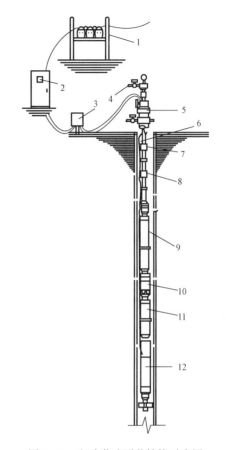

图 2 - 1　电动潜油泵井结构示意图
1—变压器；2—控制屏；3—接线盒；4—出油干线；
5—井口；6—电缆；7—单流阀；8—泄油阀；
9—多级离心泵；10—油气分离器；
11—保护器；12—潜油电动机

3）接线盒

接线盒是电动潜油泵井下电缆与地面电缆间的过渡装置，如图 2 - 2 所示。其作用是排放通过电缆保护套渗到地面的天然气，防止天然气沿电缆进入控制柜而发生爆炸、火灾等不安全事故；另一个作用是方便地面接线工作。按 Q/SY DQ0919《油水井、计量间生产设施管理规定》的规定，接线盒应接地线，电缆绝缘良好；必须安放在通风良好、空气干燥的环境中；因此，每个电泵井都必须安装接线盒。Q/SY DQ0798《油水井巡回检查规范》规定，接线盒距井口距离不小于 3m，高度不低于 0.5m，应安装在支架上,底部高于地面10cm以上;且应在井口与控制房之间,安装应稳固、防水;接线盒门应上锁或用螺丝固定。接线盒到控制柜的电缆应埋地0.2m以下。如图2-3所示。

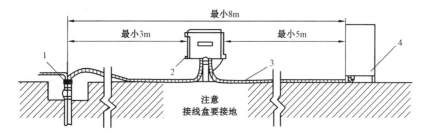

图2-3　接线盒示意图

1—井口;2—接线盒;3—埋地电缆;4—控制柜

2. 中间部分

中间部分主要由传输电能的专用电缆组成。其功能是将地面的电能输送到井下的潜油电机。

3. 井下部分

潜油电泵装置的标准管柱自下而上依次由潜油电机、保护器、分离器、潜油泵、单流阀、泄油阀组成,井下部分接于油管下端下入井中,如图2-1所示。除油气分离器与潜油多级离心泵常为一整体外,潜油电泵的各部件之间的壳体用法兰螺钉相连接,轴与轴用花键套连接。潜油电泵上6~8根油管处安装单流阀,单流阀上部隔一根油管安装泄油阀。潜油电缆由动力电缆和小扁电缆组成,小扁电缆头部有电缆头,用于连接潜油电机。动力电缆用电缆卡子固定在油管上,小扁电缆用电缆护罩和电缆卡子固定在潜油电泵上。

1)泄油阀

泄油阀的结构主要由接头、泄油销、橡胶密封环组成,如图2-4所示。

在起泵作业时,管柱中的井液会喷流在地上,为解决这一问题,在单流阀上部安装一个泄油阀,这样在起泵作业时,先向油管内投入一个金属棒,将泄油阀销砸断,使油套连通,放出油管中的存油,就可避免井液喷流到井场内。

2)单流阀

单流阀的结构主要由接头、限制销、特制螺帽、球体、阀座、橡胶密封环组成,如图2-5所示。从电动潜油泵的特性可知,排量为零、扬程最大时,泵所消耗的功率最小;反之,排量最大、扬程最小时,消耗的功率最大。为了便于电动潜油泵的启动,在管柱上安装单流阀(装在泵出口上方油管6~8个接箍),在电动潜油泵停机以后,油管内充满井液,再次启动时,就相当于在高扬程下启动,使启动更容易。安装单流阀后还可以避免在停泵以后液体倒流,因此造成电动潜油泵反转脱扣事故。

3)潜油多级离心泵

潜油电泵是井下工作的多级离心泵,同油管一起下入井内,地面电源通过变压器、控制屏、接线盒和动力电缆将电能输送给井下潜油电机,使潜油电机带动多级离心泵旋转,将电能转换为机械能,把油井中的井液举升到地面。

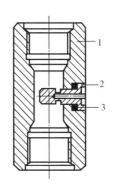

图2-4　泄油阀结构示意图

1—接头；2—泄油销；3—橡胶密封环

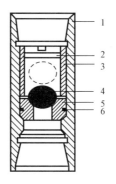

图2-5　单流阀结构示意图

1—接头；2—限制销；3—特制螺帽；
4—球体；5—阀座；6—橡胶密封环

4）油气分离器

油气分离器装在潜油多级分离泵的吸入口处，它的作用是使井液在进入多级离心泵之前，先进行气、液分离。排出井液中的气体，减少气体对泵的不良影响，达到提高泵效、延长潜油泵的使用寿命的目的。

5）保护器

保护器主要是保护潜油电机，最终目的是阻止井液进入潜油电机，避免烧毁潜油电机。保护器在潜油电泵机组中主要有以下4个作用：

（1）密封潜油电机轴的动力输出端，防止井液进入潜油电机。

（2）保护器的充油腔体与油井相连通，从而平衡潜油电机和保护器中各密封部位两端的压差。当潜油电机因温度升高而使润滑油体积膨胀时，润滑油可通过保护器溢出；当潜油电机因停机温度下降时，保护器可向潜油电机补充润滑油。

（3）内设一个推力轴承，承担作用在泵轴、分离器轴和保护器轴向下的轴向力。

（4）连接潜油电机轴与泵轴（或分离器轴），连接潜油电机壳体与潜油泵壳体（或分离器壳体）。

6）潜油电动机

潜油电动机是井下机组的动力设备，位于管柱的最底部，它的作用是将地面输入的电能转化为机械能，通过电机轴输出，为潜油泵提供动力。潜油电机工作电压一般为400～2500V，电流一般为30～120A。电机功率与电机长度成正比，单节电机长度最长不大于10m，电机可以串联使用。

二、电泵井井口装置

电泵井井口装置如图2-6所示，其作用是控制和调节油气生产，保证各项井下作业，可进行录取油压、套压等资料。Q/SY DQ0798《油水井巡回检查规范》规定，井口生产流程正常，油压、套压、掺水温度符合要求，井口设备完好无损、无渗漏，井口出油声音正常，埋地电缆地面走向标识清晰。电泵井井口阀门及附件作用如下：

（1）防喷管：测试时，通过防喷管下放测试、清蜡仪器。

（2）防喷管放空阀门：放掉防喷管里面循环的水。

（3）清蜡闸门：机械清蜡时，该闸门打开，由此下入刮蜡片。

（4）生产阀门：开井时，井中液体由此阀门经过回压阀门，进入集油干线到达计量间。

（5）油压阀门：录取油压时，该阀门打开。

（6）总阀门：井中液体由此进入地面输油管线。正常生产时，该阀门总是打开，只有关井时，该阀门才关闭。

（7）套管阀门：当油套环形空间气量较多、套压较高时，该阀门打开，气体由此进入回油管线，实行油气混输。

（8）套管测试阀门：当对井底流压进行测试时，该阀门打开。

（9）油嘴：油井产量大小由油嘴控制。

（10）单流阀：防止介质发生倒流。

（11）热洗阀门：当对油井热洗时，该阀门打开，热水由此经过进入套管环形空间。

（12）回压阀门：井中液体通过地面油嘴后，经过该闸门流向计量间。

（13）直通阀：打开地面小循环时，该闸门打开，计量间来水经过该闸门，流到输油管线，再回到计量间。冲洗地面管线时该闸门打开，平时关闭。

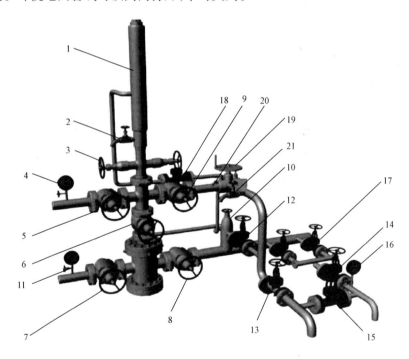

图2-6　电泵井井口装置

1—防喷管；2—防喷管放空阀门；3—清蜡闸门；4—油压表；5—油管阀门；6—总阀门；
7—套管测试阀门；8—套管阀门；9—生产阀门；10—套管定压放气阀；11—套压表；
12—套压阀门；13—回压阀门；14—来水阀门；15—直通阀（小循环）；16—掺水压力表；
17—热洗阀门；18—单流阀；19—掺水调节阀；20—油嘴；21—取样阀门

（14）定压放气阀：当套管气量较多时，达到一定放气压力，该阀门自动打开，压力泄到一定数值时，该阀门又关闭。

（15）掺水调节阀：当油井液体黏度较高、不容易流动时，打开该闸门，向井口掺水，方便液体流向计量间。

三、电泵井资料录取

电泵井录取产液量、油压、套压、电流、采出液含水、动液面（流压）、静压（静液面）7 项资料。

1. 产液量录取要求

电泵井产液量录取要求见 Q/SY DQ0916《水驱油水井资料录取管理规定》同抽油机井录取产液量要求。

2. 油压、套压录取要求

（1）正常情况下油、套压每 5d 录取 1 次，每月录取 6 次，异常情况应加密录取。

（2）压力表的使用和校验要求见 Q/SY DQ0916《水驱油水井资料录取管理规定》，同抽油机井压力表校验要求。

3. 电流录取要求

按 Q/SY DQ0916《水驱油水井资料录取管理规定》，生产井每天录取 1 次电流。采用纸质电泵卡片的正常井每周更换 1 张卡片，异常井每天更换 1 张卡片，措施井开井后每天更换 1 张卡片，连续 7d。采用多功能保护器等存储电流资料的正常井每周录取回放 1 次，异常井及措施井开井每天录取回放 1 次，连续 7d。

4. 采出液含水录取要求

电泵井采出液含水录取要求见 Q/SY DQ0916《水驱油水井资料录取管理规定》，同抽油机井要求。

5. 动液面（流压）录取要求

电泵井动液面录取要求见 Q/SY DQ0916《水驱油水井资料录取管理规定》，同抽油机井要求。

6. 静压（静液面）录取要求

电泵井静压录取要求见 Q/SY DQ0916《水驱油水井资料录取管理规定》，同抽油机井要求。

四、电泵井巡回检查

巡井要坚持严、细、准、勤、快的原则。

1. 准备工作

（1）工具准备：250mm 扳手、200mm 手钳、200mm 螺丝刀各一把，试电笔一支，擦布若干，巡回检查记录本及笔。

（2）每隔 6h 按巡回检查路线逐井检查一次，如遇有作业施工异常井或刮风、下雨、下雪等恶劣天气，应加密检查次数。

2. 操作程序

（1）检查井口：

① 油压表、套压表、回压表是否齐全好用，各压力表不堵不冻，指针灵活。

② 检查井口掺水温度是否正常,根据单井回油温度控制掺水量。

③ 定压放气阀是否灵活,通过录取套压,并根据定压值,适当调整定压放气阀,使套压控制在定压范围内。

④ 井口流程是否正常,阀门开关是否处于正常位置(生产阀门、回压阀门、套管阀门开3～5圈,热洗阀门处于全关状态,油、套压考克开3～5圈);井口应无憋压现象,井口设备无缺损、松动、渗漏现象,如有问题应及时处理,听出油声音应正常。

⑤ 井口装置入井电缆无老化、破损,接地合格。Q/SY DQ0798《油水井巡回检查规范》规定,井口距控制柜不小于8m,井口距接线盒不小于3m。Q/SY DQ0919《油水井、计量间生产设施管理规定》要求井口接地线应为截面积不小于$10mm^2$的多股绝缘线。

⑥ 清蜡滑轮应始终对准井口中心位置。

⑦ 井场平整,无油污,无杂草,埋地管线无裸露、渗漏,采油树接地线完好,检查井口设备无刺漏。

(2)检查接线盒:

① 看接线盒有无安全警示标志。Q/SY DQ0798《油水井巡回检查规范》规定,接线盒安装支架上,底部高于地面10cm以上,位于井口与控制房之间,安装应稳固、防水;接线盒门应上锁或用螺丝固定。

② 看接线盒是否漏雨水或积雪。

(3)检查控制屏:

① 检查是否有高压绝缘垫。Q/SY DQ0798《油水井巡回检查规范》规定,控制屏后面与墙壁之间应留有不小于0.3m的维护、散热空间。

② 用试电笔检查控制屏是否漏电。

③ 控制屏运行指示灯是否好用,正常运行及超、欠载指示灯保持完好无损。

④ 控制屏电缆是否老化、破损,控制屏接地线是否完好。

⑤ 检查电流运行,看电流卡片运行是否正常,电流曲线有无超、欠载和气体影响情况,并按要求时间更换电流卡片,超、欠载整定值应符合要求。

⑥ 检查三相高压电压表电压是否稳定。

⑦ 检查高压保险及触点有无虚接现象(听到吱吱放电声、看见放电火花为虚接),控制屏采油树接地线是否良好。

⑧ 检查电流记录仪指示电流与电流表测量值基本一致。

⑨ 记录主机工作电压、控制电压、三相工作电流、过载保护整定电流、欠载保护整定电流。

(4)检查变压器:没有高压操作证不允许对变压器进行操作。

① 看测试扒杆绷绳紧固。

② 听变压器声音是否正常,有无异常声响。

③ 看变压器上是否落有异物。

④ 看高压隔离开关是否有打火现象。Q/SY DQ0919《油水井、计量间生产设施管理规定》要求,变压器隔离开关闸刀不虚接、不跑单相。

⑤ 油位、油色是否正常,有无渗漏现象,如果变压器缺油应及时上报并补加合格变压器油。Q/SY DQ0919《油水井、计量间生产设施管理规定》要求,变压器油位在1/3～2/3之间,并

要有干燥剂。

⑥ 吸湿器内的干剂是否变颜色。

⑦ 检查高压隔离开关接触是否良好,刀片吃入深度应大于80%。

⑧ 检查变压器引线电缆是否老化、破损。Q/SY DQ0919《油水井、计量间生产设施管理规定》要求,电缆应埋地、有标识,连接部分紧固,裸露部分无老化现象。

(5)将油、套、回压填入巡回检查记录本,发现问题要及时处理,处理不了的及时向队、矿汇报,并做好记录。

(6)电泵井停机期间按自喷井管理。

五、事故案例分析

1. 案例1:电泵井接线盒盖未用螺栓固定或上锁,发生触电事故

1) 事故经过

2009年6月20日9点左右,工人赵某对电泵井进行例行巡回检查,发现接线盒盖固定螺栓未上紧,就用手拧螺栓,发生触电事故。

2) 事故原因分析

(1)工人赵某在对带电设备操作之前没有验电。

(2)电泵井接线盒盖固定螺栓未上紧,违反Q/SY DQ0798《油水井巡回检查规范》有关接线盒门应上锁或螺栓固定的规定。

3) 预防措施

采油工人操作设备应严格遵守Q/SY DQ0978《油水井巡回检查规范》,干标准活,做标准人。

(1)对待带电设备操作,一定事先用验电笔验电。

(2)电泵井接线盒要有螺栓固定或上锁。

(3)不确定设备是否带电时,不能贸然操作。

2. 案例2:电泵井控制屏和接线盒接地不良或没有接地线,发生漏电伤人事故

1) 事故经过

2010年4月8日9点,工人赵某对电泵井进行巡回检查,电泵井控制屏和接线盒没有接地线,发生漏电伤人事故。

2) 事故原因分析

(1)违反Q/SY DQ0919《油水井、计量间生产设施管理规定》有关采油树、控制屏、接线盒应有接地线,接地线截面积为不小于 $10mm^2$ 的多股绝缘线的规定。

(2)工人安全意识淡薄。

3) 预防措施

采油工人操作应严格遵守Q/SY DQ0919《油水井、计量间生产设施管理规定》,干标准活,

做标准人。

（1）对工人加强安全教育。

（2）检查安装电泵井控制屏和接线盒接地线。

3. 案例3：电泵井房受限空间内没有安全操作，导致的物体打击伤人

1）事故经过

2010年10月8日10点工人赵某对电泵井进行巡回检查，发现阀门开关不灵活，在倒阀门时，使用管钳不当导致轻微擦伤。

2）事故原因分析

（1）违反Q/SY DQ0919《油水井、计量间生产设施管理规定》有关采油树各阀门不缺损、不松、不锈、不渗、不漏，灵活好用的规定。

（2）在受限空间内作业，要有安全防护措施或选择适当的工具。

3）预防措施

采油工人操作应严格遵守Q/SY DQ0919《油水井、计量间生产设施管理规定》，干标准活。积极维护生产设备，定期为阀门加注黄油，保证灵活好用。

本节小结

本节介绍了潜油电泵井组成、巡回检查内容、录取资料标准，本节宣贯了4个标准：Q/SY DQ0798《油水井巡回检查规范》对电泵井井口、接线盒与控制屏提出了巡回检查要求；Q/SY DQ0916《水驱油水井资料录取管理规定》，规定了电泵井和抽油机井资料录取应相同；Q/SY DQ0919《油水井、计量间生产设施管理规定》对设备设施进行了规定；Q/SY DQ0572《潜油电泵使用维护与检修管理》对变压器的使用做了规定。

第二节　潜油电泵井操作与维护

电泵井是长期运转的设备。但是，当地面设备与井下泵有故障需进行维修保养，或有一些临时性工作需要停井时，恢复生产就需要启动操作。因此电泵井启动、停机是采油工的经常性的工作。当电泵井产液量有变化时，会根据地层供液情况，更换电泵井油嘴。电泵井投产前要有一些准备工作。

本节宣贯三个标准：

Q/SY DQ0572　潜油电泵使用维护与检修管理

Q/SY DQ0804　采油岗位操作程序及要求

Q/SY DQ0973　电泵井清蜡操作规程

一、投产前的检查

电泵投产前要对变压器、控制屏进行检查，使其满足电泵正常运行的需要。

1. 变压器的检查

(1)高压隔离开关操作要灵活,闭合时三相刀片同期动作性能好,刀片与触头接触要紧密。分断时三相刀片与触头之间要有明显的张开角度,操作手柄定位销钉复位要准确。

(2)按 Q/SY DQ0572《潜油电泵使用维护与检修管理》的要求,变压器外壳及操作机构金属部分与接地极间要用 4×40 扁铁或 25mm^2 以上铝绞线连接。

(3)检查变压器高压熔丝是否符合规定要求,其值不得小于高压输入额定电流的1.5倍。

(4)检查油位表、吸湿器附件的完整性与完好性,应符合规定要求。

(5)根据机组额定电压调整分接开关挡位。

2. 控制箱的检查

1)外观检查

(1)控制箱面板上的元器件应齐全完好,记录仪表的指针及笔臂在无信号状态下应准确指在零点上。

(2)按 Q/SY DQ0572《潜油电泵使用维护与检修管理》的规定,控制箱外壳应用 25mm^2 以上铝铰线与井口法兰紧密连接。

(3)各种开关的闭合与分断应灵活无卡。

(4)采用 W10 系列自动开关做电源开关时,三相灭弧室完好无损,其过流整定值应按负载额定电流的 4~5 倍整定。在无电状态下闭合开关触动衔铁杠杆应瞬时脱扣跳闸。

(5)采用 DW10 系列自动开关做电源开关的控制箱仅限于额定电压 1000V 以下的机组使用。

(6)各导线连接应紧固无松动,以弹簧垫圈压平为准。

(7)拆除控制回路及测量回路的连线,用兆欧表测主回路对地的绝缘电阻应大于 2500MΩ。

2)空载试验

(1)从接线盒断开地面与井下连接电缆,合上高压隔离开关,用相序表在控制箱电源开关的上端检查电源相序,从左到右依次为 A,B,C。

(2)控制电压波动范围应在 ±10%。

(3)中心控制器的变比与电流互感器的变比相同,无信号输入时,中心控制器三相电流显示均为零。

(4)按下启动按钮,真空接触器应能可靠地吸合,接触器三相输出电流应平衡。5~10s 接触器分断,表明负载停机功能正常。

(5)过载调整。按 Q/SY DQ0572《潜油电泵使用维护与检修管理》的规定,按机组额定电流的 1.2~1.25 倍整定,过载动作时间调到 2~5s。

(6)欠载调整。按机组运行电流的 0.8 倍或额定电流的 0.7 倍整定,欠载动作时间调到5~10s。

3）机组检查

（1）直流电阻的测量。

为了消除万用表的电源损耗引起的误差和测量时电路电容产生的零点漂移，在测量前和测量中必须准确地调整万用表的电气零点；对于有自喷能力的油井，为了消除油流产生的静电干扰，必须关井 5min。在接线盒处用万用表 R * 1 挡进行测量，测出的阻值应平衡，不平衡度按下式计算：

$$电阻不平衡度 = \frac{最大值 - 最小值}{平均值} \times 100 \leqslant 2\% \qquad (2-1)$$

（2）绝缘电阻的测量。

用 1000V 兆欧表对机组的绝缘电阻进行测定，L 端接相线，E 端接地线，保护环接电缆保护层。以 120r/min 的速度运行 60s 后取读值，要大于 500MΩ，测量结束，应对地放电，且三相对地绝缘电阻要平衡。

（3）接线检查。

接线盒处连接线的相序从上到下为 A，B，C，应有明显的标记，避免每次测量引起错相。

二、启动电泵井

1. 准备工作

（1）工具、用具、材料准备：500 型万用表一块，扳手一把，600mm 管钳一把，150mm 螺丝刀一把，高压试电笔一支，电流卡片一张，记录笔，记录纸，绝缘手套一副，棉纱若干。

（2）穿戴好劳保用品。

2. 操作步骤

（1）检查井口流程，开总阀门，开油管阀门，开回油闸门，如图 2-7 所示。检查油嘴、仪表是否齐全合格。

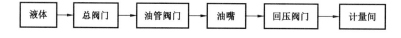

图 2-7　电泵井原油生产流程框图

（2）检查控制屏（以××厂家控制屏为例），检查内容为：

① 电压仪表指示是否正常。

② 观察状态，黄色指示灯或红色指示灯灯亮。

③ 用手拨选择开关：由原手动位置旋转到停止位置，指示灯灭，再把选择开关拨到手动位置，此时应黄色指示灯亮，若红色指示灯亮，说明电路或机组有故障，应停止启泵操作，要请专业人员检修。

④ 按 Q/SY DQ0804《采油岗位技能操作程序及要求》的规定，测量机组对地、相间直流电阻、电流表及电流记录卡片记录笔均归零。

（3）装好电流记录卡片，合上控制屏总闸。按 Q/SY DQ0804《采油岗位操作程序及要求》

的规定,三相电流值、相间电压波动±10%(小于±5%)。

(4)拇指用力按下启动按钮,立即听到一声"砰"的声音,绿色指示灯亮,待电流记录卡片上电流回落至平衡后,将选择开关拨到自动位置。

(5)检查三相电流值,相间波动±5%。按Q/SY DQ0804《采油岗位操作程序及要求》的规定,调整机组过欠载值,过载值定位额定电流的1.2倍,欠载电流定位运行最低电流值的0.8倍,但不能低于电机的空载电流。

(6)听井口出油声音是否正常,看电流电压是否正常,确认井下机组已被启动运行,检查电流记录卡片是否工作正常。

(7)检查井口压力及控制屏开关上的各种仪表是否正常。

(8)机组运行30min后按规定要求进行欠载、过载值的二次整定。

(9)打开定压放气阀。套管气控制流程:即在正常生产流程中用套管定压放气阀直接把套管气(当其高于定压值时自动放气)放至生产管内,如图2-8所示。

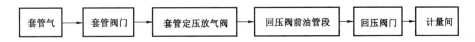

图2-8　电泵井套管放气流程框图

(10)记录启泵时间,运行电流、电压、井口油压、套压值。

3. 技术要求

(1)操作时必须有人监护。

(2)操作人员必须持有操作证。

(3)合总闸时必须戴绝缘手套,侧身操作,动作要迅速。

(4)卡片显示无异常变化。

4. 安全要求

(1)电泵启泵时,如有电泵机组发生过载停机或启动一次未成功,进行新的启泵时必须由专业人员查明原因再启,防止强行启泵烧毁机组。

(2)启泵时,如井口油压超过正常值且很高,应及时停泵检查流程,防止憋漏井口。

三、停止电泵井

1. 准备工作

(1)工具、用具、材料准备:500型万用表一块,高压试电笔一支,600mm管钳一把,150mm螺丝刀一把,记录笔,记录纸,绝缘手套一副,棉纱若干。

(2)穿戴好劳保用品。

2. 操作步骤

(1)检查井口流程情况,记录井口油压、套压值。

(2)检查控制屏(以××厂家控制屏为例):

① 检查电压表、电流表工作状况及电流记录卡记录情况。

② 记录电流、电压值。

(3)按控制屏停止按钮,绿色指示灯灭,将选择开关拨到停止位置。

(4)按 Q/SY DQ0804《采油岗位技能操作程序及要求》的规定,侧身切断总电源开关。

(5)听井口出油声音,检查、确认泵是否停止运行。

(6)倒流程:

① 长期停泵井,应关油管阀门与总阀门。

② 掺水保温井,应打开井口连通阀门进行干线热水循环,关闭井口掺水阀与回油闸门。

③ 关闭定压放气阀。

(7)记录停泵时间,井口油压、套压值。

(8)按 Q/SY DQ0804《采油岗位技能操作程序及要求》的规定,挂牌规定停泵原因及有关事项。

3. 技术要求

(1)停机后必须戴绝缘手套,侧身切断总电源。

(2)电泵停泵时,应先按控制屏停止按钮,再拉开控制屏总闸,不得直接拉开控制屏总闸停泵,防止烧毁机组或电网电压波动。

(3)关好控制屏门,倒好井口流程。

四、电动潜油泵井检查更换油嘴

1. 准备工作

(1)工具、用具、材料准备:375mm 活动扳手一把,油嘴扳手一把,通针一个,污油桶一个,高压试电笔一支,绝缘手套一副,记录本,记录笔,擦布,新油嘴一个等。

(2)正确穿戴劳动保护用品。

2. 操作步骤

(1)携带准备好的工用具到现场,如图 2-9 所示。检查井口流程及控制屏状态(在运行),记录好油压、工作电流。

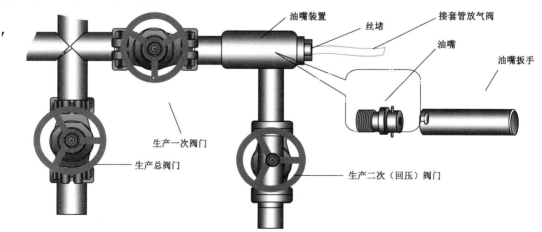

图 2-9　更换电泵井油嘴示意图

(2)停泵(双翼流程应改另一翼生产,关直通阀门,再关套管放气阀;单翼流程应停泵关井,此操作以单翼流程为例):把控制屏的选择开关拨于"off"位置,机组运行"绿色"及卡片记笔归零,说明机组已停止运行,记录停泵时间,按 Q/SY DQ0804《采油岗位技能操作程序及要求》的规定,侧身拉下总闸门。

(3)关井倒流程:到井口关严生产阀门、回压阀门、放气阀门,按 Q/SY DQ0804《采油岗位技能操作程序及要求》的规定,缓慢打开取样阀门,放空,泄压,并用放空桶接好污油。

(4)卸油嘴丝堵:卸油嘴丝堵,待丝堵卸松并要卸掉时,把放空桶准备好,卸掉丝堵,把油嘴装置内的残余油接入桶内,用棉纱擦净油嘴装置边缘,用通针通油嘴,防止油嘴有脏物堵塞。

(5)卸油嘴:用专用油嘴扳手卸油嘴,轻轻插进油嘴装置内,确认对准油嘴双耳,然后用力沿逆时针方向卸扣,油嘴就会被卸掉,并随油嘴板手一起取出来,清理旧油嘴及油嘴孔内的脏物,并擦拭干净,清理保温套内的蜡及脏物,用游标卡尺检查测量原油嘴内径,并记录。

(6)装油嘴:用游标卡尺核实油嘴内径,将油嘴双耳卡在油嘴扳手内,双手端住油嘴扳手缓慢送入油嘴保温套内,顺时针带上扣,最后用管钳轻带紧扣。

(7)装丝堵:把丝堵螺纹用棉纱擦干净,按顺时针方向缠好生料带,用手对正扣,再用管钳或扳手上紧。

(8)倒回原流程:关放空阀门,开回油阀门,观察有无渗漏,开生产阀门。

(9)侧身合电源总闸刀,启动电动潜油泵,到井口检查,待生产正常后录取油压、套压值。

(10)收拾工用具,清理操作现场,将有关资料填入报表。

3. 注意事项

(1)启、停泵时,必须戴绝缘手套,侧身合电源总闸刀。

(2)卸油嘴时注意方向和操作空间,操作要平稳,装卸油嘴不能用力过猛,防止双耳被扭掉。

(3)开关阀门时必须侧身。

(4)卸丝堵前必须放空,卸掉管线压力。

五、更换电流卡片

1. 准备工作

备好 500 型万用表一块,375mm 活动扳手 1 把,油嘴扳手 1 把,通针 1 个,污油桶 1 个,高压试电笔 1 支,符合变化的电流卡片一张,绝缘手套 1 副,记录本,记录笔,擦布等。

2. 操作步骤

(1)检查井口流程情况,记录井口油压、套压值。

(2)检查控制屏(以××厂家控制屏为例):

① 检查电压表、电流表工作状况及电流记录卡记录情况;

② 记录电流、电压值。

(3)按控制屏停止按钮,绿色指示灯灭,将选择开关拨到停止位置。

（4）按 Q/SY DQ0804《采油岗位技能操作程序及要求》的规定，侧身切断总电源开关。

（5）听井口出油声音，检查、确认泵是否停止运行。

（6）在电流卡片上标明井号、年、月、日、时刻、分。

（7）按 Q/SY DQ0804《采油岗位技能操作程序及要求》的规定，标明卡片曲线起止点符号起止标记用"⊢"表示。

（8）打开记录仪门，将锁卡扳直，抬起记录笔，取下卡片，填上取卡日期、时间及值班人。

（9）安装卡片，将实际日与时刻对准，锁紧锁卡，放下记录笔，按 Q/SY DQ0804《采油岗位技能操作程序及要求》的规定，校对记录笔尖下落基线。

（10）上满时钟发条，关好仪表屏门。

3. 操作要求

（1）卡片内容填写齐全。

（2）起止符号标明清楚。

六、测量电泵机组对地绝缘电阻

1. 准备工作

备好 500 型万用表一块、螺丝刀、扳手、高压试电笔、绝缘手套等工用具。

2. 操作程序

（1）按停止按钮，将泵停下，侧身拉下总闸门。

（2）打开接线盒，分别将三相导线拆下，标明记号。

（3）按 Q/SY DQ0804《采油岗位技能操作程序及要求》的规定，把红、黑两测电笔分别插入万用表正负极位置。

（4）调整欧姆挡，两笔相对检查仪表灵敏度。

3. 注意事项

（1）触电伤人。手臂接触电器设备裸露部位容易发生触电事故。

（2）电灼伤。拉下或合电源总开关时如未侧身，配电部位发生故障时会放出电弧光，会发生电灼伤。

七、测量电泵机组的电机、电缆间直流电阻

1. 准备工作

备好 500 型万用表、螺丝刀、扳手、高压试电笔、绝缘手套等工用具。

2. 操作程序

（1）按停止按钮将泵停下，侧身拉下总闸门。

（2）打开接线盒。

（3）把红黑两表笔插入万用表正负极位置。

（4）调整欧姆挡,两表笔相对检查仪表灵敏度。

（5）按 Q/SY DQ0804《采油岗位技能操作程序及要求》的规定,用两表笔分别测量 AB,AC,BC 之间的三相电流电阻值,不平衡不大于 2%。

$$不平衡度 = (三项平均值 - 与平均值相差最大一相)/三相平均值 \times 100\%$$

（6）盖好接线盒。

（7）侧身合电源总闸刀,启动机组,运转正常后方可离开。

3. 注意事项

（1）手臂接触电器设备裸露部位容易发生触电事故。

（2）拉下或合电源总开关时如未侧身,配电部位发生故障时会放出电弧光,会发生电灼伤。

（3）启、停泵时必须戴绝缘手套,侧身合电源总闸刀。

（4）按 Q/SY DQ0804《采油岗位技能操作程序及要求》的规定,测量前先校验仪表。

八、电泵井清蜡操作

1. 准备工作

（1）详细了解本井清蜡深度、上次清蜡时间及清蜡情况。

（2）了解井口装置及生产情况是否满足清蜡要求。

（3）检查清蜡设备各部位应灵活好用。

（4）准备好清蜡所需各种工具、用具。

（5）配备好相应安全设施。

2. 操作步骤

（1）根据井场地形、风向选择好清蜡车停放位置(在条件允许的情况下,清蜡车应停在上风位置上),使绞车对准井口。

（2）将清蜡钢丝绕测深记录仪量轮槽内一周,然后转动压紧轮丝杆,使压紧轮紧密地将钢丝压在量轮槽内。

（3）将清蜡钢丝从绞车里拉出穿过防喷管清蜡堵头,并拉出 1.5m 左右,再穿入刮蜡片吊耳,按要求打好绳结。

（4）将打好绳结的刮蜡片同加重杆连接起来。

（5）调整刮蜡片直径适中(应在 ϕ50mm 左右)。

（6）打开防喷管放空阀门(此时清蜡闸门应关闭),待防喷管内压力全部放空后,卸下防喷管丝堵。将清蜡滑轮坐入防喷管上部,然后将清蜡工具下入防喷管内,再将钢丝坐入滑轮槽内,上紧防喷管清蜡堵头,关闭防喷管放空阀门。

（7）摇紧清蜡钢丝,将测深计数器归零,记录下该井运行电流、油压和套压,打开清蜡阀门。

（8）松开绞车刹车,调整清蜡堵头压帽,使清蜡工具缓慢通过清蜡阀门、总阀门,然后依据结蜡情况下放清蜡工具,但下放速度最高不得超过60m/min。

(9)清蜡工具清到规定深度后,应停15min,以便将刮蜡片上的蜡喷掉,防止上起时顶钻。

(10)清蜡工具上提时,按Q/SY DQ0973《电泵井清蜡操作规程》的规定,速度最高不得超过80m/min,距井口150m时应减速上提,在距井口20m时应停下绞车,手摇绞车将清蜡工具提入防喷管内。

(11)待确定清蜡工具已全部进入防喷管后,关闭清蜡闸门、打开放空闸门,待防喷管内压力放空后,卸下防喷管清蜡堵头,取出清蜡工具。

(12)根据实际清蜡情况来决定扩大或缩小刮蜡片直径(一般每次扩大或缩小不超过3mm)和清蜡次数。但最后一次下入清蜡工具清蜡时,刮蜡片直径必须达到$\phi 58mm$。

(13)将清蜡工具、用具擦净,拿到清蜡车上并在相应的位置摆放好。

(14)将原防喷管丝堵上好,关闭防喷管放空阀门,再将井口流程和井场恢复原状。

(15)观察该电泵井运行电流及井口油压、套压有无异常变化,发现异常立即上报。

(16)认真记录好清蜡时间、清蜡深度、清蜡次数、结蜡深度等数据。

(17)通知采油队该井清蜡完毕。

3. 注意事项

(1)在操作过程中开关阀门时,操作人员应站在阀门侧面,以免阀门脱落意外伤人。

(2)卸堵头时应确保防喷管内无压力。

(3)同时应遵守井场防火等有关规定,以保证安全生产。

九、事故案例分析

1. 案例1:更换电缆埋地过浅,造成伤人事件

1)事故经过

2003年8月15日10点,某采油队采油工李某连天阴雨后对某电泵井进行巡检,在按照巡检路线进行巡检中,由于该电泵井埋地过浅,加上铠皮损坏没有及时处理,采油工不慎踩到电泵井电缆漏电处发生触电事故,造成人身伤害。

2)事故原因分析

(1)由于电泵井电缆深埋的距离没达到安全距离。

(2)铠皮损坏没及时发现。

(3)阴雨过后没对周围的操作环境进行安全检查。

(4)岗位巡回检查不细致,未及时发现设备缺陷处。

综上各种原因导致了该事故的发生,违反了Q/SY DQ0572《潜油电泵使用维护与检修管理》的规定。

3)预防措施

电泵井电缆必须按要求深埋,要有走向指示,铠皮损坏应及时进行处理,在工作中严格执

行 Q/SY DQ0572《潜油电泵使用维护与检修管理》的规定。

2. 案例2：电泵井控制屏前无绝缘垫，配电柜漏电伤人

1）事故经过

2003 年 7 月 28 日 9 点，某采油队采油工李某，在对所管理的电泵井进行启停电泵井操作时，未戴绝缘手套直接去开配电柜进行操作时发生了配电柜漏电伤人事故。

2）事故原因分析

操作前未对操作环境进行安全检查，未及时发现设备缺陷处，没有预先检查绝缘性能，违反了 Q/SY DQ0572《潜油电泵使用维护与检修管理》的规定，控制箱外壳应用 25mm² 以上铝铰线与井口法兰紧密连接规定。

3）预防措施

应在电泵井控制屏前放绝缘垫，操作前用试电笔验电，避免触电事故发生。工人操作遵守 Q/SY DQ0572《潜油电泵使用维护与检修管理》的规定，干标准活，做标准人。

3. 案例3：更换电泵井油嘴，眼部受伤

1）事故经过

2008 年 9 月 8 日 9 点，工人李某发现电泵井油嘴堵塞，于是更换电泵井油嘴。李某为了早点干完活，图省事，没有卸压，直接用扳手拧开丝堵，油嘴在压力作用下飞出，直接击中李某的眼部，造成伤害。

2）事故原因分析

（1）工人李某未按规程操作，违反 Q/SY DQ0804《采油岗位操作程序及要求》的规定，卸丝堵前必须放空。

（2）工人李某思想上懈怠，工作不认真，没有风险意识。在松油嘴时，没有注意将身体让开危险区，面部不应正对油嘴，反映出安全意识不强，自我保护能力差，在工作中麻痹大意，习惯性违章操作。

3）预防措施

（1）对工人进行安全教育，警钟长鸣。

（2）卸油嘴之前，一定要先卸压，再更换油嘴。遵守 Q/SY DQ0804《采油岗位操作程序及要求》，干标准活，做标准人。

本节小结

本节介绍电泵井启动、停机操作，更换电泵井油嘴操作，更换电流卡片，测量电泵机组对地绝缘电阻，测量电泵机组的电机、电缆间直流电阻，电泵井投产前准备工作，宣贯 Q/SY DQ0572《潜油电泵使用维护与检修管理》、Q/SY DQ0804《采油岗位操作程序及要求》与 Q/SY DQ0973《电泵井清蜡操作规程》三个标准。

第三节　潜油电泵井动态管理

潜油电泵井日常管理包括技术经济指标计算内容,要分析三相电流不平衡、三相电阻不平衡、三相电压不平衡的原因,并且进行处理,使其达到正常状态。分析电流卡片,判断井下机组运行是否正常。如果出现异常,要采取相应措施,使井下机组恢复正常。应用电泵井动态控制图判断电泵井是否处于合理区。

一、潜油电泵的使用维护

1. 变压器使用与维护

(1)正常运行的变压器发出的是因电磁振动而产生的低沉均匀的嗡嗡声。出现故障时,声音增大且伴有吱吱等杂音时应及时检查处理。

(2)变压器应无漏渗油现象,绝缘套管无裂纹破损及放电痕迹。

(3)小队电工每三个月清扫一次变压器套管及其灰尘和油污,并检查各金属导线接触部分应无腐蚀松动。

(4)通过油位表观察分析变压器油质,新油是浅黄色的,运行中的变压器油呈汪红色,且透明度好,无杂质,无水珠。

(5)根据吸湿器内干燥剂的颜色变化鉴别吸湿效果,正常的干燥剂是蓝色或白色,当吸收潮气和水分后立即变成粉红色而失去吸潮能力,需及时更换干燥剂。

(6)根据环境温度观察油位表中的变压器油是否在规定的油位线上,不足时应立即补充。

(7)每年春季雷雨之前应对避雷器做一次冲击试验,对于 6kV 装设的避雷器试验电压为 18 ~ 21kV。

(8)采油厂工程技术大队应组织协调有关人员每三个月对变压器的电压进行一次测量,输入电压波动不超过 −3% ~ +10%,输出电压变化率不大于 3% ~ 5%。输出电压变化率按公式(2 −2)计算:

$$\Delta U = \frac{U_{2e} - U_2}{U_{2c}} \times 100\% \qquad\qquad (2-2)$$

式中　ΔU——电压变化率;

U_{2e}——空载时端电压;

U_2——负载时输出电压。

(9)采油厂工程技术大队电泵组每隔半年负责对变压器分接开关各挡位之间的直流电阻进行一次测量。以鉴别各挡接触情况及电路的完整性,各挡回路之间的直流电阻应平衡,差值不大于 2%,计算方法同公式(2 −1)。

(10)每半年用 1 000V 兆欧表对变压器各绕组之间及对地进行一次绝缘测定,方法是以 120r/min 的速度测 60s 取读值,测量时没被测量的绕组必须短路接地,防止测量时产生的电磁感应伤人。测量结束后应对地放电,将测量结果做好记录,其绝缘电阻不得小于上次测量值的 70%。

2. 电泵机组使用维护

（1）定期对机组的绝缘电阻进行测定，以便掌握机组的运行状态，应大于 $1M\Omega$，且三相对地绝缘电阻要平衡。

（2）机组在运行中一旦出现过载停机，在没有查清停机原因前不允许二次启动。

① 首先排除因控制箱或中心控制器出现故障而造成的错误停机。

② 测量机组的直流电阻和绝缘电阻有无异常改变。

③ 测量电网供电电压是否正常，有无缺相、接地、虚接、不平衡等影响正常运转的因素，上述检查无误差后方可重新启动。

④ 对故障停机的机组经检查证实是井下机组出现故障时，为慎重起见，避免错误判断，应由采油厂矿、采油工程技术大队电泵组，供货单位派出人员共同鉴定后，才能提出起泵作业报告。

⑤ 运行中的电泵机组如出现过载停机，经检查一切电气性能均正常后，允许二次启动。当启动时，如电源自动开关出现瞬时跳闸，可能为井下机组出现硬性机械故障造成的卡泵，应立即切断电源，上报各有关部门。

（3）机组运行时三相电流应平衡，其电流不平衡度按式（2－3）计算，电流不平衡度应不超过5%：

$$电流不平衡度 = \frac{三相流平均值 - 三相流中值最小的值}{三相流平均值} \times 100\% \qquad (2-3)$$

机组运行中电流升高，电流表有大幅度的上下波动，说明是泵的流道进入钻井液、蜡块或其他异物，使机组运转受阻导致电流上升。处理方法是在允许范围内使机组反转 $1\sim2min$ 或用70℃温水洗井，使电流降到正常值为止。若经检查电气性能正常，洗井无效，一般可能由下列原因造成：机组受套变影响、卡泵、结垢等。

（4）电泵机组运行时应力求三相电压平衡，其不平衡电压按式（2－4）计算，不平衡电压应不超过3%：

$$电压不平衡度 = \frac{最大相电压值 - 最小相电压值}{三相平均电压值} \times 100\% \qquad (2-4)$$

潜油电泵机组的电阻不平衡度按式（2－5）计算：

$$电阻不平衡度 = \frac{平均电阻值 - 最小的电阻值}{平均电阻值} \times 100\% \qquad (2-5)$$

（5）机组在运行中出现欠载停机时，应进行分析：

① 首先排除地面设备造成的错误动作因素，检查欠载整定值是否正确，根据电流卡片上的运行曲线分析机组运行状态。

② 调查注水井有无异常变化，测量液面高度和流压能否满足泵抽需要。

③ 机组运行电流比额定电流低15%～25%，而且产液量显著下降，遇到这种情况时，应急办法是适当降低欠载整定电流，但不得低于机组空载电流，通过憋压鉴别测压阀的密封性能，如果密封性不好，压力憋不起来，可由测试大队把测压阀芯打捞出来，更换密封圈后重新坐封。

④ 气体影响严重可从电流卡片上有规律的锯齿曲线上分析出来，有时会因气塞抽空、电

流突然下降造成欠载停机,应采取套管定期放气或加装双分离器提高油气分离效果。

⑤ 机组运行电流接近或低于空载电流值时,应通过憋压分析原因,如果憋压上升速度很快,说明泵效正常,电流低液量少,属于吸入口阻塞或活门没被完全捅开;如果憋不起压力,很可能是分离器或泵轴断了。

⑥ 电流卡片是判断机组运行动态的重要依据,因此对于不正常运行机组应放在 24 h/周的挡位上观察,等运行正常后再放在 168h/周的挡位上。

二、电泵井技术经济指标

1. 电泵排量效率

电泵排量效率计算公式见式(2-6)至式(2-8):

$$Q_m = 0.02 Q_p f_p \tag{2-6}$$

$$E = \frac{Q_S}{Q_m} \times 100\% \tag{2-7}$$

$$\bar{E} = \frac{\sum Q_S}{\sum Q_m} \times 100\% \tag{2-8}$$

式中　Q_m——单井设备理论排量,m^3/d ;

$\quad\quad Q_p$——单井铭牌排量,m^3/d ;

$\quad\quad f_p$——电机实际频率数;

$\quad\quad 0.02$——单位换算产生的系数;

$\quad\quad E$——单井排量效率,% ;

$\quad\quad Q_S$——单井实际排量,m^3/d ;

$\quad\quad \bar{E}$——平均排量效率,% ;

$\quad\quad \sum Q_S$——统计井的 Q_S 之和,m^3/d ;

$\quad\quad \sum Q_m$——统计井设备理论排量之和,m^3/d。

2. 电泵井综合返工率

电泵井综合返工率按式(2-9)计算。

$$k_{df} = \frac{\sum n_{dn}}{\sum N_d} \times 100\% \tag{2-9}$$

式中　k_{df}——电泵井综合返工率;

$\quad\quad \sum n_{dn}$——电泵井保修期内年累检泵井次,井次;

$\quad\quad \sum N_d$——电泵井年累施工总井次,井次。

3. 电泵井供液不足区百分数

电泵井供液不足区百分数按式(2-10)计算:

$$W_{gy} = \frac{\sum n_{gy}}{\sum n_e} \times 100\% \qquad (2-10)$$

式中　W_{gy} ——电泵井供液不足区百分数；

　　　$\sum n_{gy}$ ——供液不足区电泵井数，口；

　　　$\sum n_e$ ——电泵井上图总井数，口。

4. 电泵井核实资料百分数

电泵井核实资料百分数按式(2-11)计算：

$$W_{hz} = \frac{\sum n_{hz}}{\sum n_e} \times 100\% \qquad (2-11)$$

式中　W_{hz} ——电泵井供液不足区百分数；

　　　$\sum n_{hz}$ ——供液不足区电泵井数，口；

　　　$\sum n_e$ ——电泵井上图总井数，口。

5. 电泵井生产异常区百分数

电泵井生产异常区百分数按式(2-12)计算：

$$W_{yc} = \frac{\sum n_{yc}}{\sum n_e} \times 100\% \qquad (2-12)$$

式中　W_{yc} ——电泵井供液不足区百分数；

　　　$\sum n_{yc}$ ——供液不足区电泵井数，口；

　　　$\sum n_e$ ——电泵井上图总井数，口。

6. 不平衡度的计算

计算不平衡度的目的是检查潜油电泵系统是否在相对平衡的最佳状态下运行。如果不平衡度过大，就必须检查电源、负载及电路是否存在问题，并及时进行处理。否则，将会对潜油电泵系统造成较大的损害。

1）电流不平衡度

三相电流平均值与三相电流中最小一相电流值的差值与三相电流平均值的比值。计算公式见公式(2-3)。

【例2-1】

已知：某潜油电泵额定电流为56A，潜油电泵运行时的三相电流分别为 $A=43A$，$B=41A$，$C=42A$。

求：三相电流不平衡度。

解：计算平均电流为：

$$三相平均电流值 = \frac{A + B + C}{3} = \frac{43 + 41 + 42}{3} = 42(A)$$

电流不平衡度为：

$$电流不平衡度 = \frac{三相平均电流值 - 数值最小的电流值}{三相平均电流值} \times 100\%$$

$$= \frac{42 - 41}{42} \times 100\%$$

$$= 2.38\%$$

2）电阻不平衡度

三相电阻平均值与三相电阻中最小一相电流值的差值与三相电阻平均值的比值，三相电阻不平衡度一般不允许大于2%。计算公式见公式（2-5）。

【例2-2】

已知：三相电阻为 $AB = 2.38\Omega$，$BC = 2.31\Omega$，$CA = 2.35\Omega$。

求：三相直流电阻不平衡度。

解：计算平均电阻为

$$平均电阻 = \frac{AB + BC + CA}{3} = \frac{2.38 + 2.31 + 2.35}{3} = 2.347(\Omega)$$

$$电阻不平衡度 = \frac{平均电阻值 - 数值最小的电阻值}{平均电阻值} \times 100\%$$

$$= \frac{2.347 - 2.31}{2.347} \times 100\%$$

$$= 1.576\%$$

3）不平衡电压

不平衡电压按式（2-4）计算。

【例2-3】

某电泵井电机型号320，额定电压1085V，三相电压分别为 $A = 1082V$，$B = 1087V$，$C = 1088V$，求三相电压不平衡度。

解：计算平均电压

$$平均电压 = \frac{A + B + C}{3} = \frac{1082 + 1087 + 1088}{3} = 1085.7(V)$$

三相电压不平衡度为：

$$三相电压不平衡度 = \frac{最大相电压值 - 最小相电压值}{三相平均电压值} \times 100\% = \frac{1088 - 1082}{1085.7} \times 100\% = 0.56\%$$

三、电流卡片分析

潜油电泵运行电流卡片是管理人员管理潜油电泵井、分析井下潜油电泵机组工作情况的主要依据。它可以直接反映出潜油电泵运行是否正常,甚至发生轻微的故障及异常情况,运行电流卡片都可以显示出来。电流卡片所记录电流的变化与电机工作电流的变化呈直线关系,所以我们可以认为电流的变化情况就是电机运行情况的变化。

1. 电流卡片的组成

常见的电流卡片有 75A 和 100A 两种规格。电流卡片径向为电流值的大小,且多数是等值递增的;周向为时间,且是均等分,如图 2 – 10 所示。卡片一般有周卡(即 168h 走一圈)和日卡(即 24h 走一圈)两种。一般正常生产井可使用周卡,每 7d 更换一次,对特殊要求的油井可使用日卡,每天更换一次。根据记录仪时钟走向卡片还分为顺时针和逆时针卡片,顺时针转的卡片电流曲线在卡片上逆时针运行,逆时针转的卡片电流曲线在卡片上顺时针运行。记录仪的时钟多数为机械式的,用专门的上紧钥匙上紧弦,在上紧的凸钮旁边有两个快慢选择挡,即日或周走一圈。

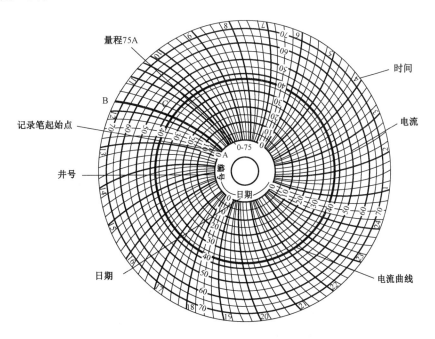

图 2 – 10　电流卡片示意图

电流卡片正面内容:

(1)圆周方向:时间坐标;日卡 24h,每格 1h。

(2)半径方向:电流坐标。

(3)量程:0 ~ 75A。

(4)井号:××－××。

(5)日期:×年×月×日×点 ~ ×年×月×日×点。

(6)单位:×××厂×××矿×××。

(7)标明卡片曲线起止点标记,起止标记用"├→"表示。

2. 电流卡片分析

1）电流卡片分析的几个概念

（1）电流：电泵承受的载荷大小。

（2）额定电流：新出厂电泵承受规定载荷大小。

（3）过载电流：电泵所能承受的最大载荷大小，为电机额定电流的1.2倍。

（4）欠载电流：电泵所能承受的最小载荷大小，为电机正常运行电流的0.8倍，但不能低于电机的空载电流。

2）电流卡片分析的步骤

（1）检查、确认电流卡片上的曲线是否完全圈闭，卡片与电流是否一致。

（2）填写电流卡片起止时间、运转方向、停机时间、原因及本油田规定的其他数据。

（3）根据潜油电动机额定电流绘制理想工作中的电流卡片，检查电流曲线是否为一个完整的圆。

（4）熟悉电流卡片的规格、卡片运转方向，标注实际记录的运行时间，即具体确定卡片是75A还是100A，是逆时针运行还是顺时针运行，是日卡还是周卡。

（5）比较实际工作电流卡片与理想工作电流卡片的差异，如电流曲线不是一个完整的圆，说明机组不能正常工作，计算电泵机组保护是否合理。

（6）判断电泵机组工作状况。

（7）分析影响电泵井正常生产的因素。

（8）审核确认分析结果，将结果准确地标注在电流卡片上。

（9）提出相应的整改措施。

3）电流卡片分析

（1）机组正常运行电流卡片：

① 正常运行电流卡片：

在载荷固定的情况下，三相感应电机的电流是恒定的，电流值等于或接近电机的额定电流值，并且机组的压头和排量应与油井产能相匹配。设计功率和实际功率基本接近，二者之差在10%以内。电流曲线呈均匀的、对称于圆心的形状，如图2-11所示。正常运行中，电流曲线出现上下波动范围±1A是比较理想的电流曲线。

② 电源电压波动电流卡片：

电流曲线上出现"钉子状"突变，就是电压波动的反映。电压波动最常见原因是主电源系统有周期性重负荷，是其他几种小的电压波动的组合。应避免多负荷同时启动，使其影响减至最小，如图2-12所示。

③ 游离气较多电流卡片：

电流曲线基本接近于圆形，曲线较粗，说明机组的运转情况还可以，排量基本接近设计要求，但有较多的气体通过泵。曲线波动是因为较多的游离气造成的。如图2-13所示。

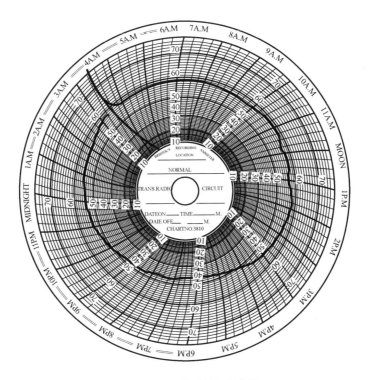

图 2 - 11 正常运行电流卡片

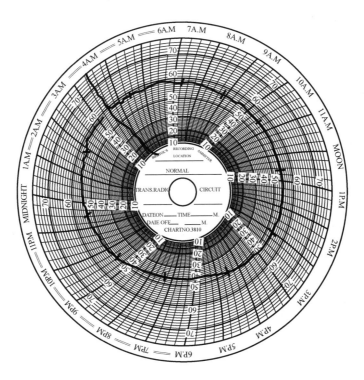

图 2 - 12 电源电压波动电流卡片

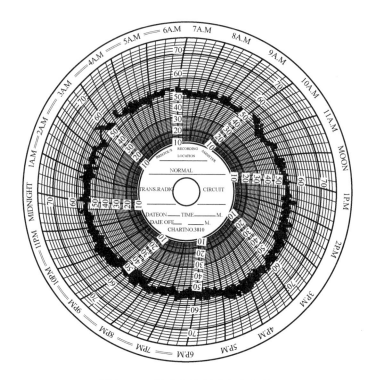

图 2 - 13　游离气体影响电流卡片

（2）机组不能正常运行的电流卡片：

① 抽空电流卡片：

分析：A～B、B～C、C～D 段的情况基本正常，到了 D 段以后，因供液不足，排量和电流下降，最后因欠载停机。本卡片整个曲线上没有游离气影响。停机过段时间再起泵，还是因为供液不足，很快又因欠载停机。因供液能力不足，当电流降到欠载电流设定值时停机。当井中液面接近泵吸入口时，产液量、电流值均下降，直到无井液进入泵的吸入口，达到欠载而停机，如图 2 - 14 所示。

② 瞬时欠载停机电流卡片：

分析：启动之后机组只运转了几秒钟，即欠载停机。由于是自动再启动程序，因此，循环过程不断发生。产生的原因一般都是液体的密度太小或流量太小，造成工作电流低于欠载电流而停机，如图 2 - 15 所示。

③ 欠载停机电流卡片：

分析：电机正常启动后，由于工作电流下降至无载电流，而且欠载电流值调整不正确，造成电机长时间在欠载情况下工作，电机或电缆过热烧毁，电机过载跳闸（先欠载，后过载），如图 2 - 16 所示。

④ 过载停机电流卡片：

分析：刚启动时电流略低于额定电流。然后逐渐达到正常电流。B～C 段间电流基本上还在额定电流附近运转。但到了 C 点之后，电流逐渐升高，直到电流过载停机。可能的原因是机组功率偏小或出砂、异物卡泵、结蜡，如图 2 - 17 所示。

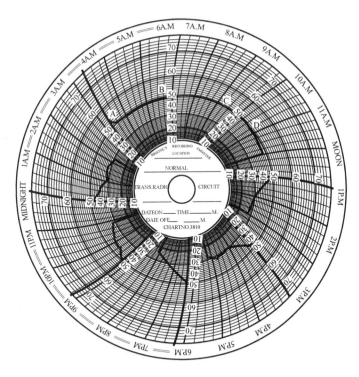

图 2 - 14 抽空电流卡片

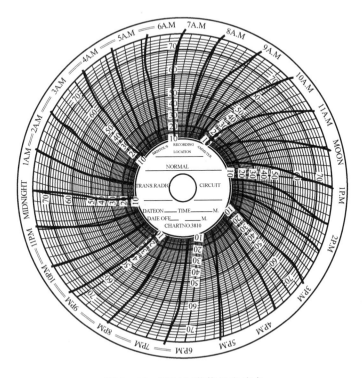

图 2 - 15 瞬时欠载停机电流卡

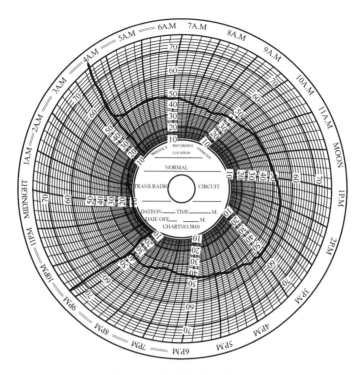

图 2-16　欠载停机电流卡片

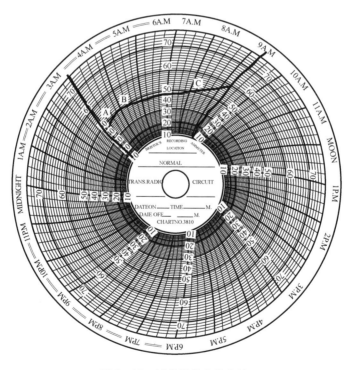

图 2-17　过载停机电流卡片

⑤ 气锁电流卡片：

分析：A～B 段因为是启动初期，液面较高，泵的排量和电流都略高于正常值。B～C 段为正常工作电流，排量接近设计值。C～D 段排量开始低于额定排量，并有波动，游离气开始进泵，电流开始下降。最后 D 段上，电流值既低 又不稳定，液面接近吸入口。由于液面继续下降，游离气继续增多，产生气锁，电流疾速下降。当电流下降到低于欠载电流时，控制柜跳闸停机，如图 2－18 所示。

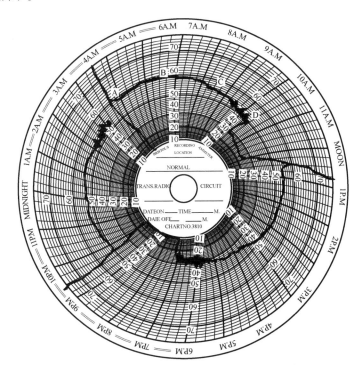

图 2－18　气锁电流卡片

四、电泵井故障诊断

1. 控制屏故障

1）控制屏过载停机

控制屏过载停机分析如图 2－19 所示。

处理故障的方法：

（1）过载电流应调整为额定电流的 120%。

（2）检查三相电流、熔断器及整个电路。

（3）检查排量、含砂情况等是否正常，必要时起泵修理。

（4）测量井下机组对地绝缘电阻和相间直流电阻，如绝缘达不到要求，则应起泵修理。

（5）液体产生回流，使油管中产生真空，此时不能启泵 ，应起泵修理。

（6）检查控制屏，进行修理。

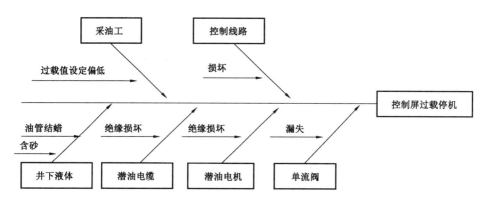

图 2 - 19　控制屏过载停机因果分析图

2）控制屏欠载停机(欠载指示灯亮)

控制屏欠载停机故障原因分析,如图 2 - 20 所示。

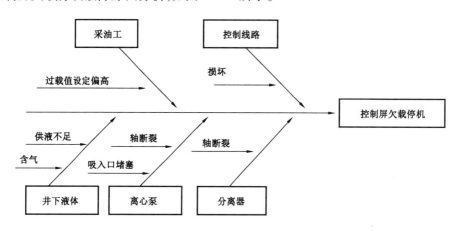

图 2 - 20　控制屏欠载停机因果分析图

处理故障的方法:

(1)欠载电流应调整为工作电流80% 。

(2)检查泵的排量是否正常,憋压,必要时起泵修理。

(3)检查控制屏线路、各接头及元件。

(4)适当放套管气,起出更换分离器或加深泵挂。

(5)测动液面深度,提高注水量;间歇生产;更换小排量泵。

2. 潜油离心泵故障

1)故障原因

离心泵故障主要表现是排量低或不出液,排量不正常。故障原因主要有以下几种:

(1)电动机损坏或转向不对。

(2)注采比不合理,注入水量低,地层供液不足或不供液。

(3)地面管线堵塞。

（4）油管结蜡严重。

（5）泵轴断、分离器轴断或泵进口堵塞。

（6）管柱有漏失，原油漏回到油套环空。

（7）油套环行空间内天然气压力过大，使液面低于泵吸入口，天然气进入泵内。

（8）离心泵的级数不够，扬程低。

（9）对于稠油井，初次开泵或停泵后再开泵，油管有可能不出油。

（10）泄油阀漏失，原油漏到油套环形空间。

（11）离心泵叶轮磨损或叶轮流道堵塞。

离心泵排量不正常因果分析图如图 2 - 21 所示。

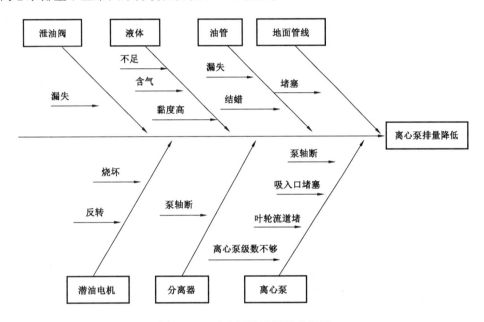

图 2 - 21　离心泵故障因果分析图

2）处理故障的方法

（1）如转向不对，调整相序，使泵正转；电动机损坏应起出修理。

（2）测动液面，提高注水井注水量；井下砂堵及时处理；加大泵挂深度；更换小排量泵，或改用变频控制柜。

（3）检查阀门及回压，疏通地面管线。

（4）进行清蜡，解堵。

（5）起泵进行处理。

（6）憋压检查，起泵进行处理。

（7）放出油套环行空间内的天然气。

（8）起出井下机组，换泵。

（9）采用热油循环后再开泵。

（10）起泵，换泄油阀。

（11）起泵,换离心泵。

3. 潜油电机故障分析及处理

潜油电机故障原因分析如图 2 - 22 所示。

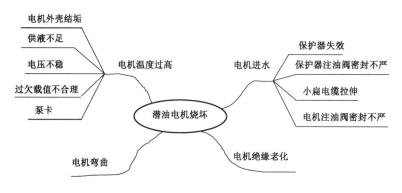

图 2 - 22　潜油电机烧坏原因分析图

1）原因分析

（1）电机进水。

电机进水可迅速导致电机绝缘破坏,是电机烧毁的重要原因。主要由于保护器失效、注油阀密封不严、小扁电缆拉伸等原因。

如图 2 - 23 所示:标出了电机通常进水的四个部位。实际上无论从电机的制造和修理,还是现场的安装质量保障,控制进水部位并不复杂,所欠缺的往往就是细致的工作态度。

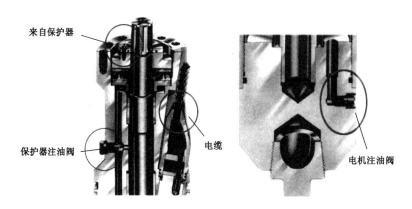

图 2 - 23　潜油电机经常进水的四个部位

（2）电机温度过高。

关于电机温度的几个概念:

① 通常所说的电机温度,是指电机的环境温度(流压下的温度)加上电机的温升。以 107 电机为例:标识的温升是 27 ℉。

② 电机散热以井液为介质。按照英制单位为立方英尺/秒(ft^3/s),对于 5½in 的套管,大致是 $68m^3/d$ 。

③ 电机的耐温等级的标识,是指电机所能承受的最高温度,并不推荐在该温度下长期运行,或者说是上限温度。

④ 一般来说,电机的环境温度每增加10℃,电机寿命减少1/2。

上面四项在应用上有两个指导意义:

① 在套管环形空间允许的情况下,尽量选用大直径电机。优点:电机效率高;液体流经电机的速度快。

② 在供液能力允许的情况下,尽量浅提泵挂。避免环境温度过高。

导致电机温度过高原因主要有:油井供液差、电机外壳结垢、泵卡、电压不稳或电机运行电压、过欠载值调整不合理。

(3)电机绝缘老化。主要有多次使用定子自然老化。油井温度过高、超过电机的耐温等级。

(4)电机弯曲,导致的电机扫膛。

一般发生在斜井。尤其是在既有垂直角度的变化,又有方位角度的变化时,极易造成电机的塑性变形。从检修情况看,所有扫膛的电机无一例外的伴有电机弯曲。严重的会导致无法校直。

2)故障处理办法

(1)对于现场操作,把握几个控制点:电缆落地、保持垂度;更换注油阀铅垫,扭紧、变形;电机注油要慢、注满。检查插座、插头及引线的完好状态。缠绕规范。

(2)参数调整:变压器挡位正确,过欠载值调整合理。

4. 保护器故障

1)保护器故障分类

保护器失效和保护器断轴。

2)原因分析

(1)保护器失效产生的原因:

① 油井温度过高导致胶囊老化。

② 保护器缺油。

③ 频繁开关井,过度呼吸和置换。

(2)保护器断轴产生的原因:

多伴有保护器弯曲,一般出现在斜井。故障点出现在双串保护器的中间连接部位,这里是保护器的薄弱部位,断轴的保护器,同时伴有花键套的严重磨损。

3)故障处理办法

(1)换注油阀、排气阀铅垫,扭紧、变形;保护器注油要慢、注满。

(2)保护器优化设计:低能井优选双胶囊复合式保护器。斜井优选单串保护器,宜短不宜长。

(3)参数调整:过欠载保护值调整合理。

5. 油气分离器的故障

1) 故障分类

(1) 机组落井:分离器本体断裂;分、泵连接法兰螺栓脱落;分、保连接法兰螺栓脱落。

(2) 分离器断轴。

图2-24　分离器支撑点

2) 油气分离器的故障分析

如图2-24所示:分离器的三个支撑点,事实上第1、第2支撑点距离很近,可以理解为两点支撑。由于传递扭矩的需要,分离器轴与轴套钢键连接,硬质合金轴套与隔离套设计为动配合。

(1) 1,3支撑点同时磨损,导致诱导轮、分离轮摩擦分离器内壁,形成扫膛,落井。

(2) 仅第3支撑点则严重松旷,导致分离器离心泵连接花键套与连接法兰内壁发生剧列摩擦,过高的温度使其材料退火,发生物理变化,由于热张冷缩及振动,连接螺纹倒扣或断裂分离器以下落井。

(3) 同理,仅第1支撑点严重松旷,波及第2支撑点,造成保护器以下落井。

(4) 分离器轴的套和隔离套之间非正常剧列摩擦,会导致轴承的严重损坏,固定键脱落,直接与轴发生摩擦使分离器轴变细,出现薄弱环节,一旦发生离心泵卡泵状态,分离器断轴不可避免。

3) 解决方法

优化设计:出砂井100m³以下电泵出砂量控制在0.5%。结垢井要有防垢措施。

对于气液比小于10%的井,经计算在吸入口以下已经脱气的井,以及大排量泵含水大于95%的井可考虑去掉分离器。

6. 电缆故障

1) 故障现象

烧电缆、刮伤。

2) 原因分析

(1) 绝缘老化(长期多次重复使用或长期暴晒)。

(2) 不适合的使用环境(井液含腐蚀性液体)。

(3) 电缆损伤(作业或运输过程中的损伤)。

(4) 谐波影响。

五、电动潜油泵井动态制图应用

潜油电泵井动态控制分析图是以井底流动压力 p_{wf} 纵坐标,以排量效率 η 为横坐标构成的平面图,如图 2 - 25 所示。

　　根据流压和排量效率的协调关系分析,供液不足区的潜油电泵井主要是排大于供,原因一是周围注水井注水量不足或油井产能不足(渗透率低或地层压力过低),二是所选泵型偏大。泵型偏小区的潜油电泵井主要是供大于排,这主要是所选泵型偏小,或由于加强注水后地层压力上升,产液量不断上升。后者是一个潜力区,可根据油井实际生产情况重新选泵。

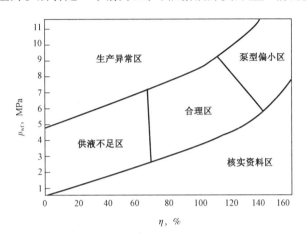

图 2 - 25　电泵井动态控制图

　　核实资料区的潜油电泵井是否超过了供排协调的可能范围,多数井可能是资料有较大的误差,个别靠近曲线的井也可能是实际情况,资料核实后可以划入其他区域。

　　对于生产异常区的潜油电泵井,问题主要是在排出方面,有些井基本丧失了排液能力,流压已经达到或超过油井自喷所需要的能量,基本处于自喷状态。如果排量效率较低,则说明井下设备出现了故障。如果油井 η 大于60% ,流压低于自喷所需要的压力,则可能是油嘴、输油管线结构等憋压所造成的。

　　合理区:是电动潜油泵井流压与排量效率最佳范围区,即供液与抽出非常协调;

　　参数偏小区:该区域的井流压较高、泵效高,即供液大于排液,可挖潜上产;

　　参数偏大区:该区域的井流压较低、泵效低,即供液能力不足,抽吸参数过大;

　　生产异常区:该区域的井流压较高,但泵效低,即泵的排液能力丧失。

　　待落实区:该区域的井排量效率与供液能力不相符,表明资料有问题,须核实录取的资料。

本节小结

本节介绍了电泵井技术经济指标计算,电流卡片分析,动态控制图,动态对电泵井管理。

第三章　螺杆泵井管理

螺杆泵是在20世纪30年代由法国人发明的,并在世界范围内得到了广泛的应用。开始只应用于地面高黏度液体的输送,到20世纪70年代后期开始应用于石油的开采。螺杆泵又叫渐进容积式泵,由定子和转子组成,两者的螺旋状过盈配合形成连续密封的腔体,通过转子的旋转运动实现对介质的传输。

螺杆泵采油技术的特点:

(1)一次性投资少。与电动潜油泵、水力活塞泵和游梁式抽油机相比,螺杆泵的结构简单,一次性投资最低。

(2)泵效高,节能,维护费用低。由于螺杆泵工作时负载稳定,机械损失小,泵效可达90%,系统效率高。设备结构简单、体积小,维护方便。

(3)占地面积小。螺杆泵的地面装置简单,安装方便。

(4)适合稠油开采。一般说来,螺杆泵适合于黏度为8000mPa·s以下的原油开采,因此多数稠油井都可应用。

(5)适用于高含砂井。理论上,螺杆泵可输送含砂量达80%的砂浆,在原油中含砂量达40%的情况下也可正常生产。

(6)适用于高含气井。螺杆泵不会发生气锁,因此较适合于油气混输,但井下泵入口的游离气会影响容积效率。

(7)适用于海上油田丛式井组和水平井。螺杆泵可下在斜直井段,而且设备占地面积小,因此适用于海上采油。

大庆油田自1986年引进螺杆泵以来,经历了引进、消化吸收、自主开发3个阶段,"九五"期间,主要攻克了螺杆泵定转子抱死和定子橡胶脱胶等技术难题,"十五"以来,主要攻克了螺杆泵热洗清蜡、驱动装置漏油、杆柱断脱和测试诊断等技术难题。到目前为止,地面驱动杆式螺杆泵采油技术已基本成熟配套,成为继游梁式抽油机和潜油离心泵之后的主力人工举升方式,而且在聚合物驱、三元复合驱和稠油油井上表现出良好的适应性。大庆油田目前螺杆泵采油的油井占有的份额比较多,要求采油工对螺杆泵采油井的日常管理提出了较高的标准,本章主要宣贯以下五个标准:

Q/SY DQ0628　螺杆泵井热洗清蜡操作规程

Q/SY DQ0632　常规螺杆泵井生产与维护操作规程

Q/SY DQ0798　油水井巡回检查规范

Q/SY DQ0916　水驱油水井资料录取管理规定

Q/SY DQ0919　油水井、计量间生产设施管理规定

第一节　螺杆泵井巡回检查

螺杆泵是长期野外运转的设备,为了保证螺杆泵能够稳定运转,就要经常对螺杆泵井进行巡回检查,发现问题,及时解决,加强螺杆泵井的管理,使抽油设备运行达到最优化。螺杆泵井

巡回检查主要任务是查设备运转状况、井口装置及流程有无异常、录取油套压、电流等资料。Q/SY DQ0798《油水井巡回检查规范》规定,螺杆泵井巡回检查流程分为井口、斜支撑或配重、方卡子、减速箱、皮带轮、防反转装置、电机与电控箱八部分。通过本项目的学习使学生掌握螺杆泵地面驱动装置的结构、原理及特点,掌握螺杆泵井巡回检查的方法。本节宣贯以下四个标准:

Q/SY DQ0632　常规螺杆泵井生产与维护操作规程

Q/SY DQ0798　油水井巡回检查规范

Q/SY DQ0916　水驱油水井资料录取管理规定

Q/SY DQ0919　油水井、计量间生产设施管理规定

一、螺杆泵井分类

螺杆泵井按照驱动方式分两类:地面驱动螺杆泵采油系统和井下驱动螺杆泵采油系统。

1. 地面驱动螺杆泵井

地面驱动螺杆泵采油系统按照动力传递方式分为皮带传动和直接传动(直驱式)两种形式。

(1)皮带传动:电动机与井轴不在同一条线上,通过大皮带轮、皮带、减速器把动能传递给光杆,再由方卡子传递给抽油杆,驱动抽油杆转动,如图3-1所示。

(2)直接传动:电动机轴立起来,通过行星减速器与光杆直接连接,驱动抽油杆旋转,如图3-2所示。

螺杆泵采油装置是由地面驱动装置和井下螺杆泵两部分组成。二者由加强级抽油杆连接,把井口驱动装置的动力通过抽油杆的旋转运动传递到井下,从而驱动螺杆泵的转子工作。

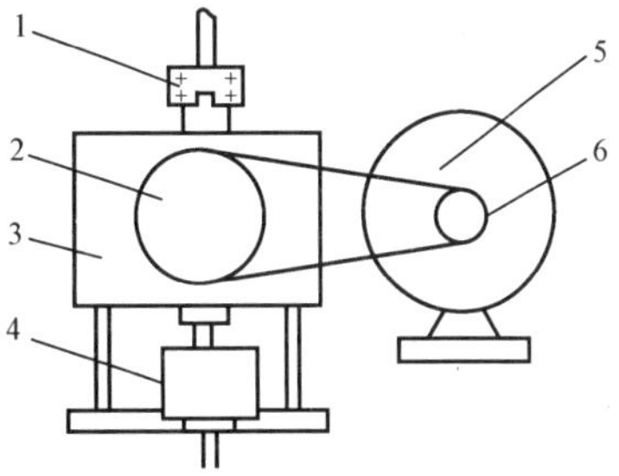

图3-1　皮带传动螺杆泵地面装置

1—方卡子;2—大皮带轮;3—减速箱;4—密封盒;
5—电动机;6—小皮带轮(电机轮)

2. 井下驱动螺杆泵井

井下驱动螺杆泵井可分为电驱动和液压驱动两种形式,液压驱动螺杆泵井地面组成如图3-3所示。

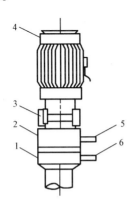

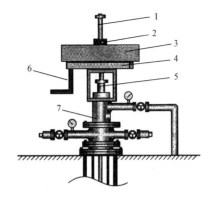

图3-2　直接驱动螺杆泵地面装置
1—井口;2—三通;3—减速箱;
4—电动机;5—连轴器;6—套管出口

图3-3　液压驱动螺杆泵井地面组成
1—光杆;2—光杆卡子;3—驱动总成;4—液马达;5—密封装置;
6—液压管线;7—出油三通

二、地面驱动螺杆泵井组成

1. 电控部分

包括电控箱、电缆等。电控箱是螺杆泵井的控制部分,控制电机的启、停。电控箱(如图3-4所示)上安装有电流表、电压表、变频器、过热保护装置(电风扇)。该装置能自动显示、记录螺杆泵井正常生产中的电流、电压、累积运行时间等,有过载、欠载自动保护功能,确保油井正常生产。按Q/SY DQ0919《油水井、计量间生产设施管理规定》的安全环保要求:电控箱门上锁,距离井口5m以上,电控箱接地线牢固并符合要求;电控箱距离地面30cm以上,电控箱内接线紧固、无氧化现象,电控箱内明显位置印有井号。

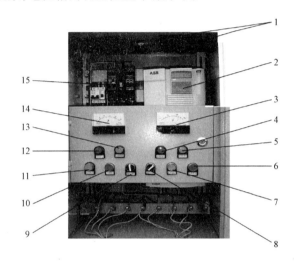

图3-4 电控箱

1—风扇;2—变频器;3—电压表;4—变频停止指示;5—变频运行指示;6—变频停止指示;7—变频启动按钮;
8—工频/变频转换;9—加热/通风转换;10—工频停止按钮;11—工频启动按钮;12—工频停止指示;
13—工频停止指示;14—电流表;15—空气开关

按Q/SY DQ0919《油水井、计量间生产设施管理规定》的要求:地面电缆直接使用12.7mm,19.1mm白铁管铠装埋入地下30cm,电缆接地牢固;电缆应埋地、有标识,连接部分紧固,裸露部分无老化现象。

Q/SY DQ0798《油水井巡回检查规范》规定,电控箱部件齐全,箱内仪表完整好用,显示清晰准确,应用变频井要显示运行频率等相关参数。

按Q/SY DQ0919要求,变压器油位合理、容量合理,变压器隔离开关闸刀不虚接、不跑单相。

2. 地面驱动设备组成

螺杆泵地面驱动装置一般指的是套管井口法兰面以上与套管井口、地面输油管线相连接的那部分设备的总称。狭义地讲,它主要由原动机、减速系统、防反转机构、密封系统、支撑系统和安全防护系统等部分组成;广义地讲,它还包括螺杆泵专用井口、地面电控箱,是螺杆泵采油系统中的动力输出部分。螺杆泵地面驱动装置的主要功能有:为井下螺杆泵提供动力和合适的转速,承受杆柱的轴向载荷,为油井产出液进入地面输油管线提供通道,防止产出液渗漏到井场的密封功能,防止停机过程中杆柱的高速反转功能,安全防护功能,测试、防盗等其他辅助功能。

1) 电动机

电动机是螺杆泵井的动力源,它能将电能转化为机械能。一般用防爆型三相异步电机。Q/SY DQ0798《油水井巡回检查规范》规定,电机温度正常,运转无杂音,电机顶丝、备帽齐全紧固无松动;电机接线盒密封,电机接地保护合格无漏电。

2) 减速箱

减速箱(如图3-5所示)内有两个互相垂直啮合的伞形齿轮,一个串接在大皮带轮上,另一个串接在驱动轴上。减速箱的主要作用是传递动力并实现一级减速,它将电机的动力由输入轴传递到输出轴,输出轴通过方卡子连接光杆,由光杆通过抽油杆将动力传递到井下螺杆泵转子。

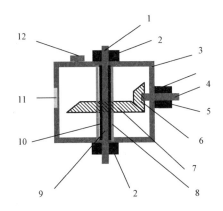

图3-5　减速箱结构图
1—光杆;2—密封装置;3—箱体;4—输入轴;5—油封;6—小齿轮;
7—大齿轮;8—油杯;9—输出轴;10—密封轴;11—视窗口;12—加油孔

Q/SY DQ0798《油水井巡回检查规范》规定,减速箱各部位螺丝紧固、无松动;润滑油油位、油质符合规定要求;减速箱无渗漏、无异常响声。

Q/SY DQ0919《油水间、计量间生产设施管理规定》要求,皮带松紧合适、无破损,连接螺丝齐全紧固,运转部位螺丝要求有防松线,皮带轮、方卡子有护罩。

3) 光杆密封

密封装置有机械密封和静密封两种。机械密封分上置式和下置式两种,上置式机械密封装置位于减速器上部,如图3-5所示;下置式位于减速器的下方。静密封位于机械密封的上端。密封的主要作用是防止井液流出,起密封光杆的作用。检查盘根盒和机械密封部位是否有渗漏,如有渗漏要及时处理。

4) 方卡子

方卡子包括承重卡子和扭矩卡子。方卡子的主要作用是将减速箱输出轴与光杆连接起来,光杆通过空心输出轴起悬挂抽油杆和承受扭矩的作用。Q/SY DQ0798《油水井巡回检查规范》规定，方卡子锁紧螺纹紧固无松动，防护罩安装稳定，高度符合要求。按 Q/SY DQ0919《油水井、计量间生产设施管理规定》的要求，光杆方余（方余是指卡光杆的方卡子上平面至光杆末端的距离）小于0.6m，配备标准防掉帽。

5）支撑系统

支撑系统用于支撑地面驱动装置。Q/SY DQ0798《油水井巡回检查规范》规定，斜支撑杆无松动；配重符合要求，螺纹紧固无松动。

6）防反转装置

螺杆泵停机后或卡泵时，贮存在杆柱中的弹性变形会快速释放，使杆柱快速反转。停机后，在油管及外输管线内的液体与套管内井液压差的作用下，螺杆泵会变成液压马达，使转子及连接的杆柱快速反转。油套压差越大，杆柱反转速度越快，持续时间越长，直到油套压差恢复平衡为止。

螺杆泵的反转会使杆柱脱扣、光杆甩弯，地面驱动装置零部件损坏；螺杆泵的反转不仅会危及设备的安全，还会危及现场维护操作人员的安全，成为生产事故的隐患。

为了解决螺杆泵采油系统停机反转造成系统故障，普遍在驱动装置中设置机械防反转系统。防反转系统可以装在输出轴或输入轴上，装在输入轴上的防反转系统受到的工作扭矩远小于装在输出轴上的工作扭矩，但装置横向尺寸也相应变大。综合考虑，选用防反转系统装在输入轴上的方案较好，易于调整维护。

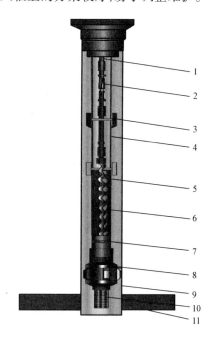

图3-6　螺杆泵井下管柱和杆柱示意图
1—抽油杆；2—抽油杆扶正器；3—油管扶正器；
4—油管；5—转子；6—定子；7—定位销；
8—油管锚；9—套管；10—筛管；11—油层

Q/SY DQ0798《油水井巡回检查规范》规定，防反转装置灵活可靠，运行时无异常声响。

3. 井下螺杆泵部分

井下螺杆泵是由转子和定子组成，如图3-6所示。转子是井下泵中唯一运动的部件，其上部与抽油杆连接。一个转子就是一个横截面为圆形的长螺旋体，由高强度钢精工制作，表层镀铬，具有很好的抗磨性。定子是由合成橡胶铸制而成的内嵌式双螺旋体，固定于一钢管内，其上端与油管连接，转子位于定子内转动，实现抽汲功能。

4. 配套工具部分

1）专用井口

结构与抽油机井的井口装置基本相同，但是增加了井口强度，减小了地面驱动装置的震动，起到保护光杆和换密封时密封井口的作用。

2）特殊光杆

特点是强度大，防断裂，光洁度高，有利于井口密封。

3）抽油杆扶正器

起避免或减缓抽油杆与油管的磨损的作用。

4）油管扶正器

起减小油管柱震动和磨损的作用。

5）抽油杆防反转装置

起防止抽油杆倒扣的作用。

6）油管防脱装置

起锚定泵和油管的作用。

7）防蜡器

能延缓原油中石蜡和胶质在油管内壁的沉积速度。

8）防抽空装置

地层供液不足会造成螺杆泵损坏,安装井口流量式或压力式抽空保护装置,可有效地避免此现象的发生。

9）筛管

过滤油层流体,防止砂子大量进入泵中。

5. 螺杆泵采油井工作原理

电控箱把电力通过电缆传递给电动机,电机通电后旋转,经过二级减速(三角皮带和齿轮)后,通过方卡子带动光杆旋转,光杆通过抽油杆柱将动力传递给井下螺杆泵,螺杆泵将机械能转变为液体能,从而实现油液的有效举升(图3-7)。

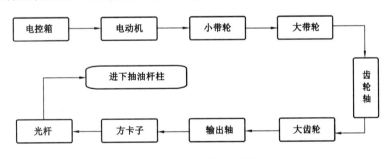

图3-7 螺杆泵采油原理

三、螺杆泵井井口装置

螺杆泵井井口装置的作用是连接套管、悬挂油管,承托井内全部油管柱重量;密封油、套管之间的环形空间;调节和控制油气的生产;进行各种井下测试,录取油样及油套压资料;实施清蜡、清砂、洗井、酸化、压裂和修井等井下作业措施。Q/SY DQ0798《油水井巡回检查规范》规定,井口生产流程正常;油压、套压、掺水温度符合要求;井口设备完好无损;无渗漏,井口出油温度正常。井口装置如图3-8所示。

螺杆泵井口各主要部件的作用如下：

（1）生产阀门：原油从地层流出经过该阀门流向计量间。

（2）掺水调节阀：井口油井掺水水量由该阀门调节。

（3）单流阀：水经过该阀门流向掺水调节阀，防止水倒流。

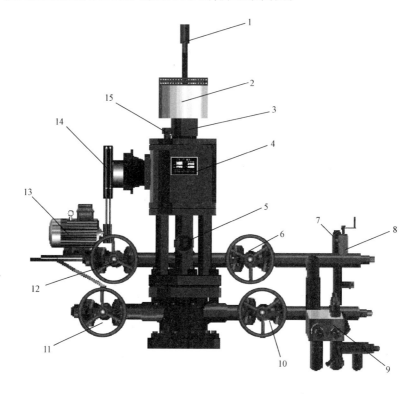

图 3-8　螺杆泵井口装置示意图

1—光杆；2—方卡子护罩；3—防喷盒；4—减速箱；5—阻杆封井器；6—生产闸门（油管阀门）；

7—单流阀；8—掺水调节阀；9—组合阀；10—套管闸门；11—套管测试闸门；

12—油管放空阀门；13—电动机；14—大皮带轮；15—加油螺栓

（4）套管闸门：当放套管气或者热洗时，该阀门打开，平时关闭，该阀门打开后，热水由此阀门进入油套环形空间。

（5）套管测试闸门：油井进行动液面测试时，测试仪器从该阀门下入井内。

（6）阻杆封井器：更换密封时起封井和调节光杆居中的作用。

（7）组合阀：把回压阀、热洗阀、直通阀、取样阀、来水阀都统一放在一个小箱子里，防止冬季冻坏阀门。

按 Q/SY DQ0919《油水井、计量间生产设施管理规定》对于地面设施及井场管理的要求：采油树按规范防腐，黄油嘴见本色，加油塑料套；井场面积为 10m×4m，配电箱场地面积为 2m×2m，变压器场地面积为 2m×2m；场地四周有 2m 安全防火带（井场外围耕地井除外）；市区繁华区或村屯附近的井及变压器设有护栏。

按 Q/SY DQ0919《油水井、计量间生产设施管理规定》对于安全环保的要求：井场周围 2m 安全带以内杂草每年秋季应除净；场地平整清洁、无积水、无杂草、无油污、无散失器材；距离家属区 50m 以内时,应有安全护栏,并保证完好。

四、螺杆泵井资料录取

螺杆泵井录取产液量、油压、套压、电流、采出液含水、动液面(流压)、静压(静液面)7 项资料。

1. 产液量录取要求

(1)采用玻璃管、流量计量油方式:

分离器(无人孔)直径为 600mm,玻璃管量油高度为 40cm;

分离器直径为 800mm,玻璃管量油高度为 50cm;

分离器直径为 1000mm、1200mm,玻璃管量油高度为 30cm。

按 Q/SY DQ0916《水驱油水井资料录取管理规定》的规定:

日产液量≤20t 的采油井,每月量油 2 次,两次量油间隔不少于 10d;

日产液量 >20t 的采油井,每 10d 量油 1 次,每月量油 3 次;

采用流量计量油方式,每次量油时间为 1h。

(2)对于不具备玻璃管、流量计计量条件的以及冬季低产井,可采用功图法、液面恢复法、翻斗、计量车、模拟回压称重法等量油方式:

日产液量 >10t 的采油井,每月量油 2 次;

日产液量≤10t 的采油井,每月量油至少 1 次,两次量油间隔在 20 ~ 40d 之间,其中,采用液面恢复法量油每次不少于 3 个点;

日产液量≤1t 的采油井,每季度量油至少 1 次,发现液面变化超过 100m 等异常情况进行加密量油。

(3)措施井开井后,一周内量油至少 3 次。对采用玻璃管、流量计量油方式且日产液量 >20t 的采油井应加密量油,一周内量油至少 5 次。

(4)量油值的选用

① 对新井投产、措施井开井,每次量油至少 3 遍,取平均值,直接选用。

② 对无措施正常生产井,每次量油 1 遍,量油值在波动范围内则直接选用。超量油波动范围,连续复量至少 2 遍,取平均值。对变化原因清楚的采油井,量油值与变化原因一致,则当天量油值可直接选用;对变化原因不清楚的采油井,当天产液量借用上次量油值,应第二天复量油 1 次,至少 3 遍,取平均值,产液量选用接近上次量油值,并落实变化原因。

③ 日产液量计量的正常波动范围:

——日产液量≤1t,波动不超过 ±50%;

——1t < 日产液量≤5t,波动不超过 ±30%;

——5t < 日产液量≤50t,波动不超过 ±20%;

——50t < 日产液量≤100t,波动不超过 ±10%;

——产液量 >100t,波动不超过 ±5%。

(5)螺杆泵井开关井、生产时间及产液量扣除当日关井时间及关井产液量。

(6)螺杆泵井热洗扣产要求:

① 对采用热水洗井的采油井:

按 Q/SY DQ0916《水驱油水井资料录取管理规定》的规定:

日产液量≤5t,热洗扣产 4d;

5t < 日产液量≤10t,热洗扣产 3d;

10t < 日产液量≤15t,热洗扣产 2d;

15t < 日产液量≤30t,热洗扣产 1d;

日产液量 >30t,热洗扣产 12h。

② 对采用原井筒液或热油洗井的采油井,热洗不扣产。

③ 热洗井均不扣生产时间。

2. 螺杆泵井油压、套压录取要求

(1)按 Q/SY DQ0916《水驱油水井资料录取管理规定》的规定,正常情况下油压、套压每 10d 录取 1 次,每月录取 3 次。对环状、树状流程首端井、栈桥井等应加密录取,定压放气井控制在定压范围内。

(2)压力表的使用和校验:固定式压力表,传感器为机械式的压力表,每季度校验 1 次,传感器为压电陶瓷等电子式的压力表,每年校验 1 次。对于快速式压力表,传感器为机械式的压力表,每月校验 1 次,传感器为压电陶瓷等电子式的压力表,每半年校验 1 次,压力表使用中发现问题要及时校验。

3. 电流录取要求

正常生产井每天录取 1 次电流。电流波动大的井应核实量油、泵况等情况,落实原因。

4. 螺杆泵井采出液含水录取要求

(1)取样时避免掺水等影响资料的录取,双管掺水流程采油井应先停掺水后取样,按 Q/SY DQ0916《水驱油水井资料录取管理规定》的规定,井口停掺水至少 5min 或计量间停掺水 10 ~ 30min。

(2)采出液在井口取样,先放空,见到新鲜采出液,一桶样分 3 次取完,每桶样量取够总桶的 1/2 ~ 2/3。

(3)对非裂缝油藏未见水或采出液含水大于98%的采油井,每月取样 1 次;对0% <采出液含水≤98%及裂缝油藏的采油井,每月录取 3 次含水资料,且月度取样与量油同步次数不少于量油次数。

(4)含水值的选用要求:按 Q/SY DQ0916《水驱油水井资料录取管理规定》的规定:

① 对新井投产、措施井开井的采油井,取样与量油同步,含水值直接选用。

② 对无措施正常生产井,含水值在波动范围内则直接选用。含水值超过波动范围,对变化原因清楚的采油井,采出液含水值与变化原因一致,则当天含水值可直接选用;对变化原因不清楚的采油井,当天采出液含水借用上次化验采出液含水值,应第二天复样,选用接近上次采出液含水值,并落实变化原因。

③ 采出液含水的正常波动范围:

——采出液含水≤40%,波动不超过 ±3%;

——40% <采出液含水≤80%,波动不超过 ±5%;

——80% <采出液含水≤90%,波动不超过 ±4%;

——采出液含水 >90%,波动不超过 ±3%。

5. 螺杆泵井动液面录取要求

（1）正常生产井动液面每月测试 1 次，两次测试间隔不少于 20d，不大于 40d。发现异常情况要及时测试。按 Q/SY DQ0916《水驱油水井资料录取管理规定》的规定，日产液量小于或等于 5t 的采油井，动液面波动不超过 ±100m；日产液量大于 5t 的采油井，动液面波动不超过 ±200m。超过波动范围的，落实原因或复测验证。

（2）措施井开井后 3～5d 内测试示功图、动液面，并同步录取产液量、电流、油压、套压资料。

（3）测试仪器每月校验 1 次。

6. 螺杆泵井静压录取要求

按 Q/SY DQ0916《水驱油水井资料录取管理规定》的规定，动态监测定点井，每半年测 1 次静压，两次测试间隔时间为 4～6 个月。在正常生产情况下，液面恢复法压力波动不超过 ±1.0MPa，压力计实测静压波动不超过 ±0.5MPa，超过范围的落实原因，原因不清的应复测验证。

五、螺杆泵井巡回检查

1. 准备用具

250mm 板手、200mm 手钳、200mm 螺丝刀各一把，电流表一块，试电笔一支，盘根若干，擦布若干，巡回检查记录本，笔。

2. 操作步骤

（1）每隔 6h 按巡回检查路线逐井检查一次，如遇有作业施工异常井或刮风、下雨、下雪等恶劣天气，必须加密检查次数。

（2）检查井口油压、套压、各压力表不堵不冻，指针灵活。

（3）检查井口设备有无刺漏，闸门开关是否处于正常位置，生产闸门、回油闸门应处于全开状态，套管闸门开 3～5 圈，热洗闸门处于全关状态，油、套压考克开 3～5 圈。检查螺杆泵工作电流是否正常，生产流程是否正常。

（4）检查掺水是否正常。

（5）检查斜支撑或配重，按 Q/SY DQ0978《油水井巡回检查规范》，看支撑螺杆是否松动，配重螺栓是否松动，如有松动，调节备紧螺母；方卡子锁紧螺纹应紧固无松动，防护罩安装稳定，高度符合要求。

（6）检查减速箱。听：有无异常响声；看：油面高度、渗漏情况；摸：箱体温度。如有齿轮与轴配合松动、位移，轴承磨损损坏，应更换。

（7）检查电动机。听：电机运行声音是否异常；摸：电机是否过热；看：有无损坏。如有损坏，更换电动机或紧固螺栓。

（8）检查防反转装置。看固定螺栓紧固情况，刹带和滚柱磨损情况。如有问题，及时校正、调整、更换。

（9）检查电控箱。用试电笔检查有无漏电情况，检查通风孔开启状态（夏季打开，冬季关闭）。按 Q/SY DQ0798《油水井巡回检查规范》的规定，电控箱距井口距离 5m 以上，其位置与皮带轮旋转切线方向角度不小于45°,受井场条件限制的井不小于30°。

(10)检查光杆卡子。检查转动轴与光杆是否相符,看锁紧螺栓情况。如有问题,更换、紧固。

(11)检查井场。看井场有无油污、有无积水、有无杂草、有无明火、有无散失器材,有无醒目的井号标识和安全警示标识。如有问题,必须整改。

(12)将油压、套压、回压填入巡回检查记录本,发现问题要及时处理,处理不了的及时向队、矿汇报,并做好记录。

六、事故案例分析

案例:螺杆泵驱动头无皮带轮护罩与方卡子护罩,皮带轮飞出伤人

1)事故经过

2011年5月10日上午9点,某采油队采油工李某在对管理的某螺杆泵井进行巡检时候,听到皮带轮声音异常,走近观察,结果皮带轮飞出将其胸部击伤。

2)事故原因分析

(1)螺杆泵驱动头无皮带轮护罩、无方卡子护罩时,近距离接触螺杆泵,造成了人身伤害。违反了 Q/SY DQ0798《油水井巡回检查规范》的规定,带轮防护罩安装稳定。

(2)工人李某安全意识淡薄,习惯性违章。

3)预防措施

(1)螺杆泵在运转时严禁进行其他维修工作。如防反转装置失效,抽油杆柱高速反转,应立即关闭生产闸门,以延缓杆柱的反转速度。

(2)加强工人标准操作训练,加强安全意识教育。

本节小结

本节介绍了螺杆泵井组成及工作原理、取全取准资料标准、螺杆泵井巡回检查内容。宣贯了 Q/SY DQ0798《油水井巡回检查规范》有关螺杆泵井巡回检查部分;Q/SY DQ0916《水驱油水井资料录取管理规定》有关螺杆泵井资料录取规定;Q/SY DQ0919《油水井、计量间生产设施管理规定》中螺杆泵井设备管理规定内容。

第二节　螺杆泵井操作与维护

为了保证螺杆泵井正常生产,日常需要对螺杆泵井进行启停操作、热洗清蜡、更换皮带、井口密封等操作,作为采油工要熟悉以下两个标准,并且在日常工作中按照标准工作。

本节宣贯　Q/SY DQ0632　常规螺杆泵井生产与维护操作规程

Q/SY DQ0628　螺杆泵井热洗清蜡操作规程

一、螺杆泵井启动

螺杆泵是长期运转的设备,但是当螺杆泵井有故障需进行维修保养时,或有一些临时性工作需要停井,当恢复生产时都需要启动螺杆泵,因此启动螺杆泵是采油工经常性的工作。

1. 准备工作

(1)工具用具准备:管钳一把,电笔一只,扳手一把,螺丝刀一把,棉纱少许。

(2)劳保用品准备齐全,穿戴整齐。

2. 操作步骤

1)启动前检查

(1)减速箱检查。

检查三角皮带张紧力是否合适:皮带紧固后,在皮带中间施加30N压力,按Q/SY DQ0632《常规螺杆泵井生产与维护操作规程》的规定,皮带变形量小于6.0mm,此时的张紧力为合适。

检查减速箱中的齿轮油:减速箱油位在看窗1/2~2/3之间或高出盆齿2~3cm,且油质合格。

检查减速箱体及管汇焊接等部位是否有渗漏。

(2)电机检查。

检查电机的工作旋向是否正确:瞬时启动电机,如光杆顺时针旋转(俯视),则表明电机的旋向正确。

(3)井口检查。

按Q/SY DQ0632《常规螺杆泵井生产与维护操作规程》的规定,井口的封井器应处于开启状态,且两边手轮的开启圈数应基本一致。

如密封方式为填料密封,应检查盘根是否填满并压紧。

如密封方式为机械密封,应检查安装是否平直紧固。

检查生产闸门、掺水闸门及定压放气阀等是否开启。

检查光杆方卡子及法兰盘螺栓等部件是否紧固,方卡子与驱动装置在轴向上应进行固定。

(4)电控箱检查。

检查空气开关、继电器等关键部件是否动作灵活电控箱是否接地可靠。设置过载保护:按Q/SY DQ0632《常规螺杆泵井生产与维护操作规程》的规定,过载保护电流一般按正常运行电流的1.2~1.5倍设置,过载保护时间调到5~10s范围内的任一值即可。检查电控箱内各电路连接部位应无松动和元件脱落情况。

（5）驱动装置防反转机构检查。

检查防反转机构是否灵活，正转平稳、无卡死，反转逆止，确保其安装方向正确。

2）启动后检查

合上空气开关，按下电控箱启机按钮，即可实现启机。

（1）检查减速箱是否有异常响声及渗漏。

（2）检查井口密封是否可靠。

（3）观测运转电流是否正常，是否平稳。

（4）若电流或地面设备振动过大，要马上停机查明原因，整改之后方可再启动。

（5）正常运转 10min 后，螺杆泵机组运转正常方可离开。按 Q/SY DQ0632《常规螺杆泵井生产与维护操作规程》的规定，正常生产 10min 后，缓慢关闭生产闸门，进行井口憋压，观察电流和油压是否上升，油压上升至 2MPa 则表明螺杆泵机组运转正常，可交井投入生产。憋压时压力最高不可超过 3MPa。

3. 注意事项

（1）皮带紧固后，在皮带中间施加 30N 压力，皮带变形量小于 6.0mm，此时的张紧力为合适。

（2）检查防反转装置是否灵活可靠，可用管钳逆时针旋转光杆（俯视），如转不动则表明工作可靠。

（3）减速箱中的齿轮油位为箱体油标处 1/2 ~ 2/3 处为宜。

（4）检查专用井口的清蜡闸门（阻杆封井器）应处于开启状态，且两边手轮的开启圈数应基本一致。

二、螺杆泵井停机

螺杆泵是长期运转的设备，但是当螺杆泵井有故障需进行维修保养时，或因一些临时性工作时常需要停井，因此停螺杆泵井是采油工经常性的工作。

1. 准备工作

劳保用品准备齐全，穿戴整齐。

2. 操作步骤

（1）检查油井周围是否有障碍物；停机前，检查并紧固防反转螺栓并对电流或扭矩等螺杆泵工作参数进行检查，如果发现电流或扭矩过大，应停止停机操作，及时上报，由专业技术人员解决。

（2）按下电控箱停机按钮，即可实现停机，应断开空气开关，并进行验电。按 Q/SY DQ0632《常规螺杆泵井生产与维护操作规程》的规定，停机时，所有人员应撤离到皮带轮旋转切线方向 45°以外且距离井口 5m 以上的安全区域。停机时应密切观察光杆转向，发现光杆倒转，操作人员应视具体情况采取相应的防范措施，立即撤至安全区域并及时上报，由专业技术人员解决。

（3）异常状况停机井，分析停机原因并挂牌警示，待问题处理完后方可进行后续操作。

（4）如果停机需要关闭生产闸门，冬季要做好井口保温工作。

3. 注意事项

（1）如防反转装置失效，抽油杆柱高速反转，应立即关闭生产闸门，以延缓杆柱的反转速度。

（2）如果是井下管柱出问题待修停机要关闭生产闸门,冬季要保证井口保温正常工作。

（3）如果是故障停机,若问题没有处理完要挂停机警示牌,防止其他人误操作。

（4）现场停机后处理问题时,要将配电箱总闸刀拉下。

（5）按下电控箱上的停机按钮,待光杆完全停止转动时,方可到井口进行各项作业,否则严禁到井口进行作业。

三、螺杆泵防反转释放

螺杆泵井在停机进行维修、维护、调参、作业、测试等操作时应释放掉杆柱的反向扭矩,以防止反转扭矩可能导致的安全问题。

1. 螺杆泵防反转类型

为了解决螺杆泵采油系统停机反转造成系统故障,普遍在驱动装置中设置机械防反转系统。防反转系统可以装在输出轴或输入轴上,装在输入轴上的防反转系统受到的工作扭矩远小于装在输出轴上的工作扭矩,但装置横向尺寸也相应变大。综合考虑,选用防反转系统装在输入轴上的方案较好,易于调整维护。

目前机械防反转系统主要有棘轮棘爪机构、摩擦式防反转装置、楔块防反转系统、液压防反转系统和电磁式防反转装置等方式。其中棘轮棘爪防反转因结构简单,而且能够释放贮存在光杆及装置上的反转扭矩,寿命较长,现场也可以随时更换,目前是国内应用最多的一种防反转装置结构形式。

1）棘轮棘爪式防反转装置

如图3-9、3-10所示。该防反转系统一般装在驱动装置输入轴上,依靠刹车带的摩擦力释放反转势能。当驱动装置工作时,棘爪在离心力的作用下与棘轮刹车带脱离啮合,防反转系统不工作。当停机时,杆柱反转带动光杆反转,这时棘爪在重力和弹簧力的作用下与棘轮刹车带啮合,防反转系统工作,依靠摩擦力避免驱动装置高速反转。通过手动旋松扭矩释放螺栓,可以将贮存在杆柱中的反转扭矩释放掉,提高了驱动装置操作维护的安全性。

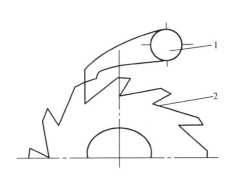

图3-9　棘轮棘爪工作原理图
1—棘爪;2—棘轮

图3-10　棘轮棘爪装置

该系统不仅结构简单,成本低,而且能够释放贮存在光杆及装置上的反转扭矩,现场也可以随时更换。

不足:为保证防反转系统可靠工作,需要经常调整棘轮刹车带摩擦面的压紧力;低速时,棘轮棘爪由于接触会产生噪声和磨损;刹车带摩擦面压紧力调整及反转扭矩释放都需要人为近距离操作,而且在扭矩释放过程中,杆柱还会以一定速度反转,如果人为操作不当或刹车带摩擦面打滑,也会对操作者带来安全隐患。

2)楔块式防反转装置

这种防反转装置的结构是由一个闸瓦式制动器和一个能识别正、反转的超越离合器组成。

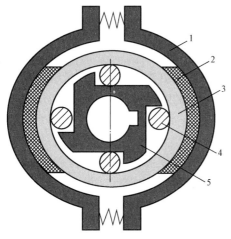

图 3-11　楔块式防反转装置
1—闸体;2—闸瓦;3—外圈;4—滚柱;5—轮芯

如图 3-11 所示,闸瓦铆在闸体上,两扇体通过螺栓将外圈拖紧。轮芯抽油时按箭头方向顺时针旋转,此时制动装置不起作用,外环不转动。当星轮反转时(逆时针),则滚柱楔入星轮与外环之间,使这三者成为一体。这时制动装置起阻尼作用,而限制了星轮转速,达到防反转作用。

3)电磁式防反转装置

将拖动电机当作制动器。其作用原理为:当停抽时(拖动电机放电),将直流电输入给电机的定子绕阻,以产生平衡的直流磁场。这种磁场吸引转子对转子的反转产生阻尼作用,从而达到了限速作用。当限速终了时,直流供电结束,并为下次启动电机做好准备。

该种防反转系统只用电器元件构成,而没有专用机械零件,所以安装方便,成本也不高。其缺点是限速时间不能过长,皮带断裂后电磁式防反转装置就不能发挥作用,故现场不推荐使用。

2. 螺杆泵防反转操作

1)准备工作

操作人员须穿戴好劳保用品,工具用具准备齐全。

2)操作步骤

(1)应用棘轮棘爪结构防反转装置释放反向扭矩时,做好安全措施,注意防范方卡子、皮带轮、防护罩及光杆可能带来的安全隐患。释放反转螺栓动作要缓慢,开度要小,光杆反转速度应控制在 60 r/min 以内,直到刹车片完全打开,光杆不再旋转为止。

(2)按 Q/SY DQ0632《常规螺杆泵井生产与维护操作规程》的规定,螺栓释放 2~3 圈后,若无反转,应敲击震动刹车片,继续释放 1~2 圈,若仍无反转,应停止操作,重新旋紧释放螺栓,上扣扭矩 30~50N·m 后,联系专业技术人员处理。

(3)电流或扭矩过大的井,应先将套管掺水灌满,然后释放反转。

(4)当防反转释放完毕后,重新旋紧释放螺栓,上扣扭矩 30~50N·m,避免杆柱内仍可能存在一定程度反向扭矩,对后续操作造成影响和伤害。

3)注意事项

(1)防反转装置释放反扭矩时,操作人员头顶应低于方卡高度,佩戴安全帽,做好安全措施。

(2)驱动头方卡子以上光杆只允许露出防脱帽,要求防脱帽与方卡子上端面相接触。

四、螺杆泵井更换皮带

螺杆泵井电动机皮带的作用是将电动机的旋转运动传动给减速箱,从而带动减速箱齿轮旋转。由于皮带长期在野外转动,条件较为恶劣,容易产生磨损,更换抽油机机井电动机皮带就成为了采油工操作的一项基本技能。

1. 准备工作

(1)工具、用具准备:扳手一把,螺丝刀一把,尖头撬杠一把,合适新皮带一副,锤子一把,棉纱少许。

(2)劳保用品准备齐全,穿戴整齐。

2. 操作步骤

(1)准备好一套常规通用工具及新皮带,按标准规定停机和释放防反转。按 Q/SY DQ0632《常规螺杆泵井生产与维护操作规程》的规定,关闭封井器,两边手轮旋转圈数应基本一致,上扣扭矩 1500 ~ 2000N · m,使闸板牢牢夹住光杆。

(2)卸下皮带安全防护罩,用扳手松开电机支架的紧固螺栓和丝杠。

(3)调整两皮带轮间中心距,用一组新皮带换下旧皮带(应整组更换)。

(4)拧紧丝杠,直至皮带的松紧度合适为止。

(5)用扳手拧紧电机支架的紧固螺栓,将电机固定好,然后启机。

3. 注意事项

(1)调整两皮带轮间中心距,用一组新皮带换下旧皮带(应整组更换)。调整身姿然后观察"四点一线"的情况,可通过用撬杠撬电动机底座槽钢来调整,使两皮带轮达到"四点一线"。

(2)上、卸皮带时,严禁带手套抓皮带。

(3)检查两皮带轮平面度,拉线须过两轴中心。

(4)如果用顶丝达不到"四点一线"时,可调整滑轨(无滑轨底座的需用锤子敲击电动机底座槽钢来调整)。

(5)用大锤子时,不要带手套。

五、螺杆泵调整参数

1. 准备工作

(1)工具、用具准备:螺丝刀一把,活动扳手一个,内六角扳手一个,拔轮器一个,皮带轮一个,撬杠一个,铜棒一个,黄油适量,棉纱少许,笔、纸各一。

(2)劳保用品准备齐全,穿戴整齐。

2. 操作步骤

（1）准备好需要的皮带轮、内六角扳手和其他通用工具，并仔细检查皮带轮、轴套和电机轴的配合尺寸是否相符。

（2）停机，按标准规定停机和释放防反转。关闭封井器，按 Q/SY DQ0632《常规螺杆泵井生产与维护操作规程》的规定，两边手轮旋转圈数应基本一致，上扣扭矩 1500～2000N·m，使闸板牢牢夹住光杆。待光杆完全停止转动时，方可到井口进行各项作业，卸下皮带护罩，再用扳手松开电机支架的紧固螺栓前移电机，卸下皮带。

（3）用活动扳手和内六角扳手分别将皮带轮压紧挡板及锁紧螺栓卸下。

（4）将原皮带轮卸下。

（5）将新换的皮带轮、轴套和电机轴的配合面清洗干净，并涂抹黄油。

（6）安装新皮带轮。

（7）上好皮带轮压紧挡板和锁紧螺栓，安装皮带。

（8）拧紧电机支架的紧固螺栓和丝杠，安装皮带轮护罩，启机。

3. 注意事项

（1）将新换的皮带轮、轴套和电机轴的配合面清洗干净，并涂抹黄油。

（2）安装皮带轮，安装过程中用力应缓慢均匀。

（3）应用变频控制的螺杆泵可以通过改变频率来调整转速，但最高频率不能超过 70Hz。

（4）螺杆泵转速调到设备最大允许转速时要通过作业更换更大排量的井下泵来满足生产需要。

六、更换光杆密封安全

1. 更换光杆动密封操作

光杆密封盒动密封系统的具体结构如图 3-12 所示。

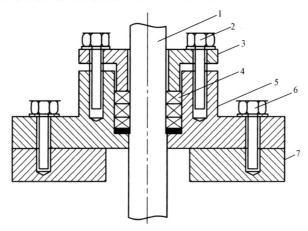

图 3-12　填料密封机理示意图

1—光杆；2—螺栓；3—压盖；4—盘根；5—盘根盒；

6—螺栓；7—井口

1）准备工作

（1）工具、用具准备：管钳一把，活动扳手一把，螺丝刀一把，同型号填料密封垫 4~5 个，黄油适量，棉纱少许。

（2）劳保用品准备齐全，穿戴整齐。

2）操作步骤

（1）准备好填料密封垫及常用工具，停机。

（2）关闭生产闸门后泄压。

（3）松开密封盒上压盖。

（4）加入新填料密封垫，要压紧并涂上少许黄油。

（5）上紧上压盖。

（6）按启动按钮，使设备启动运转。

3）注意事项

（1）取出旧填料密封垫，看损害程度和上下垫片是否有损坏。检查密封盒处光杆的磨损情况，如光杆磨损严重要适当调整一下防冲距，改变密封位置。

（2）加完填料密封垫后，拧紧压盖，但不要过紧，以不磨不漏为宜。

2. 更换静密封操作

1）准备工作

（1）工具、用具准备：管钳一把，活动扳手一把，螺丝刀一把，钩扳手一把，同型号密封胶垫、黄油适量，棉纱少许。

（2）劳保用品准备齐全，穿戴整齐。

2）操作步骤

（1）准备好钩扳手、密封垫及常用工具，停机。

（2）关闭生产闸门后打开取样闸门泄压。

（3）关闭阻杆封井器（驱动头下流控制阀）。

（4）用钩扳手或大扳手卸下静密封压盖，起出原密封胶垫，如原旧密封垫缺失、损坏则更换新胶垫，并涂抹黄油压紧。

（5）加完胶垫后，拧紧压盖，紧好方卡子，安装防护罩。

（6）缓慢开启阻杆封井器（驱动头下流控制阀），启机。

3. 注意事项

关闭阻杆封井器（驱动头下流控制阀）时，两侧手轮的开关圈数应保持一致，打开方卡子护罩，卸下方卡子。

4. 更换机械密封

机械密封一般寿命为 1~2 年，承压 2.5MPa。螺杆泵机械密封有上置式和下置式两种，如图 3-13、图 3-14 所示。

采油作业

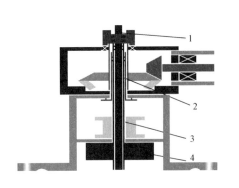 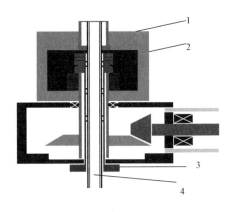

图 3 - 13　机械密封下置密封轴密封系统
1—光杆;2—油杯;3—密封轴;
4—下置机械密封

图 3 - 14　机械密封上置密封轴密封系统
1—轴头;2—机械密封;3—油杯;
4—光杆

下置式机械密封现场无法更换,需将驱动头从井上卸下后回厂更换。上置式机械密封的更换要求如下:

1)人员要求

本项目所需人数为 2 人。

2)准备工作

(1)工具、用具准备:撬杠一根,螺丝刀一把,活动扳手一把,内六角扳手一把,大锤一个,游标卡尺一个,机封装置一套,机油适量,棉纱少许。

(2)劳保用品准备齐全,穿戴整齐。

3)操作步骤

(1)停机,关闭生产阀门,开取样阀门泄压,关闭阻杆封井器。

(2)打开方卡子护罩,卸下方卡子。

(3)松开静密封。

(4)松开密封盒顶丝后,用撬杠将密封盒盖卸下。

(5)卸下机械密封上压盖,用大锤将机封卸下,用布擦拭干净密封盒内套。

(6)装入新机械密封,调整机封安装尺寸,一般为 50mm。

(7)安装完后在机封腔内加入机油,油面高于机封运动部分。

(8)装上密封盒盖,紧好固定顶丝。

(9)密封加完后关取样阀门,开驱动头下流控制阀,开生产阀门,开泵。

4)注意事项

(1)关闭阻杆封井器两侧手轮的开关圈数应保持一致。

(2)装入新机械密封,调整机封安装尺寸,一般为 50mm。

(3)操作过程中要注意不能损坏任何一个胶圈,调整机封尺寸要合适。

七、螺杆泵减速箱更换齿轮油

1. 准备工作

(1)工具、用具准备:活动扳手一把,机油适量,漏斗一个,油桶一个,棉纱少许。

(2)劳保用品准备齐全,穿戴整齐。

2. 操作步骤

(1)准备好机油适量、漏斗、油桶及其他常用工具,停机。按标准规定停机和释放防反转。关闭封井器,两边手轮旋转圈数应基本一致,上扣扭矩 1500～2000N·m,使闸板牢牢夹住光杆。

(2)用扳手分别卸下气孔螺栓和泄油螺栓,开始放油并清洗箱内。

(3)放完油后,拧紧泄油螺栓并卸下加油螺栓,开始加油,按 Q/SY DQ0632《常规螺杆泵井生产与维护操作规程》的规定,加油至看窗 1/2～2/3 之间或高出盆齿 2～3cm。

(4)加完油后,拧紧加油螺栓和气孔螺栓,把泄油孔、加油孔周围用布擦干净。

(5)打开封井器,启机。

3. 注意事项

从箱体油标处可以看清齿轮油油位 1/2～2/3 处为宜。

八、螺杆泵井洗井

洗井是解除抽油井故障的主要方法,当油井结蜡、砂卡时都需要通过洗井来解除。正常情况下螺杆泵洗井应按洗井周期进行洗井。一般情况洗井周期为 3 个月,特殊情况按洗井选井原则进行。

1. 热洗分类

(1)实心转子螺杆泵热洗是洗井液从油管和套管之间的环空进入,经泵下面的筛管进入泵的吸入口,再经实心转子螺杆泵进入油管。

(2)空心转子螺杆泵正常生产时,洗井阀在自身预紧弹簧和油管液柱压力作用下密封空心转子内腔;洗井液从油套环空进入,一部分洗井液经泵自身抽到油管,另一部分流经空心转子内腔,打开洗井阀直接进入油管。

(3)上提螺杆泵转子热洗:上提螺杆泵转子热洗是将螺杆泵转子提出定子,洗井液经定子内腔直接进入油管。

(4)作业洗井:螺杆泵施工作业井按 Q/SY DQ0628《螺杆泵井热洗清蜡操作规程》的规定,采用正、反洗井或循环洗井,热洗操作按 SY/T 5587.5《常规修井作业规程 第 5 部分:井下作业井筒准备》的规定执行。

2. 热洗原则

(1)针对不同螺杆泵井的原油物性、井身结构及生产参数选择相应的热洗方法。

(2)按 Q/SY DQ0628《螺杆泵井热洗清蜡操作规程》的规定,使用清蜡剂的螺杆泵井应保证清蜡剂与定子橡胶的配伍性,相应条款按 SY/T 6300《采油用清、防蜡剂技术条件》的规定执行。

(3)排量满足热洗要求的螺杆泵井直接热洗,排量不能满足热洗要求的螺杆泵井上提转子热洗。

(4)对含蜡量高、黏度大、用其他方法洗井洗不通和不具备热洗流程的螺杆泵井,选择高压热洗车热洗。

(5)除上提螺杆泵转子热洗盒作业洗井外,正常应为不停机热洗。

(6)由于结蜡原因,按 Q/SY DQ0628《螺杆泵井热洗清蜡操作规程》的规定,对于正常生产时运行电流小于 20A 的螺杆泵井,运行电流上升 10% 就需要进行热洗清蜡;对于正常生产时运行电流大于 20A 的螺杆泵井,运行电流上升 15% 就需要进行热洗清蜡。

3. 热洗条件

(1)洗井液进口温度不低于 75℃,若低于 75℃,需延长热洗时间,确保热洗质量。

(2)热洗井口入口压力按 Q/SY DQ0628《螺杆泵井热洗清蜡操作规程》的规定,控制在 2~3MPa。

(3)热洗过程中不能停机,有变频装置的可以调大转速,提高热洗排量,减少热洗时间,提高热洗质量。

(4)洗井液应达到井筒容积的 2 倍以上,特殊情况达到井筒容积的 1 倍以上。

(5)洗井液的相对密度、黏度、pH 值和添加剂性能要符合施工设计要求,与油层配伍性好,防止洗井液进入油层污染。

(6)确保油井管线各闸门不渗漏,套管闸门开启灵活。

(7)放套管气,按 Q/SY DQ0628《螺杆泵井热洗清蜡操作规程》的规定,使套压低于热洗压力 0.3MPa 以上。

对于空心转子螺杆泵井,洗井操作同抽油机,按 Q/SY DQ0802《油井热洗清蜡规定》执行;实心转子螺杆泵井的洗井操作按 Q/SY DQ0802《油井热洗清蜡规定》的标准执行。热洗过程中,观察压力、洗井液排量、排出液量和温度等参数的变化;热洗完成后,确保螺杆泵生产井正常运转,关闭热洗流程,清理施工现场。

4. 上提转子热洗操作

1)准备工作

(1)工具、用具准备:300 型热洗车一台,15m³ 水罐车两台,500A 钳形电流表一块,600mm、900mm 管钳各一把,3.75kg 手锤把,高压弯头一副,绝缘手套一副,棉纱少许,笔、纸各一。

(2)劳保用品准备齐全,穿戴整齐。

(3)洗井选井原则:

① 螺杆泵不出油,经现场诊断非管柱原因时,需要洗井。

② 泵运转电流较正常时增大 30% 的油井,并判断为结蜡井。

③ 卡泵井。

④ 进油通道不畅的井。

⑤ 井况条件较差的出砂、出钻井液、结蜡较严重的井。

⑥ 使用玻璃衬里油管的井原则上不进行洗井,特殊情况下如需要洗井,洗井液温度不能超过60℃。

2)操作步骤

(1)按照标准停机,释放防反转。

(2)用吊车上提光杆,将转子全部上提出工作筒。判断标准为当光杆不转后再提1m左右。

(3)上提光杆的吊车大钩必须与井口对中,在上提过程中上提速度要慢,并随着高度的增加不断保证大钩垂直井口。上提光杆绳套要打好,保证光杆垂直受力,不弯曲。

(4)关闭阻杆封井器,从套管进行泵车打压,泵车操作要平稳,防止油杆脱扣。油管返液达到10min以上为合格。

(5)上提光杆时要观察光杆是否旋转,如不旋转要查明原因。洗井中要观察泵车压力情况,如洗不通或起压超过4MPa要停泵查明原因。

(6)热洗完成后关闭热洗闸门。打开阻杆封井器,缓慢下放光杆,按Q/SY DQ0632《常规螺杆泵井生产与维护操作规程》的规定,光杆下放速度不大于1m/min,关闭套管闸门。

(7)重新校对防冲距,打好光杆卡子。

(8)安装方卡子护罩后按启泵操作要求开抽。

3)注意事项

(1)出口回油温度按Q/SY DQ0632《常规螺杆泵井生产与维护操作规程》的规定,在60～80℃,并稳定40min以上。

(2)热洗生产稳定后,运行电流、产液量恢复到正常生产状态。

(3)热洗后,空心转子螺杆泵洗井阀重复密封不渗漏。

(4)洗井液直接进入外输管线集中处理,保护环境。

(5)实心螺杆泵井热洗时,按Q/SY DQ0632《常规螺杆泵井生产与维护操作规程》的规定,热洗排量不得大于螺杆泵理论排量。

(6)施工过程符合安全相关规定。

九、事故案例分析

案例:更换螺杆泵井机械密封和密封胶圈时没有泄压,封井器没有关严

1)事故经过

某采油队员工王某和张某更换螺杆泵井机械密封时,为了省事赶时间,没有泄压就进行操作,结果封井器没有关严,使光杆憋压,导致带压液体介质喷溅到王某造成伤害。

2)事故原因分析

更换螺杆泵井机械密封时,要完全关闭封井器,放净压力,避免人身伤害。因为误操作易发生光杆脱落、憋压,易造成有压介质喷溅伤人、物体打击等伤害。违反Q/SY DQ0632《常规

螺杆泵井生产与维护操作规程》的规定,关闭封井器,两边手轮旋转圈数应基本一致,上扣扭矩 1500～2000N·m,使闸板牢牢夹住光杆。

3)预防措施

采油工人对螺杆泵操作必须遵守 Q/SY DQ0632《常规螺杆泵井生产与维护操作规程》。

 **本节小结**

本节介绍了螺杆泵启停机操作、防反转操作、更换皮带、更换减速箱齿轮油、更换密封操作、螺杆泵洗井操作,宣贯了 Q/SY DQ0628《螺杆泵井热洗清蜡操作规程》,Q/SY DQ0632《常规螺杆泵井生产与维护操作规程》。

第三节　螺杆泵井动态管理

作为采油工,日常要管理维护好螺杆泵井,同时要掌握螺杆泵理论排量计算、泵效计算方法,螺杆泵井动态控制图的用法,了解螺杆泵井生产情况,为下步调整做好准备。

一、螺杆泵井日常生产管理

1. 安全管理要求及日常管理与维护

(1)认真做好巡回检查,发现问题及时处理,做好记录,并上报有关部门。

(2)在施工过程中,操作人员要互相配合,并穿戴好劳保用品,保证生产安全。

(3)严格保证用电安全,停机后一定要将空气开关断开。

(4)螺杆泵驱动头的护罩和电动机传动轮的护罩一定要保持完好。如有损坏,在未得到维修完善前严禁开机,以防旋转部位伤人。

(5)冷输管线回压在井口端不许超过 1.5MPa,如回压过高会对螺杆泵静密封造成伤害,严重时造成驱动头的损坏。因此,回压超过规定要求应停机,待回压降低到规定要求时再开机。

(6)冷输井管线回压高,用泵车通管线时,必须停泵关闭阻杆器或关闭螺杆泵出口第一道生产闸门,确保螺杆泵密封系统不受泵车压力影响。

(7)在进行有关松卸螺杆泵方卡子的所有操作前,必须先释放光杆扭矩,防止油杆返弹力造成光杆高速旋转从而伤人或导致油杆脱扣。

(8)螺杆泵调整防冲距后光杆露出方卡子不允许超过 1m,防止螺杆泵高速运转将光杆甩弯或伤人。

(9)螺杆泵运转初期(投产后5d),每天测量并记录动液面和产液量1次,同时记录井口油压、套压、电流、电压等数据,并根据动液面深度调整井下泵的工作转速,保持螺杆泵井合理沉没度。

(10)螺杆泵稳定运转时,要经常进行巡回检查,发现问题后立即整改。

(11)减速箱正常运转一个月后,应停机放掉减速箱体内的齿轮油并清洗箱体,加入新的齿轮油后每三个月更换一次(所使用的齿轮油与抽油机减速箱所用润滑油相同)。

2. 螺杆泵井调参

螺杆泵井调参通常是指调整电机转速、泵的大小。螺杆泵井一般沉没度应控制在80~120m之间。螺杆泵井的最低沉没度标准为55m,当沉没度低于55m时必须降低螺杆泵转速;当螺杆泵井沉没度较高时,首先要根据转速情况计算泵效。泵效低于50%的井要采取憋泵、洗井、取套压等措施进行处理,弄清泵效低的原因;当泵效较高时可增加螺杆泵的转速。

螺杆泵的转速对螺杆泵抽油系统影响较大。提高螺杆泵的转速有其有利的地方,也有其不利的地方。

1)提高螺杆泵转速的有利因素

(1)螺杆泵转速越高,泵效越高。螺杆泵的工作特性既有柱塞泵硬特性的特点,也有离心泵软特性的特点。特别是在泵漏失比较严重、其他条件不变的情况下,提高泵转速可以提高泵效。

(2)螺杆泵转速越高,泵的举升压头越高。正常情况下,螺杆泵的压头与泵的级数和单级承压能力有关。泵的级数越多,单级承压能力越大,泵的举升压头越大。提高单级承压能力,必须增加泵的过盈量,这样会增加摩阻,降低螺杆泵抽油系统效率。而通过提高泵的转速,可以提高泵的压头,在泵的举升压头不够或潜力较小时,可通过提高泵的转速来提高泵的压头。

(3)泵的转速越高,泵的理论排量越大。螺杆泵的理论排量与泵的转速成正比,所以在排量选择时,要考虑泵的转速调整。

(4)在压头相同、排量相同的条件下,高转速时扭矩小。

2)提高螺杆泵转速的不利因素

(1)螺杆泵转速提高,会增加螺杆泵定转子的磨损。

(2)转速越高,单位长度内的定转子间的生热量越大,引起橡胶热胀,定、转子之间的扭矩增加,整个抽油系统的负荷上升。

(3)螺杆泵转速大,抽油系统抽油杆与油管的摩擦力增大,加剧油管、抽油杆的磨损。

(4)螺杆泵转速提高,杆管系统受力的疲劳程度增加。地面驱动装置受力条件变差,电机功率变大。

螺杆泵高速、低速都有其优缺点。一般国外推荐200~400r/min。国内油田多数为100~300r/min,视其具体情况而定。若压头、泵效太低,大泵浅井排量不够,泵的举升压头较小时,可适当提高泵的转速(250~350r/min),深井、小排量、低含水供液不足井应选用60~150r/min的转速。

螺杆泵井调参通常是指调整电机转速、泵的大小。螺杆泵井一般沉没度应控制在80~120m之间。螺杆泵井的最低沉没度标准为55m,当沉没度低于55m时必须降低螺杆泵转速;当螺杆泵井沉没度较高时,首先要根据转速情况计算泵效。泵效低于50%的井要采取憋泵、洗井、取套压等措施进行处理,弄清泵效低的原因;当泵效较高时可增加螺杆泵的转速。

3）调参方式

（1）有级调参：

① 有级调参是通过改变电机轮直径大小或驱动轮直径大小，调整转子转速的大小。

② 有级调参工作原理：螺杆泵采油井的理论产液量跟螺杆泵转子的旋转速度成正比，所以螺杆泵采油井的产液量调整，一般是通过调整转子旋转速度来进行的。而转子的旋转速度与输出轴转速相同，所以通过在地面调整螺杆泵地面驱动装置的输出轴转速，就可以完成螺杆泵采油井的工况调整。由于齿轮减速系统一般采用恒定传动比方式，所以输出轴转速的调整一般都是通过调整带轮传动系统中小带轮尺寸来进行的，即通过更换不同规格的带轮来实现输出轴转速的调整。调大调小是由油井供液能力来决定的。电动机皮带轮直径越小，光杆的转速越慢；直径越大，光杆转数越快。

③ 适用条件：适用于无变频控制柜的井或有变频控制柜的井，当频率调整到最高时，转速也达不到要求的情况。当螺杆泵的转速达到150r/min时仍然不能满足井筒产液需要，要考虑换大泵，无大泵时考虑转抽。

（2）无级调参：

① 无级调参：不需要更换电机轮或驱动轮，驱动装置的输出转速连续可调，直接在操作面板上旋转调速旋钮即可。

② 工作原理：将变频器和电控箱结合在一起，制作成变频调速控制柜，改变变频器的输出频率，实现无级调速。

二、螺杆泵井技术经济指标计算

1. 泵效计算

1）螺杆泵的结构参数如图 3 – 15 所示

（1）转子偏心距 e：转子截面圆与定子截面圆中心之间的距离。

（2）定子导程 T：转子两个螺距之间的距离。一个螺距是两个转子峰部之间的距离。

（3）转子截圆直径 D。

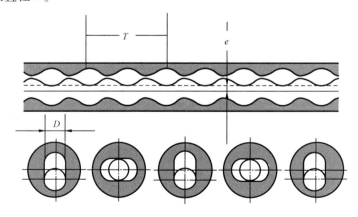

图 3 – 15　转子工作示意图

常用螺杆泵结构规格见表 3-1。

表 3-1　螺杆泵结构尺寸

型号	定子尺寸		转子尺寸			
	外径 mm	连接螺纹 规格	直径 mm	偏心距 mm	导程 mm	连接螺纹 规格
GLB1200 - 14	φ114	3½in TBG	33/66	7.5	480	1⅞in 抽油杆扣
GLB800 - 14	φ114	3½in TBG	48	8.5	500	1⅞in 抽油杆扣
GLB500 - 14	φ114	3½in TBG	42	7.5	400	1⅞in 抽油杆扣
GLB400 - 18	φ114	3½in TBG	42	7.0	300	1⅜in 抽油杆扣
GLB300 - 21	φ114	3½in TBG	42	7.0	240	1⅜in 抽油杆扣
GLB200 - 25	φ107	3½in TBG	50	7.0	200	1⅜in 抽油杆扣
GLB120 - 27	φ107	3½in TBG	40	5.0	160	1⅜in 抽油杆扣
GLB75 - 40	φ89	2⅞in TBG	30	4.0	144	1⅜in 抽油杆扣

2）螺杆泵型号意义

（1）国产泵的型号意义：

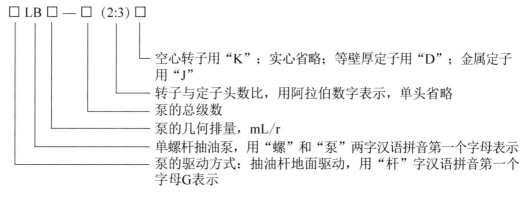

例 3-1：GLB500-14K 为单头空心转子螺杆泵，每转排量 500mL，级数为 14。

例 3-2：GLB120-27（2：3）为多头螺杆泵，转子与定子头数比为 2：3，每转排量 120mL，级数为 27。

（2）法国泵型号意义：

（3）加拿大、山东新型泵型号意义：

采油作业

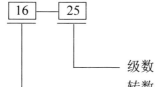

级数

转数为100r/min 时理论排量为16m³/d

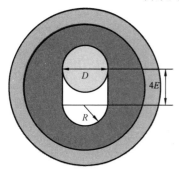

图3－16　螺杆泵截面图

例3：16—25 表示泵的级数为 25 级，泵的转数为 100r/min 时理论排量为 16m³/d。

3）螺杆泵理论排量

（1）根据螺杆泵结构参数计算理论排量：

当螺杆泵转子转动一周（2π）时，封闭腔中的液体将沿轴线移动 T 的距离，在任意横截面中，液体占有的面积为定子橡胶衬套截面所包围的空腔截面与螺杆截面之差。

空腔面积（如图3－16 所示）按式（3－1）计算：

$$A = 4ED + \pi R^2 - \pi R^2 = 4ED \qquad (3-1)$$

转杆每转一周的理论排量按式（3－2）计算：

$$V = AT = 4EDT \qquad (3-2)$$

螺杆转 n 转的排量按式（3－3）计算：

$$Q = 4EDTn \qquad (3-3)$$

每天的排量按式（3－4）计算：

$$Q = 5760eDTn \qquad (3-4)$$

螺杆泵的理论排量与转子的偏心距成正比，与转子的螺距成正比，与转子的截面圆直径成正比，与转速成正比，其计算公式为式（3－5）：

$$Q = 11520eDtn \qquad (3-5)$$

式中　Q——螺杆泵的理论排量，m³/d；

　　　e——转子的偏心距，m；

　　　T——定子的导程，m；

　　　t——转子的螺距（转子上两个相邻螺纹之间的距离称为螺距），m；$T=2t$

　　　n——转子的转速，r/min。

（2）根据选用泵的型号，按式（3－6）计算出理论排量：

$$Q = 1440qn \times 10^{-6} \qquad (3-6)$$

式中　Q——螺杆泵理论排量，m³/d；

　　　q——螺杆泵每转排量，mL/r；

　　　n——转子转速，r/min。

4)泵的容积效率(泵效)

泵的容积效率 η_v 等于螺杆泵的实际排量 Q_s 与螺杆泵的理论排量 Q 之比。其表达式为式(3-7):

$$\eta_v = \frac{Q_S}{Q} \times 100\% \tag{3-7}$$

【例3-1】某螺杆泵螺杆直径为38mm,定子导程为160mm,过盈量为5mm,偏心距为5mm,泵扬程1000m,泵的转速为205r/min,泵挂深度为1080m,地面产液量为23.331m³/d,求螺杆泵的泵效是多少?

解:(1) $e = 5mm, D = 38mm, T = 160mm, n = 205r/min$

(2) $\dot{Q}_{理} = 5760 \times e \times D \times T \times n \times 10^{-9} = 5760 \times 5 \times 160 \times 38 \times 205 \times 10^{-9} = 35.9(m^3/d)$

(3) $\eta = \frac{Q}{Q_{理}} \times 100\% = \frac{23.331}{35.9} \times 100\% = 64.9\%$

按 Q/SY DQ0919—2012《油水井、计量间生产设施管理规定》的规定,螺杆泵井生产设施管理现场检查细则规定泵效大于40%。

2. 螺杆泵井转速利用率

螺杆泵井转速利用率计算公式为式(3-8)和式(3-9):

$$\eta_{Ln} = \frac{n_L}{n_{Lm}} \times 100\% \tag{3-8}$$

$$\overline{\eta}_{Ln} = \frac{\sum n_L}{\sum n_{Lm}} \times 100\% \tag{3-9}$$

式中　η_{Ln} ——螺杆泵井转速利用率,%;

　　　n_L ——单井实际转速,r/min;

　　　n_{Lm} ——单井设备铭牌最大转速,r/min;

　　　$\overline{\eta}_{Ln}$ ——平均转速利用率,%;

　　　$\sum n_L$ ——统计井实际转速之和,r/min;

　　　$\sum n_{Lm}$ ——统计井设备铭牌最大转速之和,r/min。

3. 螺杆泵井平均电流

螺杆泵井平均电流计算公式为式(3-10):

$$\overline{I} = \frac{\sum I_a}{\sum n_a} \tag{3-10}$$

式中　$\overline{I}$ ——平均电流(指螺杆泵井正常生产时,实测的电动机工作电流),A;

　　　$\sum I_a$ ——统计井电流之和,A;

　　　$\sum n_a$ ——统计井数之和,口。

三、螺杆泵井故障诊断

发现螺杆泵井产液量或动液面波动较大后,应从抽油系统和注入状况两方面查找原因。先落实抽油系统是否存在问题,从产液量、电流、动液面或流压等资料入手,分析螺杆泵、抽油杆、油管、地面设备及流程是否正常,参数是否合理,供排关系是否协调,均无问题后再落实泵况。

1. 螺杆泵井故障诊断方法

由于螺杆泵采油的特殊性,各类故障的特征反映与其他采油方式有所不同。但可通过以下方式、方法分析井的生产状况及发现问题:液量分析法、电流分析法、憋压分析法、扭矩分析法、经验分析法。

1)液量分析法

液量上升原因:注水见效,管理有问题,仪表不准。

液量下降原因:断、漏、堵,地层供液能力下降。

2)电流分析法

电流下降到空载,井口无排量,故障抽油杆断/脱,油管断/脱。

正常电流下降,井口排量下降,故障油管漏失,螺杆泵漏失。

正常电流上升,井口排量下降,螺杆泵卡/油管蜡堵,地面管线堵。

3)憋压分析法

憋压不起,抽油杆/油管断或脱。

憋压上升慢,漏失/堵,供液不足。

4)扭矩分析法

通过分析螺杆泵工作扭矩来诊断泵况,扭矩可以用光杆扭矩测试仪测得。

扭矩增大,油管结蜡,无液量。

扭矩减小,抽油杆(油管)断,油管(泵)漏,气影响。

5)经验分析法

光杆反转力度大,说明井下断/脱。

光杆反转力度小,说明井正常。

回油温度上升,液量降低。

回油温度稳定,井正常。

2. 螺杆泵井故障分类

1)地面故障

驱动器故障、漏油、轴承损坏、启动难。

解决办法:螺杆泵的地面故障,一般通过更换损坏的零部件或进行维修即可解决。

2）井下故障

杆、管、泵、液面问题,如图 3 - 17 所示。

解决办法:螺杆泵井下故障主要为机械故障,一般情况下都要进行作业处理。

3）管理问题

螺杆泵井与其他机采井相同,在流程、计量上发生的问题均属管理问题,如图 3 - 18 所示。

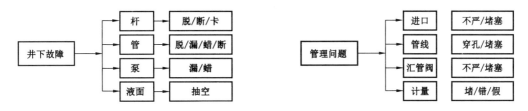

图 3 - 17　井下故障　　　　　　　　　　　图 3 - 18　管理问题

3. 常见螺杆泵井故障分析

螺杆泵井易出现主要问题:杆管断脱、管泵漏失、蜡影响、地面故障。及时发现螺杆泵井在生产过程中出现的问题及故障,及时分析、诊断造成螺杆泵井生产状况变化的问题、故障及产生的原因,及时处理螺杆泵井的问题、故障,恢复生产状况,减少对产量的影响。

1）油管断脱

（1）故障表现:井口无液量或液量很小;电机工作电流比正常时小得多,接近电动机空载电流;油压与套压接近;动液面(距离井口)上升,高于泵挂;停机光杆不反转,抽油杆下放探不到底;扭矩较小,超过初始扭矩。

（2）验证方法:关闭出油闸门憋压(以下简称"井口憋压"),油压不升,泄套压,油压随之下降。从油管正注液体,油、套相通。

（3）处理方法:处理油管脱落作业,打捞脱落部分,重新下泵。

（4）预防措施:施工作业时,必须严格检查泵与管柱螺纹有无损伤;对损伤管件必须更换掉,同时涂螺纹油并上紧;严格按照封隔器座封压力施工;在泵下部装防脱工具防止油管脱落。

2）抽油杆断脱

（1）故障现象:井口无液量;电流瞬时下降,电流接近电动机空载电流;扭矩为初始扭矩,一般不超过 100N·m;油压与套压不一致;动液面上升,停机抽油杆不反转。

（2）验证方法:

① 井口憋压,油压不升,泄套压,油压无变化。

② 驱动头无防反转机构时,停机光杆不反转,驱动头下端口有被防跳方卡碰撞的痕迹。

③ 正注液体,注入量很少,泵压直线上升,停泵观察,泵压不降。

（3）处理方法:捞杆。

（4）预防措施:

① 作业时抽油杆扣要按标准扭矩上紧螺纹。

② 安装抽油杆扶正器。

③ 安装井下回流控制阀。

④ 应用抽油杆防脱器。

3）油管漏失

（1）故障表现：油压下降，产液量下降，电机工作电流降低；动液面（距离井口）波动不大；扭矩较小，超过初始扭矩。

（2）验证方法：

① 井口憋压，油压上升较慢，停机观察，油压缓慢下降。

② 探液面，动液面在正常位置（漏失前的动液面）。

（3）处理方法：检泵，起出井内全部杆柱及管柱，经检查处理后重新下井。

（4）预防措施：

① 防止腐蚀穿孔的油管入井。

② 防止入井油管螺纹有损伤，螺纹上紧，以防生产过程发生松扣。

③ 定子和转子入井前要检查，防止磨损严重的定子和转子入井。

④ 出砂严重的井要有防砂措施，防止定子橡胶磨损过快。

⑤ 防止在高含硫化氢井中使用。

4）螺杆泵漏失

（1）故障现象：井口产液量降低，油压不上升，油套压变化一致，电流降低，动液面逐渐降低，液面不在井口，扭矩下降，轴向力下降。

（2）验证方法：

① 井口憋压，油压上升很慢或不升，停机有反转，正注油、套不通。

② 探液面，动液面远远高于泵挂。

（3）处理方法：检泵。

（4）预防措施：

① 开关操作要平稳，采油压差不能过大，减少地层出砂。

② 施工作业时，必须严格检查泵和管柱的螺纹有无损伤。

③ 在抽油杆上安装扶正器，减少在生产过程中抽油杆与油管的摩擦。

5）供液不足

（1）故障现象：井口产液量逐渐降低，油压逐渐降低，电流逐渐降低，动液面（距离井口）逐渐降低，扭矩正常。

（2）验证方法：井口憋压，油压上升缓慢，停机观察，油压不降。供液严重不足时，井口不出液，出油口只往外排气，井口憋压，油压不升，待液面恢复后，可抽出一定的液量，之后井口又不出液。

（3）处理方法：调小参数，加强注水。

（4）预防措施：

① 根据油井的供液能力选泵，使泵的排量与井的供液能力匹配。

② 定期探动液面(投产初期加密次数),如果动液面持续下降并降到警戒线以下时(泵的沉没度要求大于或等于50m),立即停机,调低泵的排量,待液面恢复后再开机。

③ 加强对油压的监测,如果油压持续下降,应通知有关人员加密探液面,同时每隔1h从取样口观察井是否出油,若不出油,应立即停机,采取进一步的措施。

6)油管结蜡

(1)故障现象:井口产液量降低,油压正常,电流明显高于正常电流,动液面(距离井口)上升,扭矩上升高于正常值,轴向力偏低,在正常值范围。

(2)验证方法:井口憋压,油压上升正常,套压正常,回压下降;电流高于正常运转电流。

(3)处理方法:清蜡、清理管线。

(4)预防措施:①制定合理的洗井周期,并保证清蜡彻底。②采用电加热的方式,避免井筒温度场低于结蜡温度。③采用定期加药的方式。

7)输油管线堵塞

(1)故障表现:井口产液量降低,油压明显升高,电流明显高于正常电流,动液面(距离井口)上升。

(2)验证方法:井口憋压,油压上升正常,回压不降;停机观察,油压不降。

(3)处理方法:疏通管线。

(4)预防措施:定期用热油清洗输油管线或采用保温措施对管线进行加热保温。

8)定子失效

(1)故障现象:井口液量降低,甚至不出液,电机工作电流接近正常。

(2)验证方法:

① 井口憋压,油压上升很慢或不升,正注油、套不通。

② 探液面,动液面远远高于泵挂。

(3)处理方法:检泵。

(4)预防措施:应购买质量优质的定子。

9)定子橡胶脱落

(1)故障现象:井口无液量或液量很小,油套偶尔连通,动液面上升或接近井口,电流下降并波动,光杆扭矩会出现不规则波动,光杆轴向力低于正常范围,但仍高于杆柱在采出液中的重量。

(2)验证方法:憋压,油压上升缓慢,停机有反转。

(3)处理方法:检泵。

(4)预防措施:选择质量好的定子。

10)工作参数偏低

(1)故障现象:井口产液量较高,动液面很浅或在井口,油压正常,电流偏低,光杆扭矩低于正常范围,轴向力也比正常偏低。

(2)验证方法:憋压,油压上升很快。

（3）处理方法：调大参数。

（4）预防措施：采油方案制定要合理。

四、螺杆泵井动态控制图应用

螺杆泵井动态控制图（如图 3 - 19 所示）是以流压作为横轴、排量效率作为纵轴的流压—排量效率"星相图"，被 4 条曲线分为 5 个区域，分别为合理区、参数偏大区、参数偏小区、断脱漏失区和待落实区，各个区间含义同抽油机井动态控制图。只有对 4 条曲线的界限进行合理的制定，才能准确地对螺杆泵井的工况做出判断。

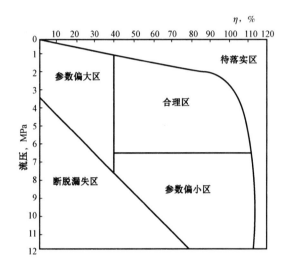

图 3 - 19 螺杆泵井动态控制图

合理区：螺杆泵在该区工作，系统效率、泵效都能维持在较高水平，生产稳定性好。

参数偏大区：螺杆泵在该区工作，泵效较低，系统效率低，有效扬程低，不但泵的潜能没有得到发挥，而且因生产压差过小，油井的产能也被抑制。

参数偏小区：螺杆泵在该区工作，虽然泵效较高，但系统效率高，有效扬程低，不但泵的潜能没有得到发挥，而且因生产压差过小，油井的产能也被抑制。

断脱漏失区：螺杆泵在该区工作，尽管有效扬程较高，但泵漏失严重，排量效率、系统效率低。

待落实区：螺杆泵在该区工作，流压从低到高，排量效率从最小到最大，生产不稳定，需要进一步落实工况。

📚 本节小结

本节介绍了螺杆泵理论排量计算，泵效计算方法，螺杆泵井诊断与螺杆泵井动态控制图。

第四章　提捞采油井管理

我国早在解放前就在玉门等油田试用提捞采油,但捞油量低,没有形成生产规模。目前,在大庆油田主产区外围,散布着一些油层压力低、渗透率低、产量低的含油区块,被称为"三低"油田。从 1996 年开始,大庆油田陆续在外围油田推广应用提捞采油技术,提捞技术因此得到不断的完善和发展。相比其他采油方式,提捞采油技术具有操作成本低、经济效益好、节能环保、管理方便等特点,该技术将采油与集输综合在一起,具有较好的灵活性,工艺操作简单,便于管理,一次性投资低。

提捞采油的特点是机动性好,可多井共用一套采油设备,免去了供电线路架设和集输管线的铺设,对开发单井较多的油田具有较好的经济性。

提捞采油的生产限制条件有如下几个方面:

(1)井下温度:提捞泵井筒内的工作温度不超过 90℃。

(2)井液黏度:不宜过高,否则提捞抽子下不去。

(3)道路条件:要能保证不同天气条件下,车辆能顺利进出。

(4)井筒条件:井筒内壁要光滑。

(5)产液量:提捞采油的极限产液。

虽然提捞采油有诸多应用限制条件,但是对于那些三低井却十分有用,可以采取间歇抽油措施。提捞井主要是通过采用机械设备,以套管采油为主,将原油提升到地面的一种活动式采油方式。在套管内,用提捞采油工程车下入提捞泵,将提捞泵上部的原油通过钢丝绳提捞到井口,输入到快速卸油罐车,适用于低产井、零散井和试油井。

本章宣贯六个标准:

Q/SY DQ1264　外部提捞采油队年度审查规范

Q/SY DQ1265　提捞采油车技术管理规范

Q/SY DQ1267　捞油泵技术规范及使用要求

Q/SY DQ1268　提捞采油施工操作规范

Q/SY DQ1269　提捞采油井资料录取规范

Q/SY DQ1270　提捞采油钢丝绳技术规范

第一节　提捞采油装置

提捞采油装置由提捞采油工程车、提捞泵、提捞采油钢丝绳与提捞井口组成,如图 4-1 所示。地面配套装备是运油罐车和转油站。

当一口提捞油井的液面恢复到相当高度后,提捞采油工程车开到井场,当井口对中后,通过提捞钢丝绳将提捞泵放入井内,当提捞泵下行进入井内液面以下一定深度后,上提,这时泵上井液在提捞泵的推举作用下,随提捞泵上行到达井口,经集油管线进入运油罐车。当罐车的油罐内液面升到预定高度附近后,罐车驶到转油站将原油卸入转油站储油池。卸入转油站储油池的原油经过加热、沉淀、油水分离后,启动输油泵将原油排走。从而完成一次捞油过程。

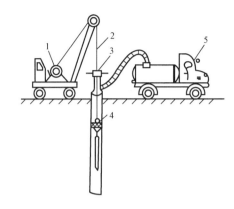

图 4 - 1　提捞采油装置示意图

1—提捞采油工程车;2—提捞钢丝绳;3—提捞井口;4—提捞泵;5—快速卸油罐车

一、提捞采油工程车

捞油车是美国最早开发设计和使用的采油设备。我国从 1992 年开始借鉴国外资料及样机,并结合我国油田的具体情况着手研制捞油车。1996 年,吉林省油田总机械厂开发制造了第一台样机。捞油车是提捞采油中最主要的装备,它担负着把井下原油提升到井口的采油作业任务。它的性能好坏,直接关系到提捞采油工作效率和经济效果。

1. 提捞采油工程车结构

提捞采油工程车的主要结构如图 4 - 2 所示,由底盘车,角传动箱,滚筒装置,井架,操作系统及气压、液压系统等组成。

图 4 - 2　提捞采油工程车结构

1—底盘车;2—角传动箱;3—井架;4—滚筒装置;5—操作室;
6—液压系统;7—气压系统

1)技术参数

按 Q/SY DQ1265《提捞采油车技术管理规范》的规定,捞油车技术参数要求如下:每次最小抽油量应大于 2000kg,绞车输出扭矩不大于 22000N·m,最小抽油深度不小于 500m,抽油泵升降速度在 0.5～3.6m/s。

2）技术要求

（1）按 Q/SY DQ1265《提捞采油车技术管理规范》的规定，提捞采油车侧后防护装置应符合 GB 11567 的要求。

（2）提捞采油车各零部件在底盘上的安装位置应尽量对称，保证重心合理和车辆稳定。整车外表面应平整，造型合理，轮廓清晰美观，铆钉位置匀称。

（3）提捞采油车车身、副大梁和底盘的连接应牢固可靠，应经过行驶和制动试验。

（4）操作间应具有良好的防尘防雨性能，在有沙尘和雨雪环境下使用，应无明显的粉尘或雪雨渗入。操作间内仪表应具备指深、指重功能。

（5）提捞采油车在空载状况下，操作间噪声不得大于 85dB(A)。

（6）提捞采油车的照明信号装置和其他电气设备应满足使用要求，并符合 GB 4785《汽车及挂车外部照明和光信号装置的安装规定》的要求。

（7）提捞采油车各部分的电、气、液压线路和管道应排列整齐，固定牢靠，走向合理，便于安装、拆卸、操作，并应有醒目标志。

（8）滚筒的刹车鼓应做单件静平衡试验。组装好的滚筒整体进行静平衡试验，其精度应达到 G16。

（9）提捞采油车万向轴应进行动平衡试验，其平衡精度不得低于 G16。

（10）动选箱轴承最高温度不超过 80℃，温升不超过 40℃。

（11）提捞采油车组装完成后，应进行空运转和提升能力试验。

在提捞现场，提捞车与油罐车的距离应保持在 15m 以上，两车均处在井口的上风口。对于油层在 1000m 左右的地区，所需钢丝绳长度为 1500m。对于油层在 1500～2000m 的地区，所需钢丝绳长度为 2000m。

2. 提捞采油工程车工作原理

在进行捞油作业时，先将捞油车移近井口，垂直处于井口中心，接好管路位置，然后，操纵液压马达式绞车操纵杆缓慢向井口放入捞油器具，再操纵伸缩油缸手柄，动力传递由底盘车发动机带动齿轮泵，以液压驱动滚筒旋转，实现钢丝绳的起下，当捞油抽子和加重杆下落时，速度较快，载荷较重。当其接触原油液面时，由于浮力的缓冲作用，速度变慢，载荷减轻，信号变化通过测量装置传送给操作员，告知其液面位置。操作员控制捞油抽子继续下落一段油柱高度，约 200～300m。下落时，捞油抽子下部的原油通过浮动阀进入抽子上部。

3. 提捞车的选择

提捞车的选择要考虑提捞最大载荷为提捞泵及钢丝绳重量、泵与井筒的摩擦载荷、液面载荷、加重管柱的重量。提捞井液面高度按 150～200m 计算，提捞泵每次提液 1.58～2.11t，则提捞车最大提升载荷为 6.13t，因此设计选择最大提升载荷为 8t 的提捞车。对于提捞井，井场及近井道路应保证提捞车能够进入。

二、提捞井口

提捞井口可以把井筒来原油密闭地转流到地面集油软管中。带防喷器的提捞井口是一种

图 4 – 3　带防喷器的提捞井井口
1—生产阀门;2—出油管线;
3—防喷器;4—套管法兰

结构简单、操作灵活,可方便、快捷地与提捞车对接的井口,其密封性能良好,能有效地控制和释放压力,如图 4 – 3 所示。提捞井井口结构由生产闸门、防喷器、套管法兰组成。

三、提捞泵

提捞油泵,也叫捞油抽子。目前,油田使用两种提捞泵,一种为套管提捞泵,一种为油管提捞泵。套管提捞泵可以用于直径为 $5\frac{1}{2}$in 或 $4\frac{1}{2}$in 的直井、丛式井、斜直井;油管提捞泵可以在 $2\frac{1}{2}$in 油管上安装。提捞泵可以把井下原油举升到井口,经过井口和软管排入到运油罐车中。

1. 提捞泵结构

提捞泵由联绳器、防打扭装置、中心管、密封胶筒、安全过载保护装置、加重悬挂装置组成,如图 4 – 4 所示。主要易损件为捞油胶筒,如果捞油载荷为 30t,捞油胶筒的使用寿命约为 20 次。

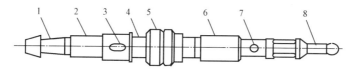

图 4 – 4　提捞泵结构
1—联绳器;2—防打扭装置;3—出油孔;4—中心管;5—密封胶筒;
6—过载保护装置;7—进油孔;8—加重悬挂装置

在绳帽与抽子主体之间加装压力轴承。捞油胶筒采用添加硫磺的生胶制成,耐腐蚀、耐油浸。对于过载保护装置,可以按照实际工作情况任意调整所提捞的重量。下部加重悬挂装置,增加重量以便于捞油泵下行。

捞油泵钢体材料采用优质钢、碳氧共渗硬化处理,内外表面硬度为 58 ~ 62,硬层深度为 0.5 ~ 1mm,耐磨抗拉伤,同时内部硬度为 15 ~ 23,具有很好的韧性、弹性和刚性。按 Q/SY DQ1267《捞油泵技术规范及使用要求》的规定,捞油泵下井前要检查各处螺纹连接,用专用扳手拧紧,拧紧力矩为 125 ~ 142N·m,提捞泵实物如图 4 – 5 所示。

图 4 – 5　提捞泵实物

2. 提捞泵型号

提捞泵型号由泵体长度、提捞泵胶筒外径、捞油泵筒内径 3 个参数组成,如图 4 - 6 所示。

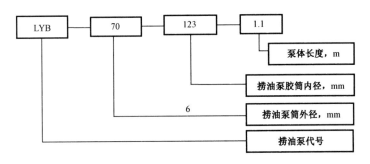

图 4 - 6 提捞泵型号表示方法

例如:LYB70—123—1.1

LYB—捞油泵代号;

70—表示捞油泵筒的外径为 70mm;

123—表示捞油泵胶筒的外径为 123mm;

1.1—表示捞油泵体的长度为 1.1m。

捞油泵的关键部分尺寸与套管匹配见表 4 - 1。

表 4 - 1 捞油泵的关键部分尺寸与套管匹配表

生产油、套管尺寸 mm	钢体外径 mm	胶筒外径 mm	联轴器外径 mm
73	55	60	55
127	80	110	70
139.7	90	123	70

按 Q/SY DQ1267《捞油泵技术规范及使用要求》的规定,捞油泵下井前夹紧钢丝绳,并且要做负荷实验,负荷由 1000kg,2000kg,3000kg,4000kg,5000kg 逐级加载,最大负荷为 5000kg。

按 Q/SY DQ1267《捞油泵技术规范及使用要求》的规定,捞油泵匀速下放,速度不超过 3m/s,当捞油泵与液面距离小于 50m 时,下入速度不超过 1m/s,进入液面后不超过 0.5m/s。

按 Q/SY DQ1267《捞油泵技术规范及使用要求》的规定,捞油泵上提过程中,最初 50m 内以 0.5m/s 匀速进行,无异常后速度可提高到 2m/s,距井口 300m 时速度降为 0.5m/s。

3. 提捞泵工作原理(以套管捞油为例)

即将油井套管作为泵筒部分,装有滑动密封筒或浮动阀的捞油抽子作为抽油泵柱塞,抽子和套管之间靠胶筒密封。

开始捞油时,钢丝绳下放。在加重杆重力作用下,捞油抽子下落,其上的密封筒在油井套管摩擦力的作用下向上滑动,露出抽子泵筒的下部进油口。因密封筒上方和下方存在压力差,使原油通过下进油口进入密封筒的上方,如图4-7(a)所示。达到额定捞油高度时,捞油抽子上提,密封筒在摩擦力作用下回落到原位置,封住泵筒的下部进油口,如图4-7(b)所示。在密封筒上方的油柱重力作用下,密封筒受轴向压缩而产生径向膨胀变形,封住套管与抽子之间的间隙。随着钢丝绳的拉动,抽子上部的原油被提升到地面。

4. 过载保护

为了保证安全,捞油抽子上安装了过载保护装置。图4-7中捞油抽子的过载保护装置为剪切销钉。剪切环和抽子泵筒之间靠剪切销钉连接,其承受主要载荷。剪切销钉呈环形对称分布,其数量可根据载荷设定值选择3个、4个或6个。当进行捞油作业时,上提过程中捞油抽子遇卡或过载,剪切环承载超出设定值,其上的剪切销钉被剪断,密封筒和剪切环一同下落到加重杆连接处,如图4-7(c)所示。抽子在加重杆连接处和套管之间不能形成密封,上部的原油快速向下泄漏,这样就解除了遇卡或过载,保证了捞油抽子和钢丝绳等部件的安全。将捞油抽子上提到地面,更换剪切销钉,又可重新进行捞油作业。

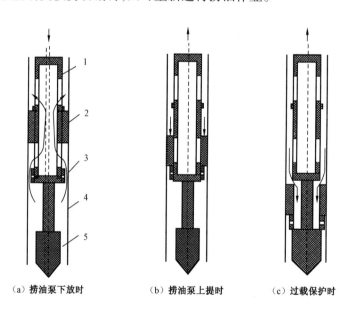

(a) 捞油泵下放时　　　(b) 捞油泵上提时　　　(c) 过载保护时

图4-7　捞油泵工作示意图

1—捞油泵筒;2—密封胶筒;3—过载保护剪切销钉;4—套管;5—加重悬挂装置

四、提捞采油钢丝绳

提捞采油车通过提捞钢丝绳把动力传递给提捞泵做上下往复运动。以下简介提捞钢丝绳的结构、选用、使用与检查。

1. 提捞采油钢丝绳配置参数

不同规格钢丝绳的配置参数见表4-2。

表4-2 配置参数表

规格 ϕ,mm	14.5	16	19
结构	6×19S+FC	6×19S+FC	6×19S+NF
捻法	左交互捻	左交互捻	左交互捻
级别	IPS	IPS	IPS
长度,m	800~1500	1500~2000	2000~2500
钢丝总断面积,mm²	85.4	104.0	146.7
净重,kg	632~1185	1484~1979	2867~3584
近似质量,kg/m	0.79	0.98	1.41
外层钢丝直径,mm	1.15	1.27	1.51
钢丝绳直径,mm	14.5	16	19
破断拉力,kN	120	152	220
每次最大承载液柱高度,m	400~300	500~400	600~500
每次合理承载液柱高度,m	180	200	240

图4-8、图4-9所示为结构6×19S的钢丝绳横截面图,股中相邻层钢丝为线接触,左交互捻。

1×19S（1+9+9）

图4-8 绳横截面

6×19S+FC股（1+9+9）

图4-9 绳横截面

2. 钢丝绳与绳槽的合理配置

钢丝绳与绳槽的合理配置见表4-3。

表4-3 钢丝绳与绳槽半径的对应标准表   单位为毫米

钢丝绳直径	最小轮槽半径	滑轮最小半径	最大滑轮半径
14.5	7.32	7.57	7.85
16	8.13	8.41	8.74
19	9.75	10.11	10.49

3. 提捞采油钢丝绳的选用

（1）提捞采油选用钢丝绳主要考虑3个方面:安全生产、使用寿命、经济合理。

因油层埋藏深度不同而使用不同规格的钢丝绳。目前提捞采油设备在大庆油田应选用以下 3 种钢丝绳：

① 对于油层埋藏深度不超过 1500m 的，使用钢丝绳 ϕ14.5 mm，结构 6×19S＋FC，长度 1500m。

② 对于油层埋藏深度为 1500m～2000m 的，使用钢丝绳 ϕ16mm，结构 6×19S＋FC，长度 2000m。

③ 对于油层埋藏深度超过 2000m 的，使用钢丝绳 ϕ19mm，结构 6×19S＋NF，长度 2500m。

（2）钢丝绳生产厂家要具有省级核发的生产许可证。

（3）每组钢丝绳出厂时要附有质量检验部门检验的产品合格证书。

（4）钢丝绳出厂包装标志内容包括产品名称、型号、总重及净重、生产日期、出厂日期、使用说明书、产品合格证书。

4. 钢丝绳的使用和检查

1）装卸和搬运

吊起钢丝绳时，应用钢管穿过绳轮中心孔后再用绳索从钢管两端起吊，严禁从高处推下绳轮。

2）倒绳和安装

应视其捻向小心拉放，慢慢解开，缠绕钢丝绳。盘绳时做到绳间排列紧密，层间分明平直，禁止出现堆绳和高低绳现象。

3）使用

（1）钢丝绳下行时，要速度适宜，匀速下放，不要太快，防止钢丝绳发生存绳、打扭、结扣现象。

（2）钢丝绳上提时，要速度缓慢，匀速上提，不易过快，防止钢丝绳承载上提突然遇阻，造成钢丝绳受力不均，影响钢丝绳使用寿命，甚至发生破绳、断绳现象。

4）储运和保管

钢丝绳应放在通风、阴凉、干燥的室内，避免接触腐蚀性物质和长时间露天存放。

5）润滑保养

按 Q/SY DQ1270《提捞采油钢丝绳技术规范》的规定，每季度为钢丝绳加涂优质润滑脂，保持钢丝绳有良好的润滑性，达到防腐和减少内部及外部摩擦两个目的。

6）检查

（1）外部检查：

直径检查：按 Q/SY DQ1270《提捞采油钢丝绳技术规范》的规定，每月测量钢丝绳直径，测量结果与原直径波动范围在 0.4～0.6mm 之间。

磨损检查：按 Q/SY DQ1270《提捞采油钢丝绳技术规范》的规定，每周检查钢丝绳磨损情况，特别是对钢丝绳的上部和下部要认真检查。

　　断丝检查:按 Q/SY DQ1270《提捞采油钢丝绳技术规范》的规定,每半月检查钢丝绳断丝情况;特别在钢丝绳使用后期,应每两天检查一次单位捻距内断丝情况,据此可以推测钢丝绳的继续承载能力和使用疲劳寿命。

　　润滑检查:按 Q/SY DQ1270《提捞采油钢丝绳技术规范》的规定,每月检查钢丝绳润滑情况,发现润滑油脂流失减少时,及时加涂润滑脂。

　　(2)内部检查:

　　按 Q/SY DQ1270《提捞采油钢丝绳技术规范》的规定,使用专用工具夹钳夹在钢丝绳上反方向转动,股绳便会脱起,小缝隙出现后,用起子之类的探针拨动股绳,对内部润滑、钢丝锈蚀、钢丝及钢丝间相互运动产生的磨痕等情况进行仔细检查。检查完毕后,稍用力转回夹钳,以使股绳完全恢复到原来位置,钢丝绳不会变形。

　　(3)其他检查:

　　按 Q/SY DQ1270《提捞采油钢丝绳技术规范》的规定,每季度对钢丝绳匹配轮槽的表面磨损情况、轮槽几何尺寸及转动灵活性进行检查。

五、快速卸油罐车

　　在提捞采油作业时,当提捞车把原油从油井举升到井口后,原油通过软管直接排入油罐车,再由油罐车拉运到转油站外输。与普通罐车相比,提捞作业油罐车需要有较快的卸油速度以提高与提捞车配合的时效,同时须具有在冬季作业时保温和加温处理设施。

　　目前研制成功的油罐车以 5t 东风卡车为底盘,罐体外加保温层和铁皮护层,罐底部设有强制卸油机构,并伴有蒸汽穿腔管,以便在发生冷凝问题时加热处理。该车罐容 5m³,卸一罐油耗时约 15min。

　　与成品油相比,原油物性较差,黏度高、含蜡量高、凝固点高,故运送原油的罐车除具备一般油罐车所具有的加隔板、防静电等工艺外,还应具有与油品条件及生产管理条件相适应的工艺。主要表现如下:

1. 与油品条件相适应的入、放油控制口

　　由于原油的流动阻力大,由提捞车引出的往油罐车内进油的管路口径较大,管子也笨重,还要考虑该管线的连接与固定。

　　在泄油出口方面,采用的阀要便于开关操作,一般采用蝶阀。因泄油出口到泄油池有一段缓冲距离,即油罐后要带“尾巴”,所以原油入池的“尾巴”合理长细比制约了放油口径的过分放大。

2. 与环境条件相适应的保温或加温措施

　　原油入罐以后,随着罐体的散热,温度要进一步下降,使黏度上升,流动性下降。为顺利放油,要采取相应的保温或加温措施。

　　在保温方面,一般采取罐体外加保温层。在保温层外面,还要设铁皮防护层。

　　在加温方面,要根据现场实际条件设计,分两种情况:

　　(1)日常应用加温。加温方式分为水加温、汽加温和电加温三种。水加温是在泄油点附近有热水源,从井场向外运油时,在罐内留有一定空间而不为原油所充满,运到热水源处向罐

内充入热水,再到泄油点处泄油。汽加温是在罐体内设有蒸汽盘管,罐体外有蒸汽出入口,卸油管通过蒸汽出入口对罐内原油加热,以利于泄油。电加温是在罐体内设电加热器,到泄油点后接上电源供热。对于老油田来说,水加温使用比较方便。

(2)加温工艺。通常罐车发生故障时,不能泄油,采用注入热水、蒸汽或电加热方式使原油升温液化,便于原油流动。

六、转油站

在提捞采油方式下,运油罐车把从井内捞出的原油运出后,要有一个集中泄油的地方,这个泄油点称为转油站。转油站的功能包括汇集、加温、初步沉降分离、脱水除砂除杂和输油。

对于老油田来说,捞油的转油站可以位于原来老油田的集油站附近,通过管线把转油站与原油集油站的来油管路连起来。这种转油站具有卸油口、加温装置和泵油装置。对于新开发的以提捞采油为主的油田,在无电源的情况下,油水分离只能采用简单的沉降分离方式,加温只能用原油或天然气。

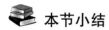 **本节小结**

本节介绍了提捞车、提捞井口、提捞泵、提捞绳内容,宣贯3个标准:Q/SY DQ1265《提捞采油车技术管理规范》;Q/SY DQ1267《捞油泵技术规范及使用要求》;Q/SY DQ1270《提捞采油钢丝绳技术规范》。

第二节　提捞采油操作

提捞采油井在实际生产中管理较简单,有两项操作:一是提捞前操作,二是捞油操作。

一、捞油作业流程

1. 准备工作

驾驶员开车进入井场,捞油车对准油井,捞油操作员挂上取力器,启动液压泵;操作伸缩、支撑及摆动液压缸,让井口装置对准油井套管,扣严密封;捞油工将输油管接在井口的出油口上。

2. 捞油作业

捞油作业流程如下:

(1)接通电源,通过面板输入捞油柱高度等捞油参数,系统自动保留上次设定值。液压泵倒挡,马达小排量,捞油抽子快速下放,接触液面时显示和存储液面位置,并报警。

(2)抽子继续慢速下放至设定油柱高度(约200m),停止下放。液压泵切换正挡,马达换大排量,抽子开始中速上提,控制速度。

(3)抽子上提过程中超载或遇卡时,报警,抽子上的自动卸载,将速度减小,提醒油罐车注意,开始出油。

(4)到达井口时,报警,停止上提,完成一个捞油循环。

（5）液压泵倒挡，马达小排量，捞油抽子重新快速下放。

3. 收尾工作

将抽子和加重杆收进井口装置中，卸下井口出油口上的输油管，操作液压缸收起伸缩梁，摘掉取力器，关掉自控面板上的电源；清理干净井场和汽车，汽车转入正常行驶状态，撤离井场。

二、提捞施工前检查

1. 车辆安全检查

（1）检查各部位螺丝的紧固情况。

（2）检查液压系统各接头是否渗漏，液压泵是否好用，液压油面高度以及各液压缸工作是否正常。

（3）检查底盘及底盘以上气路是否正常，有无漏气部位。如果存在问题，做到及时处理。

（4）检查发动机机油、柴油（汽油），液压是否足量，发动机温度、机油压力是否正常，仪表灯及照明灯光是否齐全完好。

（5）按 Q/SY DQ1268《提捞采油施工操作规范》的要求，检查车辆刹车及滚筒刹车是否正常。

（6）检查消防器材是否合格齐全。

（7）按 Q/SY DQ1268《提捞采油施工操作规范》的规定，检查防火帽、接地倒链、罐车进油孔盖软垫片或有色金属垫片等配置是否齐全好用。

（8）检查提捞泵、胶筒、加重杆、钢丝绳、防盗井口、专用工具、连接管线、井口、短节及必备的铁锹、管钳等工具是否齐全完好。

（9）检查提捞设备车体、罐体，达到无油污。

2. 提捞施工人员要求

（1）每个提捞车组至少应配备提捞车司机一人，运油罐车司机一人，操作手二人。

（2）应坚持"二穿二戴"，即穿工服、穿工鞋，戴手套、戴工帽。

（3）提捞施工人员严禁酒后或超负荷疲劳工作。

3. 提捞现场检查要求

（1）彻底检查施工现场，清除烟头、明火等，确保现场无油污。

（2）检查施工现场是否有电线、电缆和其他障碍物，防止刮碰造成事故。

（3）提捞井口应有防盗帽。

三、提捞施工

1. 施工准备

（1）根据井场条件，将提捞车、罐车及消防器材摆放到 Q/SY DQ1268《提捞采油施工操作规范》规定的井口上风方向。

（2）调整提捞设备与井口对中，要求井口与支架（或井架）中心点偏差在可调整范围内，车辆定位,微调使井口对中。

(3)稳定提捞设备,连接提捞泵、重锤,连接固定好进出口管线。

(4)检查校对提捞设备指深表、指重表,试运设备,准备提捞作业。

2. 操作步骤

(1)按照该井合理的捞油深度进行提捞施工,首先匀速下放提捞采油泵,速度不超过3m/s,在接近液面50m后或井下情况不清楚时,缓慢下放,速度不超过1m/s,重锤接触液面后,继续下放钢丝绳,速度不超过0.5m/s。施工过程中,操作人员杜绝猛起车、急刹车、严禁猛下猛起,要平稳操作。

(2)当提捞泵下入预定深度后,缓慢上提,按 Q/SY DQ1268《提捞采油施工操作规范》的规定,最初50m保持0.5m/s的上提速度,无异常后,可适当提高匀速上提速度,但不得超过2m/s,距井口300m后降为最初的0.5m/s。

(3)观察罐车内液面高度,避免冒罐。

(4)提捞采油泵接近井口50m时,降低速度,认真观察指深表、出油管线,避免撞击井口。

(5)重复工序(1)~(4),使井筒内液面降到预定深度。

(6)记录好提捞采油班报表。

(7)拆卸井口提捞装置,收好工具、消防器材。

(8)安装好井口防盗帽。

(9)清理施工现场,达到安全环保要求。

3. 注意事项

(1)施工过程中,操作人员杜绝猛起车、急刹车、严禁猛下猛起,要平稳操作。

(2)注意观察罐车内液面高度,避免冒罐。

四、事故案例分析

1. 卸油闪燃事件

1)事件经过

2006年7月24日,某卸油站一辆罐车进站卸油,罐车司机为使油品尽快卸尽,开大罐车卸油管阀门,油气急速从卸油罐内喷出并出现闪燃。现场监护人员迅速用石棉被进行覆盖,事态没有进一步扩大,整个过程无人员伤亡及财产损失。

2)事件原因分析

(1)在流体流速较快时产生的静电荷大量聚集,而罐车没有使用防静电胶管,在一定条件下形成放电闪燃。

(2)卸油站监护人员在卸油操作过程中,没有按规定检查、控制卸油速度。

3)预防措施

(1)要严格按照操作规程操作。

(2)加强对卸油站工作人员的业务培训,提高其安全技能。

（3）加强应急预案演练，提高岗位工人应急处置能力。

2. 卸油池跌落伤害未遂事件

1）事件经过

2008 年 9 月 25 日，某卸油站进行卸油池清淤，一外来施工人员在油池旁疏忽大意，差点掉入深达 2m 的卸油池中，被站内的工作人员及时拉住。

2）事件原因分析

施工人员对工作环境不熟悉，施工场所没有达到施工条件。

3）预防措施

（1）要时刻牢记和落实"属地管理"责任，认真管理外来施工人员。
（2）施工前，施工人员要熟悉施工环境，对存在的风险进行识别和削减。

3. 卸油站火灾未遂事件

1）事件经过

2010 年 10 月 12 日中午，某卸油站工作人员忽然发现站外烧荒的火势蔓延较快，接近卸油站安全范围，工作人员在火势下风处准备用灭火器灭火，并在站外用土堆出一条隔离带。由于及时发现、处理，没有造成事故发生。

2）事件原因分析

（1）农民放荒引发险情。
（2）风险识别不够，对工作场所周围环境潜在的危险没有充分评估，没有事先采取隔离等防范措施。
（3）对周边人员的安全告知和宣传不够，没有形成普遍的安全氛围。

3）事件启示

（1）在工作中要时刻保持安全生产的警惕性，对主观因素和各方面客观因素对安全的影响要有清醒的认识。
（2）加强应急预案的编制和演练，正确处理突发事件。
（3）加强对周边人员的宣传教育，提高安全意识。

本节小结

本节宣贯了 Q/SY DQ1268《提捞采油施工操作规范》，对提捞井现场检查和提捞操作规范进行了讲解。

第三节 提捞井动态管理

提捞井管理比较简单,一是资料录取,二是日常报表填写,发现问题及时处理。

一、捞油方式

捞油有多种生产方式,对采用油管内,还是套管内,抑或是预置套管内;是全井段,还是井下200m往复式;是固定式,还是移动式;是抽子预置式还是非预置式,共计24种捞油方式,如图4-10所示。

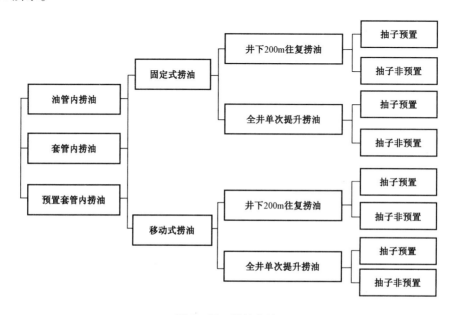

图4-10 捞油方法

1. 根据提捞泵下入空间划分捞油方式

根据提捞泵下入空间划分为油管内捞油、套管内捞油、预置式套管捞油3种。

1)油管内捞油

提捞泵下入油管内捞油。

优点:可洗井、清蜡,出现其他异常时,通过起出油管可以解决;油管可以处理,处理后能提高抽子使用寿命;油管内径小,相同液柱高度对钢丝绳产生的力油管是套管的1/3,设备要求整体设计功率小(11~15kW),体积小、投入少。

缺点:与套管捞油相比,修井需要起下油管,油管成本高。

2)套管内捞油

不需要下油管,捞油泵直接下入套管内捞油。

优点:节约油管作业和油管费用;一次捞油多,减少捞油的往复次数。

缺点:原有套管表面状况不好确定,套管接箍缝比油管接箍缝大,影响抽子寿命;套管内捞油不能进行其他作业,出现断脱时不易打捞;同样捞深下,设备设计功率大(25kW)以上,体积大,设备投资高。

3)预置套管内捞油

在捞油泵上下往复工作深度套管内部,再下入预置套管捞油。

优点:套管可以维护,抽子使用寿命长;节约油管作业和油管费用;一次捞油多,减少捞油的往复次数。

缺点:预置套管费用比普通套管费用高;套管内捞油时,不能进行其他作业,出现断脱时不易打捞;同样捞深下,设备设计功率大,体积大,设备投资高。

2. 根据捞油装置是否移动划分捞油方式

根据捞油装置是否移动划分为移动式捞油和固定式捞油。

1)移动式捞油

优点:设备可搬家,设备投入少。

缺点:在换地点后,需要其他设备配合移动,还需要固定摆正等准备工作,工期长,作业人员多。

2)固定式捞油

优点:一次摆好位置,不需要反复移动,与井口每次对接方便,设备稳定性好;调整周期短,效率高,作业人员少,仅需 2 人;不需要动用其他设备配合。

缺点:设备投入多。

3. 根据提捞次数划分捞油方式

根据提捞次数划分为井下往复200m和全井单次提捞捞油

1)井下往复200m捞油

可以在井下200m往复抽油,其冲程和冲次根据油层的厚度自行调节。

优点:井下捞油管段可单独处理,比全井处理费用低;便于在井口观察出液情况。

缺点:油管内捞油时,油管最下端设置单向阀;套管内捞油时,需要先下一趟管柱,完成封隔器和单向阀预置,增加了作业及工具投入;如果井深,采用往复捞油,地面设备需要加大功率,体积大、投入多;抽子承受压力大,密封压力要求高,泵寿命受影响。

2)单井一次提捞到井口捞油

优点:最下端不用设置单向阀及其他工具;同样井深和液面高度下,装机容量小,设备整体体积小,费用低;抽子需要密封压力低,渗漏量小,摩擦力小,抽子寿命长。

缺点:抽油时间长。

4. 根据抽子是否预置划分捞油方式

根据抽子是否预置划分为抽子预置捞油和抽子不预置捞油。

1）抽子预置捞油

优点：再次安装方便，只需将地面预留钢丝绳与滚筒简单对接，其他不需要调整，劳动强度低，需要人员少（1h 内完成）。

缺点：每口井都要配置相应长度的钢丝绳及抽子，一次性投入高（500m 井深时，投入约为1.5 万元左右）。

2）抽子不预置捞油

优点：多口井共用一套钢丝绳和抽子，投入成本低。

缺点：换井时，需要拆装井口，并二次安装，井口作业时间长，人员劳动强度大，需要人多（4h 左右）。

二、提捞采油井资料录取

1. 提捞采油井录取资料

提捞采油井资料全准是指单井月捞液量、化验含水、液面、静压 4 项资料全准。

1）捞油量

每次捞油必须记录单井日捞液量，待油罐液面稳定后方可检尺，单罐检尺 3 次取平均值计算液量，要求每次误差小于 ±0.5cm。

2）取样化验含水

正常提捞采油井，按 Q/SY DQ1269《提捞采油井资料录取规范》的规定，每月需进行一次原油含水化验。按 Q/SY DQ1269《提捞采油井资料录取规范》的规定，正常捞油井含水化验采用离心法，井口取样要在井口一次捞油的初始、中间、终了三个阶段各取一个油样进行化验，取平均值。化验执行 Q/SY DQ0930《油井产液取样及质量要求》的要求。

3）液面

每次捞油必须记录捞油的初始液面和终止液面，提捞采油井资料录取要求执行 Q/SY DQ1269《提捞采油井资料录取规范》的规定，一个捞油周期内初始液面变化的波动超过 ±100m 时，要分析原因并采取调整措施。

4）静压

提捞采油井定点井每年测一次静压，静压资料是按照 Q/SY DQ0734 的标准进行验收，波动范围小于或等于 ±1.0 MPa，超过波动范围的需查明原因或复测。

2. 资料整理

(1)原始资料报表和综合资料一律用蓝黑墨水钢笔填写。

(2)填写原始资料报表，要求字迹清晰工整，填写综合资料报表，要求行列整齐，字迹工整，备注填写齐全、准确。

(3)资料报表填写内容应齐全，按照资料录取有关规定及时准确地填写，相同数据不许用

"……"代替，要正规书写，不得缺项漏项。

（4）采油矿（作业区）报表数据填错后，允许将错误用"—"改法修改，将正确的填写在上方，不允许漏项或重抄报表。

（5）提捞采油井井号要正规书写，不准用符号代替，如井号要写明区、排、井号，如芳葡50、斜56、台5。

（6）填入提捞采油井班报表包括井号、提捞次数、车号、提捞时间段、捞油日期、产液、产油、产水、初始液面深度、末次液面深度、捞前罐液面、捞后罐液面，如表4－4所示。

表4－4　提捞采油井班报表

提捞采油作业区（　）提捞队　　　　　　　　　　　　　　　　　　　　　日期：年　　　月　　　日

序号	井号	提捞次数	车号	捞油时间段	产液，t	产油，t	产水，t	初始液面	末次液面	捞前罐液面	捞后罐液面	备注
1	aa	1	081	3：16－03：40				950	1195	0.02	0.37	
2	bb	1	082	05：42－06：18				917	1205	0.02	0.39	1200m下是水
3	cc	3	081	03：48－04：52				384	1190	0.34	0.72	
4	dd	1	081	09：10－09：40				780	1042	0.57	0.80	980m下是水
……	……	……	……	……				……	……	……	……	……

制表人：　　　　　　　　　　　　　　　审核人：

3. 采油矿（作业区）采油队资料的建立与保存

1）采油矿（作业区）采油队建立资料

采油矿（作业区）采油队建立资料如下：

（1）提捞采油井提捞周期及提捞运行表。

（2）提捞采油井生产日报表。

该表以提捞队每天的生产数据为一页，记录当天的提捞井号、各井的提捞次数、初始液面深度、提捞泵下入深度、液柱高度和捞油量。同时记录设备状况和专用工具动态。

（3）提捞采油井井下落物情况记录表。

（4）提捞采油井综合记录。

该表形式同其他采油井的综合记录一样，即以每井每月为一页，每日一行，内容为记录该井月内各天的提捞次数、液面深度、提捞深度以及捞油捞水量。

（5）提捞采油井井史。

该表每月一页，每井一行，记录各井该月的上井次数、捞油次数、以及日、月、年捞油量和累计捞油量。

（6）捞油综合数据记录表。

该表以每井每年为一页，记录该井各月的日均产量，月、年累计产量以及流压、静压等测试或折算结果。

（7）原油含水分析报表及化验记录。

2）资料保存期限

原始资料保存期为一年，整理资料长期保存。

三、提捞采油工作制度

1. 提捞采油工作参数

从采油方面来讲，决定提捞采油井产液量高低的参数有两个，一是捞油周期，另一是每井次捞油量。捞油周期是指间隔多长时间上井捞油，每井次捞油量是指提捞泵提升一次的油量。捞油井的工作制度就是确定捞油周期和每井次捞油量。

1）捞油周期的确定

先初步确定捞油井捞油间隔天数，每次捞油时记录该井的液面深度及捞油深度，计算出每天液面上升高度，根据液面恢复速度重新确定捞油间隔天数。通过不断摸索，形成捞油井定深度、定时间捞油。捞油周期由供液能力确定。

2）捞油液面高度的控制

提捞井液面控制过高，生产压差减小，影响油井产量，反之，如果液面过低，易造成井筒附近油层严重脱气或原油轻组分迅速分离而流出，使原油黏度增大，在油层中流动困难，导致油井只产少量水或气体，因此提捞后的液面至油层顶界一般应控制在 50～100m 的范围内。

2. 提捞过程中的遇阻问题

提捞过程中遇阻的一般原因是：捞油井套管变形、结蜡、捞油泵胶筒脱落卡在套管接箍处、井下落物与出砂等。应及时分析遇阻原因，采取相应的处理措施。

3. 提捞井的计量

提捞井的计量方式上要有四种：

(1) 液面恢复法。

(2) 公式计算：按照提捞车钢丝绳每次下放到井筒内的钢丝长度、套管截面、化验分析的提捞液密度，进行单井计产。

(3) 油罐车量油：罐车接满 2～3 口井的液体，到达泄油点后，由工作人员对罐内液体高度检尺，放掉底水后，再重新对剩余液体高度检尺，折算出油量和含水，这一方法存在很大的误差。

(4) 卸油点设地衡及含水分析仪，用地衡来计量液量，含水分析仪来测量含水率。

经过生产实践，前两种方式计量误差较大，第四种方式计量准确。但投资较高，第三种方式投资低，计量相对准确，目前应用最为普遍。

4. 油罐车的管理。

每台油罐车均安装 GPS 监测系统，对油罐车的运行全程监控。

四、外部提捞采油队的年度审查

对外部提捞采油队进行年度审查的内容和要求：每年的第四季度进行审查，审查部门

由油田开发部、审计监察部、企管法规部、质量节能部负责，审查内容包括证件审查、企业能力审查、工程质量审查、质量体系审查、安全管理审查 5 项内容。

按照 Q/SY DQ1264《外部提捞采油队年审规范》的规定评分，在否定指标合格的前提下总分高于或等于 60 分的为合格，总分低于 60 分的为不合格。

本节小结

本节介绍了提捞采油的原理、资料录取规范以及日常报表的填写，宣贯了 Q/SY DQ1269《提捞采油井资料录取规范》和 Q/SY DQ1264《外部提捞采油队进行年度审查规范》。

第五章　注水井与配水间管理

油田开发的过程就是油田能量逐渐消耗的过程,随着油田开采时间的延长,油层压力逐渐下降,如果没有外来的驱油能量补充,油层压力下降到低于饱和压力之后,溶解在原油中的天然气在油层内就会大量游离出来而进入井筒中,引起油井产油量不断地下降。目前,保持或提高油层压力的方法主要是向油层中注入流体(注水、注气等),补充已采出的原油在油层中所让出的孔隙体积,使油层压力得到保持或者上升。

当油层天然能量不足以举升原油时,必须依靠人工注水补充能量来进行油田开采。注水井就是为了补充地层能量而向地下注水的生产井。因此,作为油田采油工作者,必须掌握注水井生产管理与维护技能,才能保障油田注好水、注够水,为油田高效开发做贡献。本章宣贯7个标准:

Q/SY DQ0798　油水井巡回检查规范

Q/SY DQ0804　采油岗位操作程序及要求

Q/SY DQ0916　水驱油水井资料录取管理规定

Q/SY DQ0917　采油(气)、注水(入)井资料填报管理规定

Q/SY DQ0919　油水井、计量间生产设施管理规定

Q/SY DQ0920　注水井资料录取现场检查管理规定

Q/SY DQ0921　注水(入)井洗井管理规定

第一节　注水井巡回检查

注水井巡回检查,主要是检查水井及配水间阀门、仪表的工作状况,以及注水井参数的录取。如果水井不能正常生产、达不到配注要求,就容易造成地下亏空,油井产量下降;如果超出配注要求,就容易造成油井水淹,影响油田开发效果。通过注水井巡回检查,及时了解水井工作情况,保证水井配注正常完成。

本节宣贯四个标准:

Q/SY DQ0798　油水井巡回检查规范

Q/SY DQ0916　水驱油水井资料录取管理规定

Q/SY DQ0917　采油(气)、注水(入)井资料填报管理规定

Q/SY DQ0920　注水井资料录取现场检查管理规定

一、油田注水系统

油田注水水源根据来源,可以分为地面水、地下水和采出的含油污水。目前注水的水源主要是油田含油污水,经过水处理后的水,水质达到注入要求,再送到注水站,通过高压注水泵提高压力,使其达到注水所需的压力后,再通过分水器和输水管线送到各个配水间,由配水间将

水分配到各注水井注入油层。

注水系统整个流程是从含油污水→净化系统→注水站→配水间→注水井,净化系统实际上是水质处理系统。

1. 注水水源

油田注水要求水源的水量充足、水质稳定。水源的选择既要考虑到水质处理工艺简便,又要满足油田日注水量的要求及设计年限内所需要的总注水量。油田开发到后期,注水主要采用含油污水,其特点是偏碱性、硬度较低、含铁少、矿化度高、含油量高、悬浮物组成复杂。目前注水水质的技术指标为:

(1)普通含油污水:含油≤20mg/L,杂质≤10mg/L。

(2)普通含聚含油污水:含油≤3.0mg/L,杂质≤30.0mg/L。

(3)地面污水:杂质≤15mg/L。

(4)深度处理污水:含油≤8mg/L,杂质≤3mg/L。

对水质的要求应根据油藏的孔隙结构与渗透性分级、流体的物理化学性质以及水源的水型并通过实验来确定,水驱注入水水质控制指标见表5-1。

表5-1　水驱注入水水质控制指标

项目	注入层渗透率指标,μm^2			
	<0.01	0.01~0.10	0.1~0.6	>0.6
含油量,mg/L	≤5.0	≤8.0	≤15	≤20
悬浮固体含量,mg/L	≤1.0	≤3.0	5.0≤地面污水≤10.0	10.0≤地面污水≤15.0
悬浮颗粒直径中值,μm	≤1.0	≤2.0	≤3.0	≤5.0
平均腐蚀率,mm/年	≤0.076	≤0.076	≤0.076	≤0.076
硫酸盐还原菌,(SRB),个/mL	0	≤25	≤25	≤25
腐生菌,个/mL	$n \times 10^2$	$n \times 10^2$	$n \times 10^3$	$n \times 10^4$
铁细菌,个/mL	$n \times 10^2$	$n \times 10^2$	$n \times 10^3$	$n \times 10^4$

注:表中$0 \leq n \leq 10$。

2. 净化系统

(1)水处理系统作用:将水源来的水进行处理,达到注入水质要求。

(2)主要设施:沉淀池、过滤罐、脱氧塔。

(3)工艺流程:由于水源不同,对水的处理方法也不同。注入水处理的工艺流程是根据水源水的清洁程度和处理措施确定。一般比较完善的水处理流程如图5-1所示。

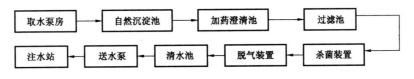

图5-1　一般较完善水处理流程示意图

3. 注水站

（1）注水站的作用是将处理后符合质量标准的水升压，使其满足注水井注入压力的要求。

（2）注水站的主要设施：

① 储水罐：具有储备作用、缓冲作用、分离作用。

② 高压泵机组：给注入水增压。

③ 流量计：计量水量。

④ 分水器水阀组：将高压水分配给各配水间。

（3）注水站工艺流程：

水源来水进到注水站，首先进行压力检测，流量计量，水质检测，然后进到缓冲水罐，目的是通过缓冲除去杂质，再进行流量检测，经过注水泵增压，检测压力是否达到注入压力，经管压检测，经过注水干线，到达注水井。

冷却水源通过水泵对冷却水增压或经过润滑油泵，经过注水泵增压，再经泵压检测，泵压控制，管压检测，到注水井，如图 5 - 2 所示。

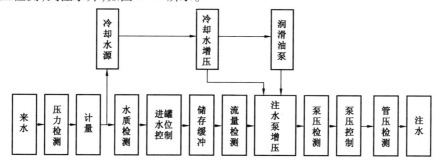

图 5 - 2　油田注水工艺流程

4. 配水间

（1）配水间的作用是调节、控制注水井注水量的操作间。

（2）主要设施：总阀门、来水阀门、泵压表、水表、注水控制阀门等组成。

（3）配水间工艺流程：

① 单井配水间到注水井流程：

在行列注水井网，一般采用单井配水，单井配水间与注水井同井场。单井配水间是用来调节和控制一口注水井的注水量的。流程比较简单，只有简单的管汇和计量用的流量计（高压水表）组成，具体流程如图 5 - 3 所示。

正常注水时，泵站来水经过干线来水阀门，到达泵压表，测量来水泵压；经过水表上流控制阀门，到达高压水表，测量来水流量；经过水表下流控制阀门、单流阀到达注水井井口。

② 多井配水间到注水井流程：

面积井网一般采用多井配水间，通常可以调节控制 2～5 口注水井的注水量，具体流程如图 5 - 4 所示。在正常注水时，由注水站来的高压水经配水间的汇集管分配给每个注水井，再经每个注水井的上流阀门通过各井的干式高压水表和下流阀门计量分配给各注水井水量。分配给各注水井的水量经各井的注水管线、井口单流阀门、总闸门经油管注入到油层中去。

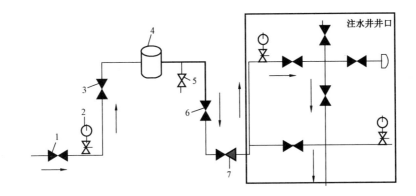

图 5-3 单井配水间到注水井流程示意图

1—泵压闸门;2—泵压表;3—水表上流控制阀门;4—高压水表;5—水表放空闸门;

6—水表下流控制阀门;7—单流阀

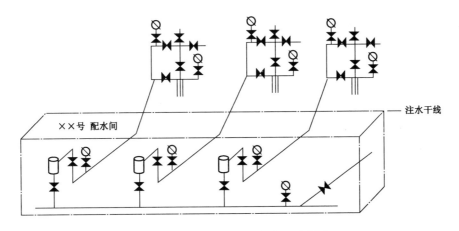

图 5-4 多井配水间注水流程示意图

5. 注水井井口装置

注水井井口装置(如图 5-5 所示)一般采用 CY250 型采油树,是注入水进入地层的通道,主要作用是:悬挂油管、承托井内全部油管柱重量;密封油、套管之间的环形空间;控制注水和洗井方式;保证各项作业施工的顺利进行。

(1)油压表:录取井口油压,是指经过注水下流阀门到井口的压力。

(2)生产闸门(油管阀门、注水闸门):连接注水管线一侧的闸门,水井正注时,水从此经油管注入到地层。

(3)取样闸门:平时该闸门关闭。当水井取样时,打开该闸门。

(4)油管四通:用以连接测试闸门与总闸门及左右闸门,是水井注水、水井测试等必经通道。

(5)测试闸门:平时该闸门关闭。当进行水井测试时,该闸门打开,便于起下测试工具。

(6)洗井放空闸门:平时注水,该闸门关闭。当水井反洗井时,污水从此闸门排到洗井罐车里。

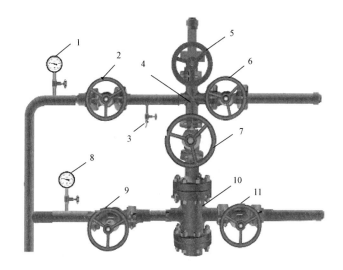

图5－5　注水井井口装置

1—井口油压表;2—生产闸门(注水闸门);3—取样闸门;4—油管四通;
5—测试闸门;6—洗井放空闸门;7—总闸门;8—套压表;
9—套管闸门;10—套管四通;11—套管放空闸门

（7）总闸门:注水时,水从该闸门经过注入到地层,是连接井口与井下油管通道的关键控制部件。

（8）套管闸门:正注时,该闸门关闭。当水井反注或合注时,配水间来水从该闸门经油套环空注入到地层。

（9）套管四通:也叫下四通,其作用是油管、套管汇集分流的主要部件。通过它密封油套环空、油套分流。外部横向是套管流道空间,内部纵向是油管流道空间。上部连接总阀门,下部连接套管短接。

（10）套管放空闸门:平时该闸门关闭。当水井正洗时,污水从此闸门排出到洗井罐车。

（11）套压表:主要用来录取套管压力。

注水井井口根据不同情况,井口阀门数量不一样,下面介绍几种注水井井口:如图5－6至图5－9所示。

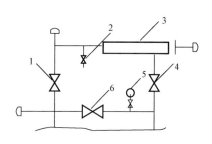

图5－6　三阀式注水井口

1—总闸门;2—取样闸门;3—清洗过滤器;
4—连通套管闸门;5—套压表;6—套管闸门

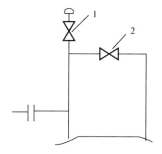

图5－7　两阀式注水井口

1—测试闸门;2—生产闸门

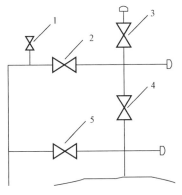

图5-8　四阀式注水井井口

1—放空闸门;2—生产闸门;3—测试闸门;
4—总闸门;5—套管闸门

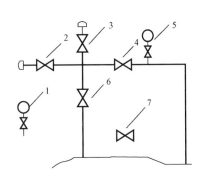

图5-9　五阀式注水井井口

1—套压表;2—洗井放空阀门;3—测试闸门;
4—生产闸门;5—油压表;6—总闸门;
7—套管闸门

6. 注水井管柱结构及注水井生产原理

1)注水井管柱结构

注水井管柱结构(如图5-10所示)是在完钻井身结构井筒套管内下入油管或配水管柱。

注水井管柱有两种,一种是笼统注水管柱,不细分地层,在统一的注入压力下注水,光油管注水,油管末端是喇叭口。

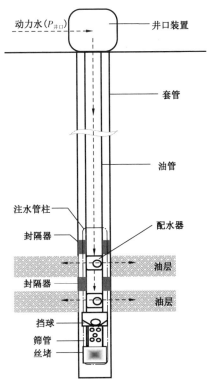

动力水($P_{井口}$)　　井口装置

套管

油管

注水管柱　　配水器

封隔器

油层

封隔器

油层

挡球
筛管
丝堵

图5-10　注水井结构及生产原理示意图

另一种是分层注水管柱,即在多油层的条件下,对各小层采用不同水嘴控制注水量。分层注水井管柱是由封隔器、配水器、筛管、丝堵、挡球串接起来的管柱结构。

(1)封隔器作用是封隔油、套环形空间,把各油层封隔成独立的开采系统。

(2)配水器作用是通过在配水器内装设不同尺寸的水嘴,控制所对应油层的生产压差,实现各层段的定量配注,给对应层段的水流提供通道。

(3)挡球的作用是当正常注水时,防止注入水从油管底部流入井底,同时油管压力大于套管压力,胀开封隔器胶筒,实现分层注水,也可进行反循环洗井。

(4)筛管的作用是反洗井时,防止地层泥砂随着水流进入井筒。

(5)丝堵的作用是把管柱末端封住,防止注入水流到井筒底部。

2)注水井生产原理

图5-10所示的地面动力(一定压力)水通过井口装置从油管(正注)进到井下配水器对油层进行注水。注水井井口油压加上井筒中水柱产生的压力,再去掉水沿井筒流动的能量损失,就是油层中部压力,见式(5-1)。

$$p_{油压} + H_{井深} \cdot \gamma_{注入水} - p_{损失} = p_{油层} \qquad (5-1)$$

式中　$p_{油压}$——注水井井口油管压力,MPa;

　　　$H_{井深}$——注水井油管注入水到油层中部深度,m;

　　　$\gamma_{注入水}$——注入水重度,N/m^3;

　　　$p_{损失}$——注水井管损与水头压力损失,MPa;

　　　$p_{油层}$——注入油层中部压力,MPa。

水井正常生产时,井底油层中部压力就是流压,流压的大小按井口油压与井筒水柱产生的压力之和计算。注水压力就是指井底流压,见式(5-2)。

$$p_{油压} + H_{井深} \cdot \gamma_{注入水} = p_{流压} \qquad (5-2)$$

如果注水井正注,井口压力为油压;如果反注,井口压力为套压。

油层开始吸水时的井底压力就称启动压力。注水井启动压力用降压法测定,即当流量计指针落零时的压力,或者用水表测定时,测出水表指针不走时的压力。

【例5-1】某注水井油层中部深度为1000m,该井注水闸门至水表指针不动时的井口油压为3.7MPa,求注水井启动压力(注入水密度为1.05t/m^3,重力加速度g取10m/s^2)。

解:$p_{启动} = p_{井口} + p_{液柱} = p_{井口} + h\rho g/1000$

　　　　$= 3.7 + 1000 \times 1.05 \times 10/1000 = 14.2(MPa)$

答:注水井启动压力为14.2MPa。

井底流压与油层压力之差是注水压差,见式(5-3)。

$$\Delta p_{注水} = p_{流压} - p_{油层} \qquad (5-3)$$

【例5-2】某注水井油层中部深度为1000m,油层静压为7.5MPa,井口油管压力为5MPa,求该井的注水压力(流压)和注水压差。

解:该井的注水压力为:

$$p_{流压} = p_{油压} + H_{井深} \cdot \gamma_{注入水} = 5 + 1000 \times 1000 \times 9.8 = 14.8MPa$$

该井的注水压差：

$$\Delta p_{注水} = p_{流压} - p_{油层} = 14.8 - 7.5 = 7.3 \text{MPa}$$

二、注水井资料录取

1. 注水井录取资料内容

注水井录取资料内容包括日注水量、油压、套压、泵压、静压、分层流量测试、洗井、水质化验八项资料。Q/SY DQ0916《水驱油水井资料录取管理规定》要求，对于周期注水井，除了其分层流量测试资料应在关井30d以上开井后，于2月内完成测试录取外，其他资料录取要求同正常注水井。Q/SY DQ0916《水驱油水井资料录取管理规定》还要求，注水井投注后测1次指示曲线，在分层配注前根据需要测1次同位素吸水剖面，为分层提供依据。

1）注水量录取要求

注水量是指注水井每日实际注入井下油层的水量，单位为立方米每天（m^3/d）。

正常生产情况下，全井日注水量按式（5-4）计算：

$$全井日注水量 = 本日结算时间水表底数 - 前一日结算时间水表底数 \qquad (5-4)$$

洗井情况下，洗井水量、全井实际日注水量和各小层注水量按式（5-5）至式（5-7）分别计算：

$$洗井水量 = 洗后水表底数 - 洗前水表底数 \qquad (5-5)$$

$$全井实际日注水量 = 全井日注水量 - 洗井水量 \qquad (5-6)$$

$$各小层注水量 = 某个压力点全井日注水量 \times 各小层吸水百分数 \qquad (5-7)$$

（1）正常注水井开井每天录取注水量。

水表发生故障必须记录水表底数，估注水量时间不得超过48h，但油压和水量不能同时估取。注水井开井每天录取注水量。Q/SY DQ0916《水驱油水井资料录取管理规定》要求，对能够完成配注的注水井，日配注量≤10m^3，注水量波动不超过±2m^3；10m^3<日配注量≤50m^3，日注水量波动不超过配注的±20%；日配注量>50m^3，日注水量波动不超过配注的±15%，超过波动范围应及时调整。对完不成配注井，按照接近允许注水压力注水或按照泵压注水。水表发生故障应记录水表底数，按油压估算注水量，估算时间不得超过48h。

（2）关井30d以上的注水井开井，按相关方案要求逐步恢复注水。

（3）分层注水井封隔器不密封和分层测试期间不得计算分层水量，待新测试资料报出后，从测试成功之日起计算分层水量。

（4）注水井放溢流时，采用流量计或容器计量，溢流量从该井日注水量或月度累计注水量中扣除。另一种情况是配水间流程关掉，打开油管放空阀门，依靠井底压力从井底返出的水量，也叫溢流量。其计算按式（5-8）和式（5-9）进行。

$$井口溢流量 = 每小时溢流量 \times 放溢流时间 \qquad (5-8)$$

$$全井实际日注水量 = 全井日注水量 - 溢流量 \qquad (5-9)$$

(5)Q/SY DQ0916《水驱油水井资料录取管理规定》要求,干式计量水表每半年校验1次,涡街式电子水表每两年校验1次,使用其他新式仪表,按要求定期校验。

2)油压、套压、泵压录取要求

(1)油压录取:油压是指注水井井口油管的压力。注水井井口油压只有在面积注水井网系统中地面集中的配水间(多井配水间)才有意义,在行列注水井网中因井与配水间(单井配水间)同井场,几乎无管损,所以没有意义。油压是在井口压力表上直接录取的,如果井口油压与配水间的油压差值过大(管路损失大)就要落实原因,否则就要影响实际注入油层的注水质量。

注水井开井每天录取油压,注水井关井根据特殊需要录取油压。Q/SY DQ0916《水驱油水井资料录取管理规定》要求,注水井关井1d以上,在开井前应录取关井压力。注水井钻井停注期间每周录取1次关井压力。

(2)套压录取:笼统注水井套压是指油套环空在井口的压力,无保护封隔器的水井套压高低只是油层压力的反映。分层注水井套压是指第一级封隔器以上油套环空在井口的压力。如果下保护封隔器的注水井套压超标,说明封隔器不严或封隔器失效。

Q/SY DQ0916《水驱油水井资料录取管理规定》要求,每月录取1次套压,两次录取时间相隔不少于15d。异常变化井加密录取,落实原因。措施井开井一周内录取套压3次。冬季11月1日至次年的3月31日可不录取套压。

(3)泵压录取:泵压是指注水井每日注水时的注水干线的压力,即单井注水上流阀前的管路压力值,它是在压力表上直接录取的。由于注水干线压力有时是波动变化的,不是一个定值,所以现场是在每日的几个班次(以本油田规定为准)中录取的各个压力数据里,选出一个能代表当日注水生产实际情况的泵压值,作为当日该井的注水泵压(注意:不是选用几个班次录取泵压值的算术平均数,而是直接选用某个班次的录取泵压值)。《水驱油水井资料录取管理规定》要求,注水井泵压在监测井点每天录取1次。

(4)注水井压力表:固定式取压表每季度校对1次,快速式取压及采用柱塞泵或电泵进行增压注水的注水井的压力表每月校对一次。压力表使用中发现问题应及时校对。压力值应在使用压力表量程的1/3~2/3范围。采用新型取压装置,必须经油田公司组织鉴定后方可允许使用,否则资料为不准。

注水井的套压表、配水间的泵压表、油压表,冬季时必须加防冻装置(油葫芦),在进入冬季以前装置挤满40号变压器油并用毛毡包好。

3)静压录取要求

注水井关井一段时间之后,油层中部压力不再下降时的压力,叫做静压。动态监测定点井,Q/SY DQ0916《水驱油水井资料录取管理规定》要求,每年测静压1次为全,测试卡片合格,年对比压差不超过±1.0MPa,超过波动范围,必须查明原因,否则为不准。

4)分层流量测试资料录取要求

(1)Q/SY DQ0916《水驱油水井资料录取管理规定》要求,正常分层注水井每4个月测试1次分层测试资料,使用期限不超过5个月。正常注水井发现注水超,现场与测试注水量规定误差,应落实变化原因。

（2）分层注水井测试前需洗井的，必须提前 3d 以上进行，洗井后注水量稳定后方可测试。

（3）注水井分层测试前，比对试井队使用的压力表与现场使用的压力表，并比对电子流量计测取的井口压力与现场录取的油压，Q/SY DQ0916《水驱油水井资料录取管理规定》要求，压力差值应小于 ±0.2MPa；超过波动范围落实原因，整改后方可测试。

（4）注水井分层测试前，比对井下流量计和地面水表的注水量，以井下流量计测试的全井注水量为准，日注水量≤20m³，两者差值不超过 ±2m³；20m³ < 日注水量≤100m³，两者误差不超过 ±8%；100m³ < 日注水量≤200m³，两者差值不超过 ±8m³；日注水量 >200m³，两者差值不超过 ±16m³；超过波动范围落实原因，整改后方可测试。

（5）Q/SY DQ0916《水驱油水井资料录取管理规定》要求，关井 30d 以上的分层注水井开井后，在开井 2 个月内完成分层流量测试。

（6）笼统注水井要求一年测指示曲线 1 次。

5）洗井资料录取要求

注水井洗井按 Q/SY DQ0921《注水（入）井洗井管理规定》执行，记录洗井方式、洗井时间、洗前及洗后水表底数、溢流量。并在当月注入量中扣除洗井过程中的溢流量或加入漏失量。

6）水质录取要求

注水水质监测定点井每月取水样 1 次，Q/SY DQ0916《水驱油水井资料录取管理规定》要求，按 Q/SY DQ0605《大庆油田油藏水驱注水水质指标及分析方法》的规定进行化验。

7）周期注水井资料录取要求

除分层流量测试资料在关井 30d 以上开井后，要求 2 个月内完成分层流量测试外，其他资料录取要求同正常注水井。

2. 注水井班报表填写与上报

1）注水井班报表填写内容

注水井班报表填写内容包括：队别、配水间号、填写时间、井号，注水时间、检查时间、允许注水压力、泵压、油压、套压、水表读数（起始读数、终止读数）、瞬时注水量、注入量、溢流量、备注、值班人、班组长、保存部门、保存期限等，见表 5－2。

表 5－2 注水井班报表

编号：QR/C27－6－08

采油队：5－9　　　　　　　　配水间号：3　　　　　　　　　　20××年××月××日

井号	注水时间（h：min）	检查时间（h：min）	允许注水压力 MPa	泵压 MPa	油压 MPa		套压 MPa		水表读数		瞬时水量 m³/min	注入量 m³/min	溢流量 m³/min	备注（包括开、关井时间等）
					开井	关井	开井	关井	始 m³	终 m³				
5－4－水41	24：00	8：05	13.80	14.90	13.40		13.20		81316	81483	0.097	167		取样

续表

井号	注水时间（h:min）	检查时间（h:min）	允许注水压力 MPa	泵压 MPa	油压 MPa 开井	油压 MPa 关井	套压 MPa 开井	套压 MPa 关井	水表读数 始 m³	水表读数 终 m³	瞬时水量 m³/min	注入量 m³/min	溢流量 m³/min	备注（包括开、关井时间等）
5－4－水44	22:30	8:20	13.90	15.20	13.60		13.30		4578	4688	0.083	110		14:00 ~ 15:30 关井
……	……	……	……	……	……	……	……	……	……	……	……	……	……	

值班人:×××　　　　　　　　　班组长:×××

保存部门:采油队　　　　　　　保存期限:

2）注水井班报表填写要求

(1)原始资料采用手工方式填写。

(2)原始资料要求用蓝黑墨水钢笔或黑色中性笔填写,同一张报表字迹颜色相同。

(3)原始资料填写内容按资料录取有关规定及时准确地填写,数据或文字正规书写,字迹清晰工整,内容齐全准确,相同数据或文字禁止使用省略符号代替。

(4)班报表注水(入)量单位立方米(m³),数据保留整数位;压力单位,兆帕(MPa)数据保留1位小数。

(5)原始资料中注水(入)井井号,油层层号按规范要求书写,如"南5－2水22"。

(6)班报表除按规定内容填写外,还要求把当日井上的工作填写在报表备注栏内,例如:测试、测压、施工内容、设备维修、仪器仪表、校对、洗井、检查油嘴、取样、量油、气井排水等。开关井填写开、关井时间,注水(入)井填写开、关井时的流量计底数。

(7)注水井措施关井,必须扣生产时间。注水井洗井时,要把换排量时间、洗井排量,洗井总水量等详细填在备注栏内。注水井吐水放溢流必须把吐水量、溢流量记入备注栏内,当月从累积量中扣除。

(8)原始资料若发现数据或文字填错后,进行规范涂改,在错误的数据或文字上划"—",要把正确的数据或文字整齐清楚地填在"—"上方。

(9)班报表要求岗位员工签名。

3）注水井资料的录入

注水(入)井班报表、原始化验分析成果等数据录入油气水井生产数据管理系统。

4）注水井资料的整理和上报

(1)注水(入)井班报表填写完成后,要求当日上交到资料室,资料室负责审核整理注水(入)井班报表,并录入油气水井生产数据管理系统,并负责应用油气水井生产数据管理系统生成注水(入)井生产日报,并在当日审核上报。

(2)注水(入)井月度井史的整理和上报:

① 注水(入)井月度井史由资料室负责应用油气水井生产数据管理系统生成。

② 除按规定内容填写注水(入)井月度井史外,还应把压裂、转注等重大措施,常规维护性作业施工内容,井下事故,井下落物,井况调查的结论,以及地面流程改造等重大事件随时记入大事记要栏内。

③ 新投注井在投产后两个月内,把钻井、完井、测试、化验等资料录入井史。

④ 资料室负责每月底最后一日将当月月度井史数据审核上报。

⑤ 资料室负责单井年度井史在次年一月份打印整理。

(3)化验分析资料的整理和上报:由资料室负责将当日的化验分析资料录入油气水井生产数据管理系统。

(4)上传资料的审核:通过油气水井生产数据管理系统上传的资料要求逐级认真审核,当发现外报资料出现错误时,应及时报告,经上级业务主管确认批准后及时逐级更正,同时填写更正记录,并标明出现错误原因及更正数据或文字,更正记录保存期一年。

三、注水井资料录取现场检查

注水井资料录取现场检查的内容、指标、计算方法及要求,应遵照 Q/SY DQ0920《注水井资料录取现场检查管理规定》的标准执行。该标准适用于检查水驱注水井、聚合物驱空白水驱阶段和后续水驱阶段的注入井资料录取情况。

1. 现场检查内容

1)注水井资料录取现场检查的内容为油压、套压、日注水量、现场检查与报表注水量误差、现场检查与测试注水量误差、注水完成率及是否超允许注水压力。

2)注水井现场检查记录表。

注水井资料现场检查记录见表5-3。

3)注水井资料现场检查记录填写及指标计算说明

(1)填写要求:

① "井号"栏填写现场检查注水井的井号;"检查时间"栏填写现场检查注水井的时刻,精确到分钟。"油压"栏的"报表"项填写检查对应时间报表的油压,"现场"项填写检查时现场录取的油压。油压的"差值"按式(5-10)计算:

$$C = A - B \qquad (5-10)$$

式中 C——油压的差值,MPa;

　　　　A——报表油压,MPa;

　　　　B——现场油压,MPa。

油压的差值 C 不超过 ±0.3MPa。

② "套压"栏的"报表"项填写距检查最近时间录取的套压,"现场"项填写检查时现场录取的套压。套压的"差值"按式(5-11)计算:

$$F = D - E \qquad (5-11)$$

式中 F——套压的差值,MPa;

　　　　D——报表套压,MPa;

　　　　E——现场套压,MPa。

石油钻采技术标准化培训教程

采油作业

表5-3　注水井资料现场检查记录

序号	井号	检查时间	油压			套压			水表底数			现场检查注水量		现场检查与报表注水量误差①			现场检查与测试注水量误差②				注水完成率		允许注水压力	备注
			报表 MPa	现场 MPa	差值 MPa	报表 MPa	现场 MPa	差值 MPa	现场	报表	差值	瞬时注水量 m³/min	瞬时折算日注水量 m³/d	底数折算日注水量 m³/d	报表日注水量 m³/d	误差 %	检查日注水量 m³/d	测试日注水量 m³/d	误差 %	测试时间	配注 m³/d	完成率 %	MPa	
			A	B	C	D	E	F	G	H	I	J	K	L	M	N	P	Q	R	S	T	U	V	

被检查单位:　　　　　被检查单位负责人:

检查人:　　　　　检查日期:

① 现场检查与报表注水量误差:现场检查注水量与报表日注水量的对比误差;现场检查注水量:现场检查的底数折算日注水量与报表日注水量的对比误差。
② 现场检查与测试注水量误差:在现场检查注水压力下现场瞬时折算日注水量与检查时使用的分层流量测试资料对应的日注水量的对比误差。

— 230 —

③"水表底数"栏中"现场"项填写检查时现场录取的注水井水表底数,"报表"项填写前一天报表在结算时刻的水表底数,"差值"为对比日期结算时刻到检查时刻水表底数的差值,按式(5-12)计算:

$$I = G - H \qquad (5-12)$$

式中　I——报表结算时刻到检查时刻水表底数的差值;

　　　G——现场水表底数;

　　　H——报表水表底数。

④"现场检查注水量"栏中"瞬时注水量"填写检查时现场录取的注水井瞬时注水量,"瞬时折算日注水量"填写以检查注水井现场录取的瞬时注水量为基数折算的全日注水量。

⑤"现场检查与报表注水量误差"栏中"底数折算日注水量"填写从前一天报表结算时刻到现场检查时刻的注水量折算的全日注水量,"报表日注水量"填写检查对应时间报表的全日注水量,"底数折算日注水量"和"现场检查与报表注水量误差"分别按式(5-13)和式(5-14)计算:

$$L = I \pm J \cdot Y \qquad (5-13)$$

式中　L——底数折算日注水量,m^3/d;

　　　J——瞬时注水量,m^3/min;

　　　Y——检查时刻距当日结算时刻的间隔时间。

运用式(5-13)时,对检查时未到当日结算时刻的用"+",对检查时超过当日结算时刻的用"-"。

$$N = [(L-M)/M] \times 100\% \qquad (5-14)$$

式中　N——现场检查与报表注水量误差,%;

　　　M——报表日注水量,m^3/d。

$L \leqslant 10m^3$,$(L-M)$不超过$\pm 2m^3$;$10m^3 < L \leqslant 50m^3$,$N$不超过$\pm 20\%$;$L > 50m^3$,$N$不超过$\pm 15\%$。

⑥"现场检查与测试注水量误差"栏中的"检查日注水量"数值上等于"现场检查注水量"栏中的"瞬时折算日注水量","测试日注水量"填写现场检查注水压力下检查时使用的分层流量测试资料所对应的日注水量,"现场检查与测试注水量误差"按式(5-15)计算:

$$R = [(P-Q)/Q] \times 100\% \qquad (5-15)$$

式中　R——现场检查与测试注水量误差,%;

　　　P——检查日注水量,m^3/d;

　　　Q——测试日注水量,m^3/d。

$P \leqslant 10m^3$,$(P-Q)$不超过$\pm 2m^3$;$10m^3 < P \leqslant 50m^3$,$R$不超过$\pm 20\%$;$P > 50m^3$,$R$不超过$\pm 15\%$。

⑦"测试时间"栏填写检查井检查时使用的分层流量测试资料的测试时间。

⑧"注水完成率"栏中"配注"填写检查井检查时执行的方案配注水量,"完成率"为"现场检查与报表注水量误差"栏中"底数折算日注水量"与"配注量"的百分数。

⑨"允许注水压力"栏填写检查井的允许最高注水压力。

(2)管理指标计算方法及管理要求。

① 注水井资料现场检查记录计算公式及管理要求见表 5 - 4。

表 5 - 4 注水井资料现场检查记录计算公式及管理要求

序号	公 式	管理要求
1	$C = A - B$	C 不超过 $\pm 0.3\text{MPa}$
2	$F = D - E$	
3	$I = G - H$	
4	$K = 1440J($ 或 $24)$	
5	$L = I \pm J \cdot Y$	
6	$N = [(L - M)/M] \times 100\%$	$L \leqslant 10\text{m}^3,(L - M)$ 不超过 $\pm 2\text{m}^3$； $10\text{m}^3 < L \leqslant 50\text{m}^3,N$ 不超过 20%； $L > 50\text{m}^3,N$ 不超过 15%
7	$R = [(P - Q)/Q] \times 100\%$	$P \leqslant 10\text{m}^3,(P - Q)$ 不超过 $\pm 2\text{m}^3$； $10\text{m}^3 < P \leqslant 50\text{m}^3,R$ 不超过 20%； $P > 50\text{m}^3,R$ 不超过 15%
8	$U = L/T \times 100\%$	$(V - B) > 0.5\text{MPa}$ 时， $L \leqslant 10\text{m}^3,(L - T)$ 不超过 $\pm 2\text{m}^3$； $10\text{m}^3 < L \leqslant 50\text{m}^3,80\% \leqslant U \leqslant 120\%$； $L > 50\text{m}^3$ 时，$85\% \leqslant U \leqslant 115\%$ $(V - B) \leqslant 0.5\text{MPa}$ 时， $L \leqslant 10\text{m}^3,L \leqslant (T + 2)\text{m}^3$； $10\text{m}^3 < L \leqslant 50\text{m}^3,U \leqslant 120\%$； $L > 50\text{m}^3$ 时，$U \leqslant 115\%$

② 其他说明：

——J 为注水井瞬时注水量，K 为瞬时折算日注水量。注水量计量装置为以分钟计量的水表时，K 为瞬时注水量乘以 1440；注水量计量装置为以小时计量的水表时，K 为瞬时注水量乘以 24；

——间隔时间为检查时刻到报表结算时刻的间隔时间，单位为分钟或小时；

——$P = K$，Q 为现场检查注水压力下检查时使用的分层流量测试资料对应的日注水量；

——当泵压低于允许注水压力造成注水完成率不达标，只要现场按照泵压注水不作为不准确井。

2. 现场检查指标及资料准确率计算

1）注水井资料录取现场检查指标

（1）油压差值不超过依 0.3MPa。

（2）Q/SY DQ0920《注水井资料录取现场检查管理规定》规定，现场检查与报表注水量误差：现场检查底数折算日注水量 $\leqslant 10\text{m}^3$，现场检查与报表注水量误差不超过 $\pm 2\text{m}^3$；$10\text{m}^3 <$ 现场检查底数折算日注水量 $\leqslant 50\text{m}^3$，现场检查与报表注水量误差不超过 $\pm 20\%$；现场检查底数折算日注水量 $> 50\text{m}^3$，现场检查与报表注水量误差不超过 $\pm 15\%$。

（3）Q/SY DQ0920《注水井资料录取现场检查管理规定》规定，现场检查与测试注水量误差：现场检查底数折算日注水量 $\leqslant 10\text{m}^3$，现场检查与测试注水量误差不超过 $\pm 2\text{m}^3$；$10\text{m}^3 <$ 现场检

查瞬时折算日注水量≤50m³,现场检查与报表注水量误差不超过正负20%;现场检查底数折算日注水量>50m³,现场检查与报表注水量误差不超过正负15%。

(4)Q/SY DQ0920《注水井资料录取现场检查管理规定》有关注水完成率的规定为:当现场检查注水压力与允许注水压力差值大于0.5MPa时,现场检查底数折算日注水量≤10m³的注水井,现场检查底数折算日注水量与配注量差值不超过±2m³;10m³<现场检查底数折算日注水量≤50m³的注水井,80%≤注水完成率≤120%;现场检查底数折算日注水量>50m³的注水井,85%≤注水完成率≤115%。当现场检查注水压力与允许注水压力差值不大于0.5MPa时,现场检查底数折算日注水量不超过配注以上2m³;10m³<现场检查底数折算日注水量≤50m³的注水井,注水完成率≤120%;现场检查底数折算日注水量>50m³的注水井,注水完成率≤115%。

(5)现场检查油压不超过允许注水压力。

2)现场资料准确率的计算

(1)注水井资料录取现场检查过程中出现油压差值、现场检查与报表注水量误差、现场检查与测试注水量误差、注水完成率和超允许注水压力中的任何一项超出规定要求,该井为不准井。

(2)现场资料准确率是指现场检查资料准确井数占现场检查井数的百分数。

3. 现场检查要求

1)注水井资料录取现场检查应严格执行各项管理制度,采取定期检查和抽查相结合的方式进行。

2)采油矿每月抽查一次,抽查井数比例不低于矿注水井总数的20%,采油队每月普查一次,并将检查考核情况逐级上报,采油矿(队)建立月度检查考核制度。

3)采油厂每季度至少组织抽查一次,抽查井数比例不低于厂注水井总数的10%,分析存在问题,编写检查公报,并上报油田公司开发部。

4)油田公司开发部每半年组织抽查一次,并将抽查情况向全公司通报。

四、注水井巡回检查

1. 准备工作

(1)工具、用具准备:600mm管钳、375mm活动扳手各1把,细纱布若干,记录笔1支、班报表、计时器。

(2)穿戴好劳保用品。

2. 操作步骤

1)检查流程

检查井口流程及配水间两部分设备完好状况。检查采油树各阀门开关情况。

2)录取资料

(1)记录检查时间、水表底数。

(2)测瞬时水量。

（3）录取泵压、油压、套压；要求录取压力时，要三点一线（眼睛，表针，刻度三点成一线）；泵压、油压每日录取 1 次，套压每月录取 1 次。

3）调整水量

（1）计算当日注水量（日注水量 = 本班水表底数 - 上班水表底数）。

（2）根据配注方案，确定当日注水是超注还是欠注。按 Q/SY DQ0798《油水井巡回检查规范》检查水表或电磁流量计运转正常；记录水表底数或电磁流量计底数，检查注水（入）入量完成情况；查水表底数或电磁流量计底数，检查注水量完成情况。

（3）计算预调整瞬时水量（瞬时水量/分 = 日注水量/1440）。

（4）调整注水量，调大注水量时要注意观察油压，不能超过允许注水压力。

4）检查渗漏

检查该注水井的单井管线是否有穿孔漏水现象；配水间各阀门有无渗漏现象；检查配水间管线及各连接处有无穿孔或渗漏处。

5）清理现场

收拾擦拭工具、用具，并摆放整齐。

6）填写数据

将有关数据填入班报表。

（1）技术要求及安全注意事项

（2）采油树配水间各阀门零部件不缺无渗漏、清洁无腐蚀。

（3）注水量按配注及层段性质的要求（即注水指示牌）进行调整。当注水指示牌只给日配注而未给出其范围时，可按其上下浮动20%进行折算。

（4）按时录取各项资料，并要求齐全准确。

（5）根据生产情况，提出该井合理措施和建议。

五、事故案例分析：管钳从阀门手轮处滑脱，人员摔伤

1. 事故经过

2014 年 8 月 24 日 9 时 15 分，采油工李某巡检到某注水井，发现该井瞬时水量超过配注量，便使用管钳调整该井配水装置出口闸门以控制注入水量。在调整阀门过程中，李某一只脚站在地上，一只脚蹬在取压接头处，在用力操作时，管钳从阀门手轮处滑脱，致使李某倒在地上摔伤。

2. 原因分析

（1）李某违反企业标准 Q/SY DQ0799《采油维修工技能操作》的规定，左手扶管钳头，右手握钳柄，均匀用力扭动管件。李某使用管钳控制注水井水量时，管钳滑脱，导致身体失去平衡造成腰部伤害。违章使用管钳（用来夹持和旋转钢管类工具）操作，是事故发生主要原因。

（2）岗位员工风险识别不到位。杨某未能识别注水井井场雨后地面湿滑的操作环境，管钳滑脱后，脚底打滑，是致使其摔倒的另一原因。

（3）设备保养不到位。注水井阀门由于没有黄油嘴，无法进行润滑保养，阀门开关不灵

活,导致李某违章使用管钳进行操作。

3. 整改措施

(1)开展针对性的安全培训。根据注水井的井口工艺特点,及相应设备说明开展培训,确保操作员工能够清楚设备性能,维护保养常识等。

(2)开展专项调查,制定隐患整改方案。针对该类水量调整装置无法进行保养的问题,开展调查,针对调查结果,将投入资金进行立项解决。

📚 本节小结

本节介绍了油田注水系统、注水井资料录取内容、现场检查要求与注水井巡回检查具体操作,宣贯了企业标准 Q/SY DQ0798《油水井巡回检查规范》、Q/SY DQ0916《水驱油水井资料录取管理规定》与 Q/SY DQ0920《注水井资料录取现场检查管理规定》3 个标准。

第二节　注水井操作与维护

原采油井转注、新井投注,为了保证注水之前管路畅通,必须冲洗干线。注水井注入一段时间之后,会在仪表、管路中残留杂质,影响水井配注要求。根据生产情况更换水表、洗井,停注(关开),再恢复注水。

本节宣贯:Q/SY DQ0804 《采油岗位操作程序及要求》

一、新注水井转注

1. 转注前的工、用具准备

(1)工具、用具准备:

准备 360mm,600mm,900mm 管钳各一把,200mm,250mm,300mm,450mm 活动扳手各一把,55mm,41mm,46mm 单头死扳手各一把,50mm,100mm,200mm 螺丝刀各一把,LCG—50 高压干式水表钢法兰盖 1 块,水表上、下耐油橡胶圈、垫若干。

(2)转注前对注水干线进行冲洗。

(3)穿戴好劳保用品。

2. 操作步骤

(1)通高压水检查:

① 把注水泵站来水通到单井和配水间注水阀组上流阀门前。

② 关严油压闸门、泵压闸门,打开水表放空闸门,放至没有压力后卸下原水表,装入上胶圈和钢法兰压盖。

③ 交替旋紧水表对角螺丝。

④ 关闭水表,放空闸门。

⑤ 接上采油树洗井放空管线至土油池或污水回收车。

⑥ 水表、泵压表、油压表、套压表经校对应齐全完好,量程符合要求。

⑦ 装有精细过滤器的注水井要关严总闸门、生产闸门,打开放空闸门,卸下堵头,取出精细过滤器滤芯,装上堵头。

⑧ 关严采油树放空闸门、总闸门,连通套管闸门。

⑨ 缓慢打开泵压闸门、油压闸门、生产闸门。

⑩ 检查管线、配水间、井口闸门、法兰、卡箍等连接部位,达到无渗、漏、缺。

⑪ 在配水间和井口易见处标注井号。

(2)正注时,关严采油树洗井放空闸门、连通套管闸门(注水井正注流程如图5-11所示)。

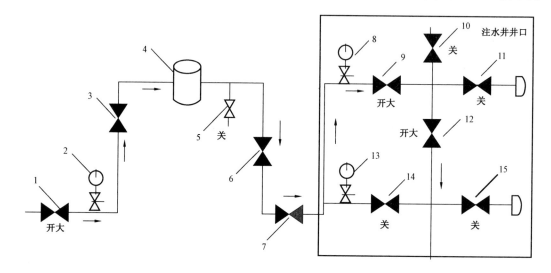

图5-11 注水井正注流程示意图

1—泵压阀门;2—泵压表;3—水表上流阀门;4—高压水表;5—水表放空阀门;6—水表下流阀门;
7—单流阀;8—油压表;9—生产阀门;10—测试阀门;11—洗井放空阀门;12—总阀门;
13—套压表;14—连通套管阀门;15—套管放空阀门

(3)开大总闸门、生产闸门、泵压闸门。

(4)缓慢开油压闸门,控制注水量,使之达到配注水量,不能超过允许最高注水压力注水。

(5)在班报表上记录转注时间,转注时水表起始读数、泵压、油压、套压。

3. 安全注意事项

(1)安装水表时,要交替旋紧水表对角螺丝。

(2)洗井放空污水一定要送到污水回收车。

(3)拆卸水表时,一定要放空压力后才可以操作,不允许带压操作。

二、冲洗注水井干线

凡是注水量低、过冬困难的水井,不准冲洗管线和采取放溢流的方法,必须在进入冬季之前进行关井、扫线工作,防止冻结管线和形成冰山。

1. 工用具、材料的准备

（1）穿戴好劳保用品。

（2）工具、用具准备："F"形扳手一把，250mm，375mm 活动扳手各一把，600mm 管钳 1 把，棉纱少许。

2. 操作步骤

操作步骤如图 5－12 所示。

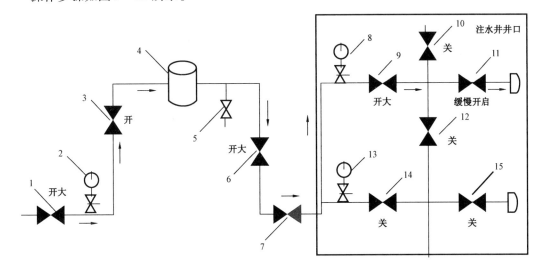

图 5－12 冲洗注水井干线流程示意图

1—泵压阀门；2—泵压表；3—水表上流阀门；4—高压水表；5—水表放空阀门；6—水表下流阀门；
7—单流阀；8—油压表；9—生产阀门；10—测试阀门；11—洗井放空阀门；12—总阀门；
13—套压表；14—连通套管阀门；15—套管放空阀门

（1）关严总闸门、连通套管闸门。

（2）开大泵压闸门、油压闸门、生产闸门。

（3）按 Q/SY DQ0803《注水井操作规程》中 2.3.3 的规定，缓慢开洗井放空闸门，控制出口排量为每小时 40m³，60m³，80m³，三个排量各 1h，再开大洗井放空闸门 10min，见出口水与注站水质一致为冲洗干线合格，如仍有杂质则不合格，还要重复进行冲洗，直到水质合格。

3. 安全注意事项

（1）开关闸门时要平稳，同时人应侧身站在阀门旁边，避免丝杠飞出伤人。

（2）在操作时避开卡箍接口处，防止高压水滋伤人。

三、更换干式水表芯子

1. 准备工作

（1）工用具、材料的准备

450mm，375mm，300mm 活动扳手各一把，200mm 螺丝刀一把，"F"形扳手一把（或 450mm

管钳 1 把),新水表芯子 1 块,上部下部密封圈各 2 个,黄油少许,棉纱,笔,纸。

(2)穿戴好劳保用品。

2. 操作步骤

(1)检查确认被换表的规格与新水表芯子相同。

(2)按 Q/SY DQ0804《采油岗位操作程序及要求》的规定,侧身关水表上、流阀门(先关高压阀门后关低压阀门),记录水表头的底数,开水表放空闸门。

(3)用梅花板手卸下水表压盖螺栓,取下压盖,用螺丝刀从 3 个对称角度轻撬出水表芯子,并用棉纱清理干净水表壳内的脏物。

(4)把准备好的下密封垫涂少许黄油,放入水表壳内,再把上密封圈准确套在水表芯子的磁钢盘下端面,把水表芯子准确平稳放入水表壳内,放上压盖,按 Q/SY DQ0804《采油岗位操作程序及要求》的规定,对称上紧螺栓,注意法兰四周缝隙要均匀。

(5)关水表放空阀门,稍开分水器上流阀门,检查水表法兰处有无渗漏,确认没有渗漏后,装上原表头。先开下流注水闸门,看水表显示的流量是否正常,正常后开大上流闸门,并按注水指示牌用下流闸门调整好注水量。

(6)记录开井时间及压力。

3. 安全注意事项

(1)操作时开关阀门要侧身,操作平稳。

(2)压盖对称上紧,防止紧偏刺漏。

(3)录取好前后水表底数、压力及时间,填好水井报表。

四、注水井洗井

洗井的目的是清洗井底脏物。洗井的反洗流程一般是配水间来水从套管进入井底,从油管返至井口,由测试接头外排地面管线(或专用罐车)。

1. 注水井洗井条件

(1)正常注水井,每半年定期洗井一次,注水量或压力发生明显变化时要进行洗井。

(2)新注水井转注前。

(3)下入不可洗井封隔器的井,在释放封隔器前。

(4)周期注水,按 Q/SY DQ0921《注水(入)井洗井管理规定》的规定,冬季停注井,钻关恢复注水时及其他特殊原因关井超过 7d 的注水井,开井前必须洗井。

(5)分层测试、笼统注水井测指示曲线前需测试前洗井的,按 Q/SY DQ0921《注水(入)井洗井管理规定》的规定,要提前 3 ~ 7d 天进行洗井。

(6)在相同油压下,当注水量与测试水量对比,水量下降达到如下幅度时,应首先对压力表进行校对,进行动态分析,确定无原因之后,对下入可洗井封隔器的井,应及时洗井:

① 配注水量≤20m³/日,实际注入量下降超过 30% 时;

② 配注水量≤60m³/日,实际注入量下降超过 20% 时;

③ 配注水量 >60m³/日,实际注入量下降超过 15% 时。

2. 不能洗井的情况

（1）封串井。由于封串井封隔器上、下压差较大，坐封难度大，洗井必然会引起管柱蠕动，缩短管柱的使用寿命，因此除测调遇阻及吸水下降外原则上不洗。

（2）油管漏失。油管漏失必然会造成洗井短路，影响洗井效果，出口水量也无法分析对比，操作不当还会激动地层出砂，砂埋管柱。

（3）亏空井。洗井漏失必然会影响洗井效果，除测调遇阻外原则上不洗。其他如封方停层等井，除测调遇阻及吸水下降外原则上不洗或延长洗井周期。

3. 注水（入）井洗井方式

（1）对下入可洗井封隔器的注水井，采用反循环洗井，就是从套管进动力水，从油管反出地面。对于油管内壁及井底脏物较多的注水井要采取正洗井或正、反洗井相结合的方式。要求洗井排量不小于 $15m^3/h$，洗井水量一般不低于井筒容积 $2 \sim 3$ 倍，以进口水质与出水水质一致为准。

分层注水井一律反洗井（如图 5－13 所示），洗井排量不低于 $15m^3/h$，采用水力扩张式封隔器的注水井，先在配水间关注水上下游阀门，使油压、套压平衡，让井内的封隔器胶筒收缩回去，再洗井；采用水力压缩式封隔器的注水井，当套压高于油压 0.5MPa，洗井通道开启时，方可实施洗井。洗不通或者压力持续升高时，为洗井通道堵塞，需上作业整改。

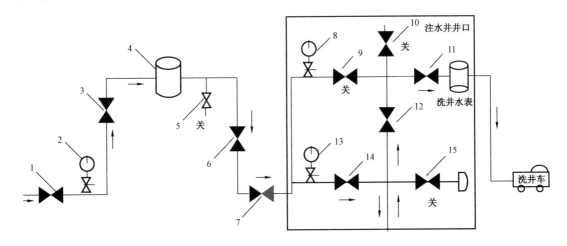

图 5－13　注水井反洗流程图

1—泵压阀门；2—泵压表；3—水表上流阀门；4—高压水表；5—水表放空阀门；6—水表下流阀门；
7—单流阀；8—油压表；9—生产阀门；10—测试阀门；11—洗井放空阀门；12—总阀门；
13—套压表；14—连通套管阀门；15—套管放空阀门

根据现场情况：

① 采用罐车运输洗井液方式洗井（以下简称罐车连续洗井）。

罐车连续洗井是指在原罐车拉运洗井的基础上，自制洗井四通装置，装置由四通、高压胶管（35MPa）、炮弹阀门和计量仪表组成。洗井时从注水井口油管放空接出一条高压胶管，连接到四通上，四通连接的高压胶管分别连接到两台或三台罐车上，通过阀门控制洗井液进入罐车,待一个罐车装满后,不用倒关井流程,直接打开连通第二台罐车的阀门,关第一台罐车的阀门,这样可在不停井的情况下实现深度洗井与连续洗井的要求;同时对洗井水量、压力进行连续计量,并通过罐车将洗井污水拉运到附近的污水点集中回收处理(图5-14)。

图5-14 罐车连续洗井井场图

② 采用高压泵车循环洗井。

循环洗井高压泵车是可进行不卸压注水井洗井作业的车载式设备。它采用国内成熟的水处理工艺,不用化学药剂而采用纯物理手段去除污水中的悬浮物、泥沙、油类、铁质等杂质,能自主净化洗井液并回注注水井中,保持注水压力稳定;另外,该高压泵车作业并不需要大量干净水,没有外排污水,不会产生地下水污染,能节省大量注水,有效降低注水管网压力。

高压泵车循环洗井的工作原理是,油田注水井油管内的高压污水返出后,经高压管线进入减压阀,将洗井液压力降至0.5~1.0MPa,进入两级旋流除砂器,将大颗粒的泥沙除去;随后进入磁处理器,除去含有铁磁性的悬浮物;再进入悬浮除污系统,去除大部分油粒和悬浮物;然后进入快速过滤器除去剩余污油和悬浮物。经上述处理后的较为干净的水汇入清水箱,再由三缸柱塞泵加压后打入注水井套管。高压水经套管将井底污油、泥砂、悬浮物带入注水井油管,再由注水井油管返出到高压管线。这样就可以在注水管网不关闭不降压的情况下实现循环带压清洗注水井,且洗井液不外排。

高压泵车循环洗井工艺流程如图5-15所示。

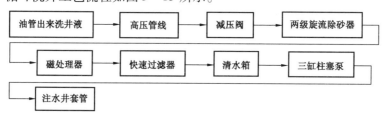

图5-15 高压泵车循环洗井工艺流程图

（2）注水井长期注水后，会使井底周围地层压力和井筒压力较高。利用井底较高的压力把淤堵在井底相当数量的污油、悬浮杂质、溶解离子等污染物排出到地面，起到洗井的目的，就是放溢流洗井。放溢流通常适用于井下有不可洗井封隔器的注水井。

放溢流有两种情况：

一种情况：配水间流程打开，油管注水，井口洗井放空阀门打开，放溢流，如图5-16所示。

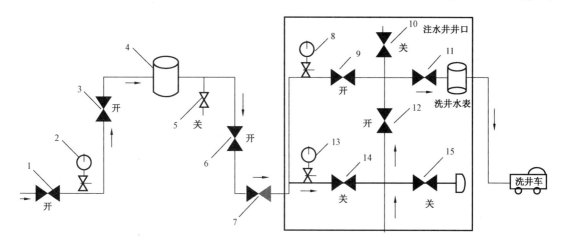

图5-16　配水间开，放溢流流程

1—泵压阀门；2—泵压表；3—水表上流阀门；4—高压水表；5—水表放空阀门；6—水表下流阀门；7—单流阀；

8—油压表；9—生产阀门；10—测试阀门；11—洗井放空阀门；12—总阀门；

13—套压表；14—连通套管阀门；15—套管放空阀门

另一种情况：配水间流程关掉，打开洗井放空阀门，依靠井底压力从井底返出的水放溢流（图5-17）。

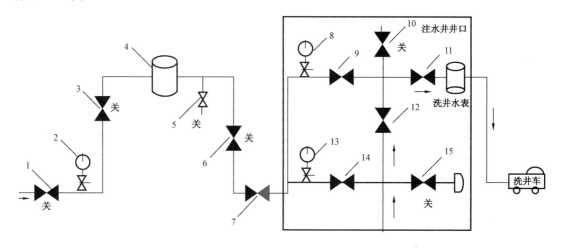

图5-17　吐水放溢流流程图

1—泵压阀门；2—泵压表；3—水表上流阀门；4—高压水表；5—水表放空阀门；6—水表下流阀门；7—单流阀；

8—油压表；9—生产阀门；10—测试阀门；11—洗井放空阀门；12—总阀门；

13—套压表；14—连通套管阀门；15—套管放空阀门

4. 洗井工艺要求

洗井时要注意洗井质量、进出口水量,达到微喷不漏,洗井排量由小到大,要彻底清洗油管、油套环形空间、射孔井段及井底口袋内的杂物,直至进出口水质完全一致时为止。特殊井洗井按具体情况确定。

1)洗井质量要求

(1)洗井水质达到进、出口一致。

(2)在洗井时出口水量要大于进口水量。

(3)由小到大 3 个排量为 $10m^3/h$,$15m^3/h$,$20m^3/h$。

2)便携式洗井流量计组装、使用、水量的计算方法

(1)将高压水龙带套在流量计量仪出口,并用钢丝卡紧固。

(2)在注水井正常注水的情况下,用卡箍连接流量计量仪与注水井采油树放空闸门,卡箍用螺栓拧紧,保证密封。

(3)水龙带放开平直,不许打弯,出口处用地锚固定,洗井必须达到环保要求。

(4)洗井前应关井降压 30min 以上,然后再洗井,防止套管受压突变。

3)水表校正值的操作及计算

(1)关闭配水间油压控制闸门,关闭井口总闸门,缓慢打开井口放空闸门,放掉管线内的高压水后,把放空闸门全部打开,必须是正注井。

(2)缓慢打开配水间油压控制闸门,使水量逐渐增大,当水量达到每小时 $15 \sim 20m^3$ 时,分别记录进口水表(原配水间水表)和出口水表(计量仪水表)的瞬时水量,各 1min。

(3)以进口水表瞬时水量为准,求出水表校正值。

4)校正值计算公式

(1)校正值 = 出口瞬时水量(m^3/min) – 进口瞬时水量(m^3/min)。

(2)校正值水量 = 校正值渊(m^3/min) – 洗井总时间(min)。

5)洗井水量的计算

(1)洗井水量 = 洗井停止时的进口水表底数 – 开始洗井时的进口水表底数。

(2)洗井总水量 = 洗井停止时的出口水表底数 – 洗井开始时的出口水表底数。

6)喷(漏)量的计算

(1)喷(漏)量 = 出口水表底数之差 – 校正值水量 – 进口水表底数之差。

(2)计算结果是正值时为喷量。

(3)计算结果是负值时为漏量。

7)注水洗井资料录取

(1)每小时录取 1 次洗井油压、套压及洗井水量,做好排量控制工作;记录洗井起止时间和终止时间,洗井结束后,计算累计洗井时间及累计洗井水量。

（2）对洗井开始一段时间内洗井出口水质的颜色、含砂量、杂质颗粒等进行描述，通过洗井返出水状况做好分析工作。

（3）生产管理区利用计量站分离器和计量装置进行出口水量计量，录取以下资料：

出口水量：每改变 1 次进口水量，量 1 次出口水量，测量结束后计算累计出口水量。漏失量：每小时计算 1 次，洗井结束后，计算累计漏失量。

喷量：每小时计算 1 次，洗井结束后，计算累计喷量。

8）洗井注意事项

（1）注水（入）井洗井前应关井降压 30min 以上，冬季可适当缩短关井时间，然后放溢流 10min，再进行洗井。

（2）洗井过程中应平稳操作，连续泵入洗井液，进口排量可根据实际情况调整，进口排量应由小到大，出口排量大于进口排量。

（3）采用罐车洗井的正常注水（入）井，井口排量应控制在 $10m^3/h$ 以上，洗井液量至少达到 $30m^3$。对含油、含杂质较多的洗井难度大的特殊井，应延长洗井时间，增加洗井液量。

（4）采用高压泵车循环洗井的注水（入）井，井口排量应控制在 $15 \sim 25m^3/h$ 之间，连续循环洗井时间至少达到 2h。

（5）下入不可洗井封隔器的注入井放溢流时，开关闸门应平稳操作，溢流量由小到大，排量不大于 $10m^3/h$。

5. 注水井反洗井操作

1）准备工作

（1）工具、用具准备：450mm 管钳或"F"形扳手或闸门专用扳手一把、卡箍头一只、卡箍一副、卡箍扳手一对、洗井专用管线一根、记录本、笔等。

（2）穿戴劳保用品。

2）操作步骤

（1）检查井口流程是否正确，各阀门开关是否处于正常位置，设备有无缺损、松动、渗漏现象，如有问题应及时处理。确认无误后把注水阀（来水阀）关严。

（2）接洗井水表装置及放空管线。

（3）倒洗井流程：

① 先侧身关住水下流阀门，再侧身缓慢打开洗井放空阀门及套管阀门（或上边测试阀门），用"F"形扳手边开边细听（观察），确认开始有刺水声，稍停一下（通常丝杠被高压顶得外窜一下），再接着缓慢开大，观察洗井放空水表接近 $15m^3/h$ 为宜。

② 缓慢打开套管注水阀门，在打开（丝杠）1/3 左右时，观察洗井出口水量，即洗井水表是否大于 $15m^3/h$，确认洗通井没有；关井口油管闸门（生产闸门）。

③ 记录进口水表和出口水表底数，同时记录好洗井开始时间。

④ 缓慢打开配水间油压控制阀门，同时到井口观察计量仪连接处等有无渗漏和水表运转是否正常，确定无疑后，按照 Q/SY DQ0804《采油岗位操作程序及要求》规定的 $15m^3/h$，$20m^3/h$，$25m^3/h$ 3 个排量进行洗井。

此时可开关注水下流阀门来调整洗井排量,即注水水表读数及显示的瞬时水量是否为 $15m^3/h$,是即可暂停开关注水调控阀门。再看洗井水表水量,如果排量大于 $15m^3/h$,就要关小洗井放空阀门;如果小于 $15m^3/h$,可开大洗井放空阀门,目的是使进出口排量均保持在 $15m^3/h$ 左右,即第一个洗井排量,洗井时间为 $1\sim 2h$(具体参考本油田规定)。

同样操作:即先开大洗井排量至近 $20m^3/h$,再调整下流阀调整到 $20m^3/h$,第二个排量洗井 $1h$,再同样把排量调整到 $25m^3/h$,稳定洗 $2h$。

⑤ 在第三个排量进行过程中,随时取出口水样,进行化验、对比,使出口水质含 Fe^{2+} 与悬浮物杂质合格为准,停止洗井。

(4)倒回正注流程:

先关油套连通阀门,并一直关严,然后关洗井放空阀门,至关严,记录好两个水表各自的读数。打开井口来水阀门(缓慢打开),在确定打开后稍停一下,逐渐开大,再开大注水下流阀门,尽可能调整较高的油压注水(以便正注高压时可使洗井封隔器重新坐封),此时可卸下井口洗井放空装置,约 $3min$,再回头控制注水下流阀门,要按注水指示牌的上限(水量、压力)进行注水,在注水压力及水量稳定后记录注水压力和瞬时水量。

(5)收拾工具,洗井水表,化验结果和药品,交工。

3)注意事项

(1)在洗井操作时应先开套管阀门,后关注水阀门,再缓慢开洗井放空阀门,保持平稳注水和洗井,避免激动地层出砂,同时最大程度地减小洗井时产生的管柱蠕动。整个操作过程特别是开阀门时一定要平稳、缓慢,遵守 Q/SY DQ0804《采油岗位操作程序及要求》的规定,开关阀门时要侧身。

(2)对于欠注且出砂不严重的井可采用诱喷或放喷的方法,即先关注水阀门,后或间断开洗井放空阀门,根据井况控制合理的喷量,再开套管阀门。

(3)在调节各阶段排量时,一般情况下以控制洗井出口阀门来控制洗井压力,在达到要求的洗井压力范围内调节各阶段的洗井排量(偏心管柱和油管漏失井例外),因此在洗井时配水间和井口应同时控制和调节。

(4)洗井操作至少两人进行,即一人负责配水间调节水量,另一人在井口调节油压,洗井结束前操作人员不得离开现场,务必保证排量、油压稳定按 Q/SY DQ0804《采油岗位操作程序及要求》的规定,严禁急开急关。

(5)注水(入)井洗井过程中应确保洗井流程无渗漏,井场无污染。

(6)洗井液在运送过程中应保证无泄漏。

(7)洗井液应在指定地点排放。按 Q/SY DQ0804《采油岗位操作程序及要求》,洗井后封隔器验证油套压差为 $5.0\sim 7.0MPa$。

五、注水井开井

1. 准备工作

(1)工具、材料准备:$600mm$ 管钳一把。

(2)穿戴好劳保用品。

2. 操作步骤

1）开井前的检查

（1）开井前先检查管线阀门、法兰是否漏水,冬季应检查管线、井口有无冻结现象。

（2）检查水表、压力表是否完好、准确。

（3）新投注的井,第一次开井要对系统管线进行试压（一般为设计压力的 1.25 倍）,试压合格方能开井。

（4）新投注的井第一次开井还要检查有无脏物,一般应用压风机扫线,吹除新管线内的脏物（或关井超过 24h 以上开井时也要冲洗地面管线）。

（5）试开关各工艺流程上的各阀门,看是否灵活好用。

（6）与所属注水站联系,取得同意后方可开井。

2）注水井开井（倒流程）

（1）先检查总闸门是否全开,开井口生产闸门。

（2）平稳操作,缓慢打开配水间分水器上流闸门,开完为止。

（3）缓慢开下流闸门,当压力慢慢上升,达到平稳后再开大些。

（4）注意水表的转速变化,按计划调整水量,人不能离开,因为这时井内变化大,水量逐渐下降,如不合格要及时调整。

（5）开水表下流控制闸门,控制油管水量,调好水表格数。

（6）待水量平稳后,沿管线检查一遍,看有无渗漏。

（7）看油、套压力。

（8）将油套压力、开井时间、水量填入报表。

3）注意事项及技术要求

（1）按 Q/SY DQ0804《采油岗位操作程序及要求》,成排井先开低压井,后开高压井。

（2）按 Q/SY DQ0804《采油岗位操作程序及要求》,操作应平稳,不准急开急关,以免打坏水表。

（3）按 Q/SY DQ0804《采油岗位操作程序及要求》,开阀门必须站在侧面操作,以防伤人。

（4）整个开井过程中,配水间压力波动应小于 0.2MPa。

六、注水井关井

1. 注水井关井条件

将注水井井口生产闸门或配水间注水阀门关死也叫关井,其特点是井间生产流程不通。

（1）长期性关井:冬季关井、计划关井（油井因高含水等原因的指令性的关井叫作计划关井）、方案关井、报废关井。

（2）临时性关井:因施工作业、措施井、钻井停注、试验关井、不吸水、油井作业降压停注、测压、测试、测吸水剖面、换水表、洗井、维修设备等原因关井。

2. 注水井关井操作

1）准备工作

（1）工具、用具、材料准备：600mm 管钳一把或"F"形扳手一把，200mm 活动扳手一把，375mm 活动扳手一把，手表，擦布，笔，记录本。

（2）穿戴好劳保用品。

2）操作步骤

（1）检查井口设备齐全完好，各阀门、管线及连接部位无渗漏，录取油、套压力。

（2）打开配水间门窗通风，检查设备齐全完好，流程正确，各阀门、管线及连接部位无渗漏，平稳关闭配水间上、下流闸门，录取泵压及水表底数，挂关井警示牌。

（3）正注井在井口关井时，关闭生产闸门、总闸门。

（4）挂井口关井警示牌，记录注水井关井时间。

（5）收拾工具，清理现场，填写报表。

3）技术要求

（1）多井或成排注水井关井，应先关高压井，后关低压井。

（2）注水井酸化、压裂前关井，要紧固井口螺丝，确保施工时不渗不漏。

（3）冬季注水井关井，需用压风车扫地面管线，井口做好防冻措施，短期关井，井口应放溢流。

七、事故案例分析

1. 案例 1：正对手轮开启阀门，脾脏破裂

1）事故经过

1991 年 2 月 19 日，上午 11：10 左右，某井组班长和一名新员工陈某一起，来到水井前开井。当陈某面对注水阀门开启时，忽然一股高压水从注水阀门处喷出，将站在水阀门正面的新员工陈某击倒，经油田医院诊断为脾脏破裂。

2）事故原因分析

（1）新员工陈某安全风险意识识别不够。

（2）员工对违章操作的后果缺乏认识。

（3）陈某操作违反了企业标准 Q/SY DQ0804《采油岗位操作程序及要求》的规定，开关阀门必须侧身。

（4）班长对新员工安全培训、安全意识、安全风险防控教育不够深入。

3）预防和整改措施

（1）加强采油正确性操作训练，严格遵守企业标准 Q/SY DQ0804《采油岗位操作程序及要求》。

（2）加强工作过程中危险因素的识别。

（3）发挥传帮带作用，老员工带好新员工。

（4）做标准人，干标准活。

2. 案例2：注水井开井，水表指针打坏

1）事故经过

2009年6月10日下午2:00，工人张某去配水间给水井开井，他侧身打开井口总阀门，接着打开注水阀门，又来到配水间侧身急开注水上流阀门与注水下流阀门，致使水表指针被打弯，需要换水表。

2）事故原因分析

（1）工人张某在开井过程中，打开注水上、下流阀门顺序有错误，应该先开低压阀门，注水下流阀门，再开高压阀门，注水上流阀门，违反Q/SY DQ0804《采油岗位操作程序及要求》的规定，侧身开配水间下流阀门，侧身慢开来水阀门。

（2）工人张某是新入职员工，还不十分熟悉操作流程，导致开阀门顺序错误。

3）整改措施

（1）加强新员工技能操作培训，做到不熟练不能上岗，上岗前严格考核，严格遵守Q/SY DQ0804《采油岗位操作程序及要求》。

（2）加强员工风险识别，不知道不清楚，不能盲目操作。

本节小结

本节介绍新注水井转注、冲洗注水井干线、更换干式水表芯子、注水井反洗、注水井开井、注水井关井六个操作规程，宣贯了企业标准Q/SY DQ0804《采油岗位操作程序及要求》。工人在操作时应特别注意侧身开关阀门；先开低压阀门，后开高压阀门；开关阀门要操作平稳，禁止急开急关；水表压盖要对称上紧，避免紧偏刺漏。

第三节　注水井动态管理

注水井所担负的任务，是按油田开发方案要求注够水、注好水。注够水就是要保持一定的吸水能力，按配注要求完成注水量；注好水就是尽可能分层注水，保持较高的注水合格率，确保按分层配注的要求完成分层注水量。根据相连通的油井地下动态变化情况，及时调整注水量，以确保油田开发的长期高产稳产。

依据油水井生产数据及动态监测资料的变化，分析油水井从地面—井口—井筒—井底—井身的工作状况（包括堵塞、漏失、窜槽、套损等），以及油水井工作制度（分层配产、配注等）等方面出现的问题，提出调参、修井、作业等措施意见，保证生产工作的正常进行。

一、注水井常见故障分析

注水量和注水压力是注水井管理的两个重要参数和指标，故障表现首先反映在这两个参

数的变化上,找出它们变化的原因和规律。不管是哪种注水井,首先要排除的是仪表的问题,一是校对和更换压力表;二是流量计的检查。仪表确认无误后,还要观察流程是否正确和管线有无穿孔等。按照地面—井筒—地层的分析顺序,逐一排查可能出现的原因,找到真正的故障原因。下面分笼统注水井和分层注水井分别讨论。

1. 笼注井故障分析

笼注井就是下油管和喇叭口,地下不加控制的注水方式,是相对于分层注水而言。对于正注井,油管压力是指注水井井口压力。即:油管压力 = 泵压 - 地面管损。

笼注井油压变化是笼统注水井的主要指标,它真实地反映了注水井的生产状况。油压高说明该井吸水能力差,油压低则反之。在日常生产过程中,受注入水水质、管线水垢及腐蚀掉落物、作业脏污等外界因素及井下套管破损等内因影响,注水井随着注水时间延长,油压会出现波动,或高或低。

套压就是油套环空井口的压力,反映了地层压力的高低。

(1)地面管线、井筒、地层堵塞,油压升高,注水量下降。

注水井油压升高反映了地层吸水能力下降。按照地面—井筒—地层的分析顺序逐一分析,地面管线有可能堵塞,或井口压力表失灵。井筒可能存在堵塞,注入管柱截面变窄,可以通过洗井解决,洗井之后如果油压仍然居高不下,考虑地层是否堵塞。地层堵塞的原因可能是注入水质不达标,注入水中的颗粒悬浮物堵塞孔隙喉道或者注入水与地层配伍性差,导致注入水与地层之间发生反应,产生颗粒或絮状堵塞物,堵塞孔隙通道。通常是通过水井反吐及大排量洗井,促使井筒附近的脏污排出。如果油压仍然不降,采用水泥车打压,向地层挤入土酸或多氰酸进行酸化处理,达到降压目的。

(2)地面管线刺漏,套管破裂,油压降低,注水量下降。

注水井油压下降反映了地层吸水能力上升。按照地面—井筒—地层的分析顺序逐一分析,地面管线有可能刺漏,或井口压力表失灵。井筒没有什么影响,油压下降主要受对应油井受效、同层相通水井放压及套管破裂影响。油压大幅下降时,首先要观察周边是否有同层相通水井放压,以上因素排除后,通过测氧活化找出套管漏点。

2. 分注井故障分析

正注井的套压表示油、套环形空间的井口压力。下封隔器的井,套管压力只表示第一级封隔器以上油、套环形空间的井口压力。即:套压 = 井口油压 - 井下管损。在正常注水时,油套压存在压差。

因此,影响油、套管压力变化的因素分地面及地下两方面。在地面上有泵压的变化、地面管线发生漏失或堵塞等;在井下有封隔器失效、配水嘴被堵或脱落、管外水泥串槽、底部阀球与球座密封不严等。因此,根据油、套压的变化就可判断地面设备及井下设备发生的变化。

(1)第一级封隔器失效,注水量上升,套压上升,油压下降,油套压接近平衡。

验证:一般下水力压差式封隔器的注水井,油、套管压差需保持0.5~0.7MPa。现场验封首先验证地面注水井闸门是否内漏或关不严,排除后,验封方法有两种:一是升压法,关闭井口套管阀门,封堵上层,下层进行放大注水,这时看套压变化,如果套压上升,则说明封隔器密封不严;二是降压法,即通过放溢流的方式,油压下降时,观察套压与油压同步变化情况,如果套压下降,说明封隔器密封不严,反之则说明封隔器密封完好。以此确定封隔器是否密封。

原因:① 注水管柱移动。由于管柱内外液体流速的不平衡且在不平衡状态下仍进行液体转换,导致管柱长度发生变化,以至引起封隔器不停移动,使得封隔器胶筒破损程度增加,有的甚至出现大缝隙,失去密封效果。② 配水器弹簧失灵及管柱底部阀不严,使油管内外达不到封隔器胶皮张开所需要的压力差。③ 启、停、倒泵和开、关井等操作不当,猛开、猛关,压力波动超过 ±0.2MPa;频繁停注和频繁倒泵。④ 下井时间太长造成封隔器失效,超过使用年限。

(2)套管阀门关不严,油压、套压同步变化,关闭生产阀门,套管阀门有隐约的"刺、刺"的过水声。

验证:检查井口流程是否正常,按验封方法降低水量及压力,油压降时,套压跟着降,增加水量时,压力一同上升。排除封隔器未坐好封,再次仔细检查验证,在正常注水时,关闭油管生产阀门,此时的注水量应为零,但流量计仍有水量的显示,管线没有刺漏,井口油压在关死生产阀门后下降,套压却没有降,再摸套管处有温度,趴下身子听,在套管阀门有隐约的"刺、刺"的过水声,此时可以确定水从套管进入井底了,由此判断套管阀门刺漏关不严。

原因:该井一直为正注井,除洗井外,套管阀门是关闭的,不常开关且丝杠外露很少的阀门很容易被人忽视,有可能是洗井后套管阀门没有关严导致。

(3)油管挂密封圈刺漏,注水量上升,套压升高到与油压持平,当关死井口生产阀门、余压较高时,可以听到大法兰处有"刺、刺"的声响。

验证:关闭套管阀门,单注下层。仔细听井口声音,在大法兰处听到"吱、吱"的声音,说明萝卜头密封圈刺漏,导致油套平衡。还可以用反注的方法判断,将注水井停井半小时,压力降为 0 后,倒反注,看油管是否很快返水,且水温与套管相同,基本可以确定为油管挂密封圈刺漏。

原因:使用时间过长,因注水水质不好而腐蚀或因受压疲劳而损坏。

(4)井下管柱漏失,注水量增加,油压、套压平衡。

验证:试漏,验证时需要让测试队全部堵死井下配水器,开水后看水量是否流失,如果有水量产生就可确定为油管漏失。

原因:日常注水过程中,由于增注泵输送过来的管压与地层压力之间存在压差,经过长时间注水会导致井下管柱连接螺纹或水力锚密封圈刺漏,表现出油套平衡。这种情况多发生在注水时间较长或采取过其他措施的注水井(如洗井),这种情况可以先洗井试一试,如果是底球关闭不严有异物黏附,反洗可以把异物冲出,使底阀关闭,如果是管柱的问题就需要修井处理了。

(5)配水嘴被刺大或脱落,注水量增加,油压下降。

(6)配水嘴堵塞,注水量下降,油压升高。

二、注水井吸水能力分析

注水井吸水能力是指注水井吸收水量的能力大小,吸水能力的大小可以由吸水指数、注水指示曲线、相对吸水量来判断。

1. 吸水指数分析吸水能力

吸水指数是在油田注水开发过程中衡量注水井注入效果好坏的重要指标之一,也是注水压力设计和地面设备选择的主要依据。

1)吸水指数定义

吸水指数是指单位注水压差下的日注水量,常用 J 表示,单位是 $m^3/(d \cdot MPa)$,见式(5-16)。吸水指数的大小反映了地层吸水能力的好坏。

$$J = \frac{q}{p_f - p_e} \qquad (5-16)$$

式中　p_f——注水井井底流压,MPa;

　　　p_e——注水井静压,MPa;

　　　q——日注水量,m^3/d;

　　　J——吸水指数,$m^3/(d \cdot MPa)$。

注水压差是指注水井井底流压与注水井静压之差。

【例5-3】某注水井上半年测得井底压力为11.5MPa,地层压力为8.0MPa,日注水量为225m^3/d,求该井的吸水指数是多少?

解:

$$J = \frac{q}{p_f - p_e} = \frac{225}{11.5 - 8.0} = 64.3(m^3/d \cdot MPa)$$

2)吸水指数类型

(1)比吸水指数。是指地层的吸水指数与地层有效厚度的比值。有效厚度是指在现代开采工艺条件下,油层中具有产油能力部分的厚度,即在油层厚度中扣除夹层及不出油部分的厚度。

(2)视吸水指数。日常生产中求吸水指数时,需要先测得注水井的流压数据。在注水井日常管理分析中,为了及时掌握油层吸水能力的变化,常采用视吸水指数。视吸水指数是指日注水量与井口压力的比值,单位仍为 $m^3/(d \cdot MPa)$,见式(5-17)。

$$J_s = \frac{q}{p_t} \qquad (5-17)$$

式中　J_s——视吸水指数,$m^3/(d \cdot MPa)$;

　　　p_t——井口压力,MPa。

井口压力很容易测得,因此现场常用视吸水指数反映吸水能力的大小。

在未进行分层注水的情况下,若采用油管注水,则上式中的井口压力取油管压力;若采用套管注水,则上式中的井口压力采用套管压力。

2. 注水井指示曲线分析吸水能力

1)注水井指示曲线定义

注水井指示曲线是指在稳定流动的条件下,注入压力随注水量的变化曲线,如图5-18所示。

在分层注水的情况下,分层注水井指示曲线是表示各分层注入压力(经过水嘴后的压力)与分层注水量之间的关系曲线,如图5-19所示。

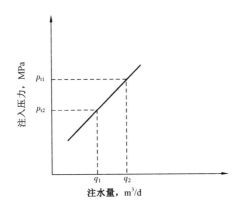

图 5 – 18　注水井指示曲线

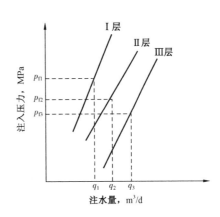

图 5 – 19　分层指示曲线

然后按公式(5 – 18)计算出吸水指数：

$$J = \frac{q_1 - q_2}{p_{f1} - p_{f2}} \qquad (5 - 18)$$

式中　q_1, q_2——分别是井底流压为 p_{f1}, p_{f2} 时的注水量。

因此,吸水指数在数值上等于注水井指示曲线斜率的倒数。

【例 5 – 4】某注水井用降压法测得注水压力分别为 5.0MPa, 4.0MPa 时的日注水量分别为 60m³, 45m³,求该注水井的吸水指数。

解:

$$J = \frac{q_1 - q_2}{p_{f1} - p_{f2}} = \frac{60 - 45}{5 - 4} = 15(\text{m}^3/\text{d} \cdot \text{MPa})$$

2)注水井指示曲线形状

注水井指示曲线形状如图 5 – 20 所示。

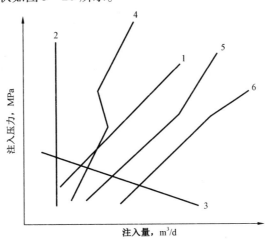

图 5 – 20　指示曲线的形状

1—直线递增式;2—垂直式;3—直线递减式;4—曲拐式;5—上翘式;6—折线式

注水井指示曲线分类见表5-5。

表5-5　注水井指示曲线

序号	分类		原因	能否应用
1	直线型指示曲线	① 直线递增式指示曲线	油层吸水量与注入压力成正比关系	能
		② 垂直式指示曲线	油层渗透性较差,仪表不灵或测试有误差,井下管柱有问题	不能
		③ 递减式指示曲线	仪表设备有问题	不能
2	折线型指示曲线	④ 曲拐式指示曲线	仪器设备有问题	不能
		⑤ 上翘式指示曲线	仪表、设备有问题;油层条件差、连通性不好或不连通	不能
		⑥ 折线式指示曲线	注入压力高到一定程度时,有新油层开始吸水,或是油层产生微小裂缝,致使油层吸水量增大	能

3)用指示曲线分析油层吸水能力变化

正确的指示曲线可以看出油层吸水能力的大小,因而通过对比不同时间内所测得的指示曲线,就可以了解油层吸水能力的变化。以下就几种典型情况进行简要分析。在图5-21至图5-24中,Ⅰ代表先测的曲线,Ⅱ代表过一段时间所测得的曲线。

(1)指示曲线右移右转,斜率变小。

这种变化说明油层吸水能力增强,吸水指数增大,如图5-21所示。从图上可看出:在同一注入压力p_2下,原来的注入量为$q_{Ⅰ2}$,过一段时间后的注入量为$q_{Ⅱ2}$,$q_{Ⅱ2}>q_{Ⅰ2}$,说明在同一注入压力下注入量增加了,即油层吸水能力变好了。

设原先的吸水指数为J_1,则:$J_1 = \dfrac{q_{Ⅰ2} - q_{Ⅰ1}}{p_2 - p_1} = \dfrac{\Delta q_Ⅰ}{\Delta p}$

后来的吸水指数为J_2,则:$J_2 = \dfrac{q_{Ⅱ2} - q_{Ⅱ1}}{p_2 - p_1} = \dfrac{\Delta q_Ⅱ}{\Delta p}$

因曲线的斜率变小,因此$J_2 > J_1$,即吸水指数变大。

产生这种变化的原因可能是油井见水以后,阻力减小,引起吸水能力增大;也可能是采取了增产措施导致吸水指数增大。

(2)指示曲线左移左转,斜率变大。

这种变化说明油层吸水能力下降,吸水指数变小,如图5-22所示。

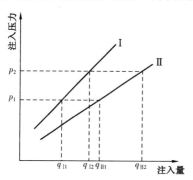

图5-21　指示曲线右移右转

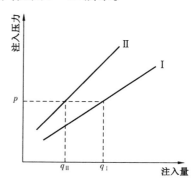

图5-22　指示曲线左移左转

从图中可看出,在同一注入压力 P 下,注入量减少,曲线靠近纵坐标轴,曲线斜率增大了,因此曲线左移说明吸水指数变小了。

产生这种变化的原因可能是地层深部吸水能力变差了,注入水不能向深部扩散,或是地层堵塞等。

(3)曲线平行上移。

如图 5-23 所示,由于曲线平行上移,斜率未变,故吸水指数未变化,但同一注水量所需的注入压力却增加了;说明曲线平行上移是油层压力增高所导致的。

产生这种变化的原因可能是注水见效(注入水使地层压力升高),或是注采比偏大等。

(4)曲线平行下移。

如图 5-24 所示,曲线平行下移,油层吸水指数未变。但同一注水量所需的注入压力却下降了,说明地层压力下降了。

产生这种变化的原因可能是地层亏空,即注采比偏小,注入水量小于采出的液量,从而导致地层压力下降。

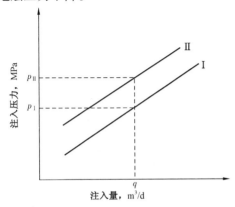

图 5-23　指示曲线平行上移

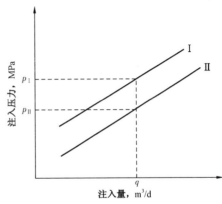

图 5-24　指示曲线平行下移

以上是 4 种典型曲线的变化情况及产生的原因分析。

严格地说,分析油层吸水能力的变化,必须用有效压力绘制油层真实指示曲线。若用井口实测的压力绘制指示曲线,必须是在同一管柱结构的情况下所测的,而且只能对比吸水能力的相对变化。同一注水井在前、后不同管柱情况下所测得的指示曲线,由于管柱所产生的压力损失不同,因此不能用于对比油层吸水能力的变化;只有校正为有效井口压力并绘制成真实指示曲线后,才能对比分析油层吸水能力的变化。

3. 相对吸水量

相对吸水量是表示各小层相对吸水能力的指标。有了各小层的相对吸水量,就可以由全井指示曲线绘制各小层的分层指示曲线,而不必进行分层测试。

保持和提高注水井吸水能力是完成配注指标、保证注水开发效果的一个重要手段。但许多注水开发的油田在开发过程中都不同程度地存在注水井吸水能力下降的现象。

相对吸水量是指在同一注入压力下,某小层的吸水量占全井总吸水量的百分数。其表达式见式(5-19):

$$相对吸水量 = \frac{某小层吸水量}{全井吸水量} \times 100\% \qquad (5-19)$$

【例5-5】某注水井一级、二级分层注水,在注水压力为15MPa时,每小时注水10m³,第一级、第二级吸水百分数分别为40%、60%,那么每天注入该井各层的吸水量分别是多少?

解:该井日注量 = 10 × 24 = 240m³/d

第一层注水量 = 240 × 40% = 96m³/d

第二层注水量 = 240 × 60% = 144m³/d

答:每天注入该井各层吸水量分别是96m³、144m³。

4. 影响吸水能力的因素

根据现场资料分析和实验室研究,影响注水井吸水能力下降的因素主要有5个方面:

(1)与注水井井下作业及注水井管理操作等有关的因素。主要包括进行作业时压井液对注水层造成堵塞,酸化、洗井等作业过程中因措施不当等原因造成注水层堵塞等。

(2)与水质有关的因素主要包括:

① 注入水与设备和管线的腐蚀产物造成的堵塞,以及水在管线内产生垢造成的堵塞。在油田注水过程中,往往发现注入水在水源、净化站或注水站出口含铁量很低,但经过地面管线到达井底的过程中,含铁量逐渐增加。这是由于注入水对管壁产生了腐蚀,有时腐蚀产物占注水井所排出固体沉淀物的40% ~ 50%。注水过程中腐蚀所产生的堵塞物主要是氢氧化铁和硫化亚铁。有时在一些注水井内排出的水为黑色并带有臭鸡蛋味,就是含有 H_2S 和 FeS 的缘故。

② 注入水中所含的某些微生物(如硫酸盐还原菌、铁菌等),除了其自身会造成堵塞外,其代谢产物也会造成堵塞。

③ 注入水中所带的细小泥砂等杂质堵塞油层。

④ 注入水中含有在油层内可能产生沉淀的不稳定盐类,如注入水中所溶解的重碳酸盐,在注水过程中由于温度和压力的变化,可能在油层中生成碳酸盐沉淀。堵塞储层孔道,降低储层的吸水能力。

(3)油层中的黏土矿物遇水后发生膨胀。

(4)注水井区地层压力上升。注水井区地层压力上升,减小了注水压差,使注水量下降。

(5)细菌堵塞。根据国内外一些研究表明,注入水中含有的细菌(如硫酸盐还原菌、铁菌等)在注水系统和油层中的繁殖将引起储层孔隙的堵塞,使吸水能力降低。这些菌的繁殖除了菌体本身会造成地层堵塞外,还会由于它们的代谢作用生成的硫化亚铁 FeS 及氢氧化铁 $Fe(OH)_3$ 沉淀而堵塞地层。

5. 测指示曲线操作

测注水指示曲线的条件:

(1)新井转注后按照地质方案放大注水在5 ~ 10d,待注水量稳定后开始测指示曲线。

(2)正常注水井每半年测一次,资料最长使用期为7个月。注水误差超过 ±15%,属吸水发生变化,应随时测指示曲线。

(3)笼统注水井或压裂大修后未下入正常分层管柱的井要求每季度测指示曲线一次。

测指示曲线：

1）准备

备好记录纸、曲线纸、直尺、笔、扳手等工用具。

2）操作程序

（1）记录油压、套压、泵压及水表底数。
（2）按要求控制阀门降压0.5MPa，观察压力和水量，当平稳后开始记录水量。
（3）按照步骤（2）重复测量第二、三、四、五点。
（4）测示结束后，开大注水阀门，恢复正常注水压力和注水量。
（5）根据测得的油压、水量，在座标曲线纸上画出压力与水量关系曲线。
（6）在曲线纸上标明井号、日期、压力、水量、测试人等。

3）操作要求

（1）从最高允许注水压力开始测，测到启动压力为止。
（2）每测一个压力点，压降0.5MPa。
（3）操作要平稳，不准急开急关。
（4）压力波动±0.1MPa。
（5）曲线内容填写齐全，如图5-25所示。

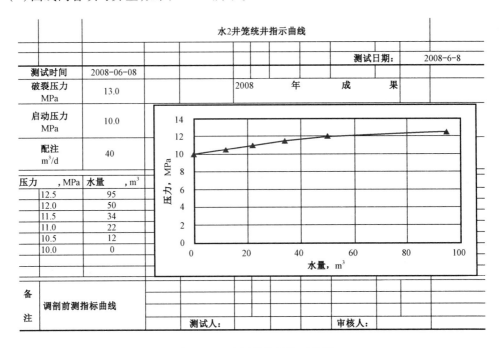

图5-25 实测笼统井指示曲线

三、注水井吸水剖面分析

在注水开发油田中，测定注水井吸水剖面是油田动态分析中必需的资料之一，而资料的准确性将直接影响到油田的开发水平。因此,吸水剖面资料对油田的开发调整具有极其重要的指导作用。吸水剖面资料反映的是注水井在某一压力下各单层的相对吸水能力和各层内吸水量的连续变化情况,它为油田动态分析和油田注水开发调整提供了科学合理的依据。

1. 放射性同位素测试基本原理

先用固相载体吸附放射性同位素离子或制成同位素示踪载体,再与水配制一定浓度的活化悬浮液,然后在正常注水条件下把活化悬浮液注入井内。当载体颗粒直径大于地层孔隙时,悬浮液的水进入地层,载体就滤积在井壁上。悬浮液的水进入地层的越多,该地层的井壁上滤积的载体就越多,放射性同位素的强度也相应增高,即地层的吸水量、滤积载体的量和放射性强度三者之间成正比关系。把自然伽马曲线和同位素曲线进行重叠,上述两曲线所包围的面积大小,就反映了该吸水层吸水能力的大小。

2. 吸水剖面在油田开发中的应用

1)用于判断水井的注水状况是否正常

由于注水井本身的状况受多方面因素的影响(如固井质量、隔层厚薄、注水压力等),加上封隔器质量的好坏,都有可能使注入水达不到预期的目的,可能发生串槽和封隔器失效。对于某一水井,判断其是否串槽,主要是通过注入同位素后,按照一定的时间间隔,用自然伽马仪多次跟踪测量,将自然伽马曲线与同位素示踪曲线进行对比,分析示踪剂在地下的流动踪迹,便可判断出串槽的位置。图 5 - 26 所示是一口串槽井在一定时间间隔测出的同位素测井曲线,从中我们可以看出在 2 号层与 1 号层间,出现了同位素异常显示,并且随着时间的推移,同位素的异常显示逐渐向上运移,因此,可以判断 2 号层与 1 号层间存在串槽。

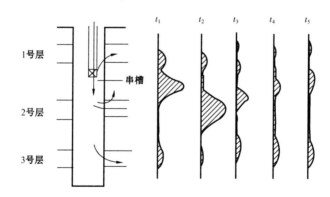

图 5 - 26　利用同位素定时测井分析串槽示意图

通过吸水剖面资料分析,可以验证井下分管柱的工状况。如 GX6_16 井,分一级两层注水,其中,第 1 层配注 $40m^3$,第 2 层停注。注水后对应油井见不到反应,测吸水剖面反映停注层吸水 90% 以上。为此,可以判断该井封隔器已失效。作业换封后,该井注水正常,不久,对应油井即见效。

2)根据水井吸水剖面资料分析产出剖面,提供挖潜方向

一般来说,分布相对稳定的开发单元,对于同一井组的油水井,油水井的产出剖面和吸水

剖面应是一致的,也就是说,吸水好的层,对应油井相应产出层状况较好。根据这一特点,我们就可以分析对应油井的层间或层内出液情况,为下一步调整提供依据。

四、注水井管理指标的计算

注水管理是油田开发的基础工作,只有"注够水、注好水",油田才能实现高效开发,改善开发效果,实现可持续发展。常用的注水井管理指标主要如下:

(1)注水井利用率:正常开井生产的水井数与水井总数之比,它是反映油田管理水平高低的一项生产指标,见式(5-20)。

$$注水井利用率 = \frac{注水井开井数}{总井数 - 计划关井数} \times 100\% \qquad (5-20)$$

说明:① 开井数:是指当月内连续注水一天(24h)以上,并有一定的注水量的注水井。

② 计划关井数应包括经油田公司及采油厂业务部门批准下发的文件或会议纪要为准的方案关井,高含水关井、低效关井以及以采油厂专业纪要为准的试验关井方案。

(2)注水井资料全准率:注水井资料全准井数与应录取水井资料井数之比,见式(5-21)。

$$注水井资料全准率 = \frac{资料全准井数}{应取资料井数} \times 100\% \qquad (5-21)$$

(3)注水井定点测压率:注水井实际测量压力井数与应定点测压井数之比,见式(5-22)。

$$注水井测压率 = \frac{实测压井数}{定点测压井数} \times 100\% \qquad (5-22)$$

(4)吸水剖面测试率:实际测试吸水剖面的水井数与计划测试吸水剖面井数之比,见式(5-23)。

$$吸水剖面测试率 = \frac{实际测试吸水剖面井数}{计划测试吸水剖面井数} \times 100\% \qquad (5-23)$$

(5)注水井分注率:分层注水总井数与注水井开井总井数之比,见式(5-24)。

$$注水井分注率 = \frac{分层注水井数}{注水井总井数 - 计划关井数} \times 100\% \qquad (5-24)$$

说明:① 分层注水井数是指地质开发注水方案中要分层注水的总井数。

② 注水井开井总数等于注水井总井数减计划关井数。

(6)分层注水测试率:实际分层测试井数与分注井开井总井数之比,见式(5-25)。

$$分层注水测试率 = \frac{实际分层测试井数}{分注井总井数 - 分注井计划关井数} \times 100\% \qquad (5-25)$$

说明:① 实际分层测试井数是指经分注井测试,取得合格资料的井数。

② 分注井开井总井数是指地质开发注水方案中实际分层注水的总井数。

(7)分层注水合格率:水井分层测试资料合格层段数与水井分层测试层段数之比,见式(5-26)。

$$分层注水合格率 = \frac{注水合格层段数}{分注井总层段数 - 停注层段数} \times 100\% \qquad (5-26)$$

说明:注水合格层段数是指分层测试资料合格,每月有效注水在20d以上。

【例5-6】某作业区正常生产的注水井为860口,地质试验关井11口,已计划关井7口。全矿有分注井690口,总层段数为2996层,停注层634层;上半年实测480口,测试总层段为1853层,调配合格层数是1382层,注水合格层数为1535层;6月份资料全准井为842口,注水水质合格井为798口,上半年定点井测压290口,实测278口,根据以上注水状况,请分别计算下面各率:

(1)注水井利用率。

(2)注水井资料全准率。

(3)注水井定点测压率。

(4)注水井分注率。

(5)分层注水测试率。

(6)分层注水合格率。

(7)注水水质合格率。

解:(1)注水井利用率 = [开井生产井数/(总井数 - 计划关井数)] × 100%

= [860/(860 + 11 + 7 - 7)] × 100% = (860/871) × 100% = 98.7%

(2)注水井资料全准率 = [年(季、月)资料全准井数/年(季、月)应取资料井数] × 100%

= (842/860) × 100% = 97.9%

(3)注水井定点测压率 = [年(半年)定点井实测压井数/年(半年)定点测压总井数] × 100% = (278/290) × 100% = 95.9%

(4)注水井分注率 = [年(季)分层井总井数/年(季)注水井总井数] × 100%

= [(690/(860 + 11 + 7 - 7)] × 100% = (690/871) × 100% = 79.2%

(5)分层注水测试率 = {年(季)实际分层测试井数/[年(季)分注井总井数 - 计划关井数]} × 100% = [480/(690 - 7)] × 100% = 69.6%

(6)分层注水合格率 = {年(季)注水合格层段数/[年(季)分层总层段数 - 计划关井总层数]} × 100% = [1535/(2996 - 634)] × 100% = (1535/2362) × 100% = 65.0%

(7)注水水质合格率 = {年(季)注水井水质合格总井数/[年(季)注水井总井数 - 计划关井总井数]} × 100% = [798/(860 + 11)] × 100% = (798/871) × 100% = 91.6%

📚 本节小结

本节介绍了注水井管理内容、注水井油套压变化及注水量变化、注水井吸水能力分析与注水井管理指标计算。

第六章 聚合物配注站管理

大庆油田已进入高含水开发后期,其中不乏特高含水区块,三次采油技术已成为主导采油技术,其中化学驱油技术应用最为显著,而化学驱油技术又以聚合物驱技术应用最为广泛。大庆油田聚合物驱,于 1972 年开展先导性现场试验,1993 年开展工业化现场试验,1996 年实施工业化推广,随着规模的不断扩大,目前已成为年产油 $1000 \times 10^4 t$ 规模,累计产油 $1 \times 10^8 t$ 的 EOR 技术。

2010 年,大庆油田聚合物驱产油 $1298 \times 10^4 t$,占油田总产油量的 32%。截止 2016 年,大庆油田三次采油已连续 15 年保持年产油 $1000 \times 10^4 t$ 以上,其中 2016 年聚合物驱产油约 $850 \times 10^4 t$,吨聚增油 47.3t,连续 3 年保持在 47t 以上。

聚合物溶液驱油时,聚合物加入到水中就可以使水的黏度大幅度提高,聚合物滞留在油层孔隙中降低了水相渗透率,从而降低了油水流度比,提高了宏观波及效率。同时,由于聚合物溶液的黏弹效应,也可提高微观驱油效率,从而大幅提高采收率。

所以油田矿场上在应用聚合物驱油技术时,是在聚合物配制站将聚合物粉末配制成聚合物母液,再输送到聚合物注入站同高压清水混合成目的液,最后经聚合物注入井注入到油层中的。

本章宣贯标准有以下 11 个:

Q/SY DQ0144　螺杆泵检修规程

Q/SY DQ0917　采油(气)、注水(入)井资料填报管理规定

Q/SY DQ0921　注水(入)井洗井管理规定

Q/SY DQ0923　聚合物配制站、注入站、注水井资料录取规定

Q/SY DQ0924　聚合物干粉分散熟化系统操作规程

Q/SY DQ0925　聚合物溶液取样及化验操作规程

Q/SY DQ0926　聚合物配制站管理规定

Q/SY DQ0927　聚合物注入站管理规定

Q/SY DQ0929　聚合物溶液计量仪表操作与维护规程

Q/SY DQ1207　聚合物配制站更换母液过滤器滤袋操作规程

Q/SY DQ1263　油田各类站在用搅拌器运行操作规程

第一节　聚合物配制站

人们通常把相对分子质量大于 1000 的物质叫做高分子化合物,而矿场上驱油用聚合物的相对分子质量都在数百万,甚至数千万以上,属于超高分子化合物。由于聚合物是一种高分子物质,在水中的溶解速度很慢。

聚驱效果好坏直接取决于聚合物配制质量,因此,如何保证聚合物配制的质量至关重要。聚合物配制站是聚合物注入过程的源头,它的运行好坏直接影响着聚合物注入过程的质量及注入量。一旦发生配比故障或停产事故,必然会影响原油的采收率和原油的产量。因此,保证

聚合物配制站的正常生产已经成为聚驱生产中的重中之重。

聚合物配制站的主要目的是将聚合物固体颗粒经分散装置配制成为水溶液,在熟化罐中充分混合溶解均匀(熟化),经外输泵输送至注入站。采油工人们必须保质、保量生产聚合物混合液,责任重大,要掌握聚合物的配制工艺过程,了解配制站主要设备结构,按照下列标准执行相关操作。

Q/SY DQ0144　　螺杆泵检修规程

Q/SY DQ0923　　聚合物配制站、注入站、注水井资料录取规定

Q/SY DQ0924　　聚合物干粉分散熟化系统操作规程

Q/SY DQ0925　　聚合物溶液取样及化验操作规程

Q/SY DQ0926　　聚合物配制站管理规定

Q/SY DQ1207　　聚合物配制站更换母液过滤器滤袋操作规程

Q/SY DQ1263　　油田各类站在用搅拌器运行操作规程

一、聚合物配制站工艺流程

聚合物配制站的工艺流程如图6-1所示,即将清水和聚合物干粉按所需浓度配比进入分散装置润湿,输入到熟化罐搅拌一定时间,完全溶解后,泵输至过滤器去除杂质后,进入储罐储存,然后经泵外输到注入站。流程可以概括为:配比—分散—熟化—泵输—过滤—储存—外输。

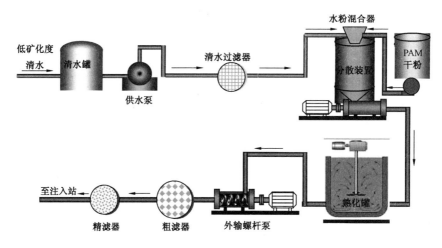

图6-1　聚合物配制站工艺流程

(1)所谓"配比",就是在水和聚合物干粉分散混合之前,对水和聚合物干粉分别进行计量,并使水和聚合物干粉按一定比例进入下一道"分散"工序。

(2)所谓"分散",就是将聚合物干粉颗粒均匀地分散在一定量的水中,并使聚合物干粉颗粒充分润湿,为下一道工序"熟化"准备条件。

(3)所谓"熟化",就是将聚合物干粉颗粒在水中由分散体系转变为溶液的过程。聚合物属高分子物质,其溶解与低分子物质的溶解不同。聚合物分子与水分子的尺寸相差悬殊,两者的运动速度也相差很大,水分子能比较快地渗入聚合物分子,而聚合物分子向水中的扩散却非常缓慢。这样,聚合物的溶解要经过两个阶段:首先是水分子溶入聚合物分子内部,使聚合物

体积膨胀,这称为"溶胀";然后才是聚合物分子均匀地分散在水分子中,形成完全溶解的分子分散体系,即溶液。

(4)所谓"泵输",就是为熟化好的聚合物溶液的过滤提供动力条件。一般说来,为了减少聚合物溶液的机械降解,大都采用螺杆泵。

(5)所谓"过滤",就是为了除去聚合物溶液中的机械杂质和没有充分溶解的"鱼眼"。

(6)所谓"储存",就是将过滤好的聚合物溶液储存起来。

(7)所谓"外输",就是指将配制好的聚合物溶液按需要外输给注入站。此时需要测量聚合物母液外输流量。

典型的聚合物配制注入系统工艺有两种:一种是国外的"紧凑型"配注合一流程,即聚合物溶液的配制过程和注入过程合二为一,统一建在一个站内的流程;另一种是国内在大庆油田首先建成的大规模工业化生产配注分开流程,如图 6-2 所示。即在一座规模较大的聚合物配制站周围卫星式地布建多座注入站,由配制站分别给各注入站供液(母液),这种配制注入工艺的技术经济效益更好。

根据聚合物配制站的工艺特点,将其分为 4 个子系统:清水供给系统,聚合物溶液混配溶解系统(分散系统),聚合物溶液熟化系统,聚合物混合液的存储及外输系统。

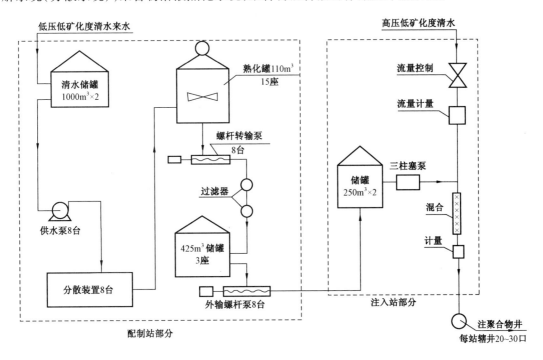

图 6-2　聚合物配注系统原理工艺流程图

二、聚合物配制站主要设备

1. 聚合物分散装置

聚合物分散装置是聚合物配制系统的核心设备,这套装置的性能将直接影响整套聚合物配注系统的运行和驱油效果的优劣。分散溶解装置是一个物料配比系统,聚合物干粉与清水混合过程反应时间较长,反应过程具有非线性和较大时滞,是最难的单维控制问题。

聚合物分散装置的作用是把一定重量的聚合物干粉均匀地溶于一定重量的水中,配制成确定浓度的混合溶液,然后输送到熟化罐中熟化。该装置主要由料斗、振动器、螺旋下料器、鼓风机、电热料斗、风力输送管线、水粉混合器、水管道、搅拌器、溶解罐及输出泵等组成,如图6-3所示。

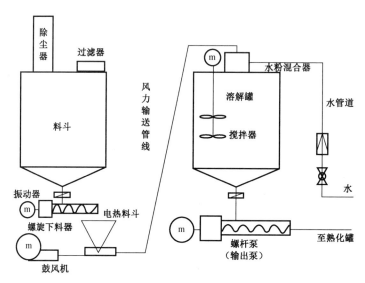

图6-3 聚合物配制站分散装置

1)聚合物分散装置的启动前准备

在聚合物分散装置启动前,需要做好相应的准备工作:

(1)检查供水系统,按 Q/SY DQ0924《聚合物干粉分散熟化系统操作规程》执行。

① 检查配制用水来水压力正常。

② 储水罐液位应高于低液位报警设定值,不超过规定的最高液位。

③ 配制用水管线畅通,流程正确。

④ 各连接部件、各阀门无松动、无渗漏、灵活好用。

⑤ 检查供水离心泵润滑油油位应符合要求,泵无卡阻、无松动、无渗漏,各转动部件润滑良好,供电良好。

⑥ 各测压点安装合适的压力仪表,且在有效期内,指示准确。

(2)检查干粉分散装置。

① 检查密闭式上料除尘装置,按照 Q/SY DQ0924《聚合物干粉分散熟化系统操作规程》执行。

② 检查风送式干粉分散装置,按照 Q/SY DQ0924《聚合物干粉分散熟化系统操作规程》执行。

③ 检查射流型干粉分散装置,按照 Q/SY DQ0924《聚合物干粉分散熟化系统操作规程》执行。

（3）检查熟化系统,按照 Q/SY DQ0924《聚合物干粉分散熟化系统操作规程》执行。

（4）检查微机监控系统,按照 Q/SY DQ0924《聚合物干粉分散熟化系统操作规程》执行。

分散熟化系统的自动启动、运行、停运、故障处理以及手动操作等均应遵守 Q/SY DQ0924《聚合物干粉分散熟化系统操作规程》。

2）聚合物分散装置的工作过程

分散装置的工作过程是:振动器振动干粉料斗,使干粉向下流动,用螺旋下料器控制干粉的流量。为了防止干粉受潮黏结,在文丘里喷嘴的上方,使用了加热漏斗来烘干聚合物干粉。干粉和水的混合采用水粉混合器,风力输送的干粉进入分散装置后迅速扩散,均匀地落入溶解罐,水经过计量后进入水粉混合器,在溶解罐内形成的混合液由输送泵送到熟化罐。

3）分散装置的主要部件

（1）干粉料斗由除尘器、过滤网、振动器组成。其作用是将聚合物干粉经过滤网进行过滤,通过振动器均匀地将聚合物干粉输送到螺旋下料器进行计量。螺旋下料器主要由干粉漏斗、计量螺杆、电机及传动装置等组成。运转时,螺旋下料器将聚合物干粉均匀地落入计量螺杆,并以统一的容积密度均匀地填满计量螺杆的每个条板,保证了螺旋下料器具有较高的计量精度。用电动机驱动螺杆,通过装置可变程序控制器的控制,按清水管线中清水的流量和装置设定的配液浓度通过变频器调节电动机的转速,把相应量的聚合物干粉输送给文丘里供料器,用风力把聚合物干粉输送到水粉混合器。

若有干粉输送管无干粉、下料量不足、称重模块失灵、鼓风机异常声响以及启动困难等故障现象发生,处理方法依据 Q/SY DQ0924《聚合物干粉分散熟化系统操作规程》执行。

（2）水粉混合器(如图 6-4 所示)的作用是将聚合物干粉和水混合在一起配成溶液,按水、粉接触的方式可分为喷头型、水漫型、射流型和瀑布型。

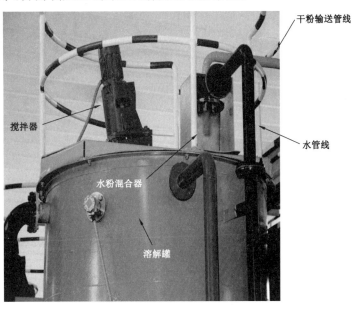

图 6-4　溶解罐及相关设备

① 所谓喷头型,是指水和聚合物干粉的接触在一个喷射式水粉混合器中进行,喷头需特殊设计制作,水在水粉混合器周围均匀喷射,聚合物干粉从入口进入,并迅速扩散,干粉遇水后迅速分散。封闭的有机玻璃外罩起到封闭溶液、便于观察和隔绝外部气流干扰、利于水粉混合的作用。

② 所谓水漫型,是指聚合物干粉与水接触前,水流先形成一个水漫,水由四周向中间流,聚合物干粉撒落在水漫的旋涡中,然后由输送泵直接输送至聚合物熟化罐。

③ 所谓射流型,是指用压力水经过水喷射器直接将聚合物干粉从水喷射器的进粉口吸入,然后水和聚合物干粉经水喷射器的喉管与扩散管进行混合,混合后进入混合罐。

④ 所谓瀑布型,是指聚合物干粉与水接触前,水流先从分散罐壁四周喷出,形成一个类似于瀑布的流态,聚合物干粉撒落在瀑布形成的旋涡中,然后由输送泵直接输送至聚合物熟化罐。

水粉混合器配制成的混合溶液落入溶解罐中,经搅拌器搅拌一段时间后,使干粉和水充分混合,经混配液输出泵输送到熟化罐中。

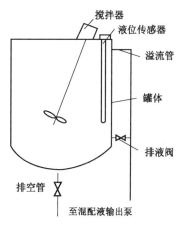

图 6-5　溶解罐结构简图

（3）溶解罐的容积应大于或等于聚合物的干粉分散装置每小时配液能力的 1/5,若每小时分散装置的配液能力为 $10m^3$,则溶解罐的容积至少应为 $2m^3$。溶解罐的设计与制造应符合压力容器制造标准。其结构简图如图 6-5 所示。

溶解罐上设置一个溢流管和一个排空管,当溶解罐的自控装置失灵时,混合液可从溢流管溢出,而不致溢出溶解罐、造成污染。当有突发状况或者需要对溶解罐排液时,可用排空管迅速将溶液排出。溶解罐上设有一个搅拌器,搅拌刚刚配成的混合液,使干粉迅速、均匀地溶于水中。

溶解罐上还有一个液位传感器,当溶解罐液位达到一定高度时,液位传感器发出电信号,自动开启混配液输送泵;当液位低于一定高度时,使混配液输送泵自动停机。另外,溶解罐还设有手控装置。

（4）分散装置转输泵的作用是将溶解罐中的混合液输送到熟化罐进行熟化。

2. 搅拌器

1）搅拌器的功能及组成

搅拌器是一种能使介质充分混合或达到某种特殊目的的设备。一般由电动机、减速器、搅拌轴与叶轮等组成,如图 6-6 所示。它具有以下功能:

（1）强化反应过程,增进反应速度。

（2）混合几种容易混合的液体,以求获得一种均匀的混合液。

（3）混合几种不容易混合的液体,以求获得一种乳浊液。

（4）搅动受加热和冷却的液体,以强化传热过程。

（5）加速溶解过程。

目前聚合物驱油设备中有两处应用搅拌器,一是分散装置,二是熟化罐(图 6-7),其主要目的是加速溶解过程。所采用的形式都是三叶推进式。

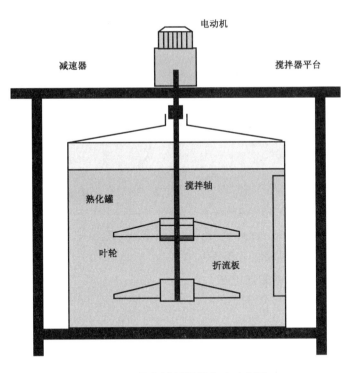

图6-6 熟化罐搅拌器构成示意图

图6-7 熟化罐上的搅拌器

2)搅拌器操作方法

(1)启动前准备:

① 检查各连接部位应无松动;按照 Q/SY DQ1263《油田各类站在用搅拌器运行操作规程》要求,搅拌器各部位螺纹紧固无松动,联轴器同心,端面间隙符合产品说明要求(图6-8)。

图 6 - 8　溶解罐搅拌器连接螺栓

② 检查电动机、变速箱润滑油是否添加充足,按照 Q/SY DQ1263《油田各类站在用搅拌器运行操作规程》的要求,变速箱的油位在 1/2 ~ 2/3 之间,油质合格,润滑良好,无渗漏。

③ 各传动部位的轴承打注黄油。

④ 手动盘车应无卡阻现象,按照 Q/SY DQ1263《油田各类站在用搅拌器运行操作规程》的要求盘车 3 ~ 5 圈,检查转动情况,应做到转动灵活、无杂音、无偏重、无磨卡现象。

⑤ 点动试车,搅拌器不应反转。

(2)启动搅拌器:按 Q/SY DQ1263《油田各类站在用搅拌器运行操作规程》的要求:手动启动,合上空气开关,按启动按钮;自控启动,按控制程序操作。

(3)启动后注意事项:

① 注意微机显示屏上搅拌器的运行情况。

② 检查减速轴和电动机温度,减速轴温度不超过 65℃,电动机温度不超过 85℃。按 Q/SY DQ1263《油田各类站在用搅拌器运行操作规程》的要求,检查电动机、变速箱及桨叶转动情况,无窜轴、振动现象,变速箱温度正常(图 6 - 9)。

图 6 - 9　熟化罐上的搅拌器

③ 在搅拌器运行过程中,应随时检查减速轴和电动机的运行声音,应无异常杂音。按 Q/SY DQ1263《油田各类站在用搅拌器运行操作规程》的要求,检查电动机、变速箱及桨叶转动情况,无窜轴、振动现象,罐内无异常响声,密封无渗漏,机泵设备温度运行正常。

(4)搅拌器使用管理及例行保养:

① 启动后 4h 之内每 30min 巡回检查一次,以后每 2h 巡回检查一次;按 Q/SY DQ1263《油田各类站在用搅拌器运行操作规程》的要求,生产运行期间,每 2h 巡回检查一次。

② 润滑油的更换应按照设备的使用说明书进行。

③ 每半年对搅拌器的搅拌轴抽查一次,一般在空载运行时搅拌器的搅拌轴的摆动幅度不超过 10°(指 100m³ 以上的熟化罐)。

3. 过滤器

过滤器是聚合物驱油中的关键设备之一,由于聚合物母液中总会含有一定量的杂质,如果不经过滤,杂质将进入地层,造成堵塞,使注入无法进行,原油也无法采出,不但起不到增油的作用,反而会使采油无法进行,严重影响原油产量。因此在注聚合物过程中,必须将母液进行过滤,使大于一定尺寸的固体颗粒在注入之前被清除掉。尽管在注入聚合物过程中,所用过滤器的种类较多,包括泵入口的角式过滤器、井口过滤器等,但最常用也是最关键的过滤器是由熟化罐向储罐转输泵出口的精细过滤器。下面仅对该过滤器加以简要介绍。

精细过滤器的总体结构如图 6-10 所示,它主要包括壳体、滤芯和辅助装置 3 部分。

为了防止生成二价铁离子造成对聚合物的机械降解,壳体一般采用不锈钢材质,也可采用碳钢内涂防腐层或其他材质,但是一定要保证性能可靠。壳体一般包括罐体、上盖、进出口法兰、排气孔、排污等。

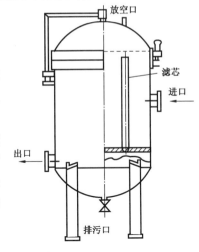

图 6-10 精细过滤器的总体结构

滤芯部分主要分为袋式和金属网结构两种。其中袋式一般采用聚丙烯纤维材质,金属网结构一般采用不锈钢材质,不管是袋式还是金属网结构,都有内层或外层(有些是内外层都有的)起支撑、保护作用的保护钢网。滤芯部分除包括滤芯外,还包括上下支撑固定部分。

辅助装置部分主要包括支腿、紧固螺栓、吊装环等。

过滤袋的更换周期依据聚合物相对分子质量、配制水质、滤袋单位面积过滤量等条件的差异而不同。按照 Q/SY DQ1207《聚合物配置站更换母液过滤器滤袋操作规程》对过滤器滤袋更换周期有不同的具体要求。

过滤器滤袋更换前准备(按 Q/SY DQ1207《聚合物配置站更换母液过滤器滤袋操作规程》的规定):

(1)检查各连接部位螺栓有无松动、焊接处有无渗漏。

(2)检查安全阀、压力表是否在检定周期内。

(3)关闭过滤器进、出口阀门,打开放空阀、排污阀,将废液排入排污池;待过滤器内气体排空后,关闭放空阀;待过滤器排污管线母液排净后,关闭排污阀(图 6-11、图 6-12)。

图6-11 过滤器实物图

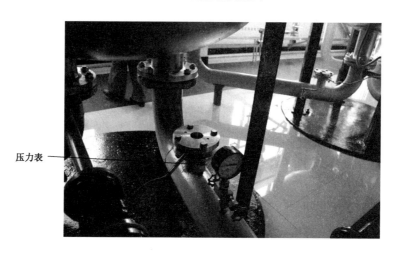

图6-12 过滤器底部压力表

过滤器滤袋更换过程(按 Q/SY DQ1207《聚合物配置站更换母液过滤器滤袋操作规程》的规定):

(1)拆出滤袋,清除过滤器内部异物。

(2)检查新滤袋是否完好,安装新滤袋。

(3)紧固连接部位螺栓,应密封严密,无渗漏。

过滤器滤袋在生产过程中若发现压力超过0.3MPa、连接部件漏失、排污堵塞、母液排不净等问题,要及时处理,可参见 Q/SY DQ1207《聚合物配置站更换母液过滤器滤袋操作规程》的规定,处理常见故障(图6-13)。

4. 螺杆泵

在聚合物配制站,主要应用螺杆泵输送母液,以减少聚合物溶液的机械降解。

螺杆泵属于转子容积泵,按螺杆根数通常可分为单螺杆、双螺杆、三螺杆泵和五螺杆泵等几种。它们的工作原理基本相似,只是螺杆齿形的几何形状有所差异,使用范围有所不同。

螺杆泵与其他泵相比有着许多优点。近10多年来在工业部门得到了广泛的应用。

图 6 - 13　过滤器内部滤袋

螺杆泵具有以下几个优点：

(1)压力和流量稳定,脉动很小,液体在泵内做连续而匀速的直线流动,无搅拌现象。

(2)具有较强的自吸性能,无需装置底阀或抽真空的附属设备。

(3)相互啮合的螺杆磨损甚少,泵的使用寿命长。

(4)泵的噪声和振动极小。

(5)可在高转速下工作。

(6)结构简单紧凑,拆装方便,体积小,重量轻。

目前聚合物驱油工艺设备中主要应用单螺杆泵,因为其定子由橡胶制作,转子由不锈钢材料制作,运转时对聚合物的剪切作用相对较小,故应用较为广泛。单螺杆泵的故障检修按照 Q/SY DQ0144《螺杆泵检修规程》执行。相对于单螺杆泵,三螺杆泵也具有一定的优点,比如体积小、排量大等,因此,经过试验和研究后,三螺杆泵也可在聚合物驱油设备中应用。

5. 取样器

在聚合物驱油过程中,熟化罐、储罐、输送泵、过滤器、高压计量泵、静态混合器、注入井井口的取样都是在一定压力下的取样,其中计量泵出口、静态混合器、注入井井口取样都为高压取样,而熟化罐、储罐、输送泵、过滤器等是在一定的压力下取样。由于取样时取样阀门必须完全打开,虽然压力不高,但聚合物溶液也会喷出,不仅不便于取样,而且降解也比较严重。因此,这些点的取样必须使用取样器取样(如图 6 - 14 所示)。使用取样器从高压管道与容器中取聚合物溶液,可以使聚合物溶液不受剪切或受剪切极少,从而使取得的样品黏度能真实地反映管道或罐中溶液的黏度。

取样过程按照 Q/SY DQ0925《聚合物溶液取样及化验操作规程》执行,过程如下：

(1)安装取样器,取样器应无渗漏。

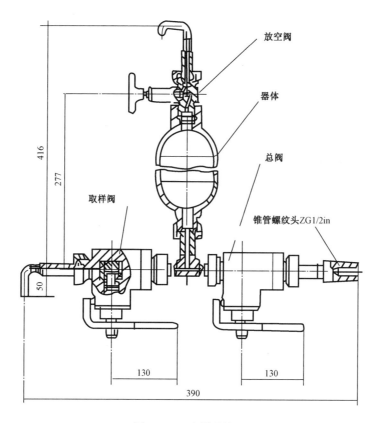

图 6 - 14　取样器构造

（2）关闭取样器的取样阀、放空阀、总阀。

（3）打开取样点阀门。

（4）打开取样器的总阀。

（5）缓慢打开放空阀，放掉取样器内气体。开大放空阀继续放空 1～2min，并用桶把放空液接好，以免污染地面。放空量应大于取样器总容积。

（6）慢慢关小放空阀，使放空液流均匀后停止，关放空阀。

（7）约 5～6min 放空液流变得清澈后，迅速关闭取样器进液总阀，然后关闭取样点阀门。

（8）把放空阀旋至全开位置，慢慢打开取样阀。

（9）用被取样液冲洗取样瓶 2～3 遍后，开始正常取样，取样量在 200mL。

（10）取样完毕，使取样器全部放空，关闭所有阀门。

所取样品应装满样瓶并密封，并在 6h 之内检测完毕。聚合物溶液的浓度检测和黏度检测按照标准 Q/SY DQ0925《聚合物溶液取样及化验操作规程》执行。

三、聚合物配制站管理

1. 资料管理

1）资料管理要求

（1）配制浓度应控制在 4900～5100mg/L 的范围内，按 Q/SY DQ0923《聚合物配制站、注入站、注水井资料录取规定》的要求,配制站需要控制并记录的浓度有熟化罐聚合物母液浓度、外输泵出口聚合物母液浓度、过滤器出口聚合物母液浓度、储罐出口聚合物母液浓度。按 Q/SY DQ0923《聚合物配制站、注入站、注水井资料录取规定》的要求,根据油田生产实际情况,合理调整外输聚合物母液浓度。按 Q/SY DQ0923《聚合物配制站、注入站、注水井资料录取规定》的要求,浓度应每 24h 记录一次,将录取的浓度值填写入班报表中(表 6-1)。

表6-1　聚合物溶液浓度黏度分析原始记录

执行标准: Q/SY DQ0925—2012　　　　　　　　　　　　　　　　　　　　　2015年1月20日

编 号	取样部位	取样时间	稀释倍数		吸光值	检测浓度 mg/L	实际浓度 mg/L	黏 度 mPa·s	备 注
			浓度	黏度					
1	熟化罐8#	8:20	20	6.0	0.348	304.6	6092	96.2	
2	外输泵3#	8:20	20	6.0	0.347	303.9	6078	95.7	
3	过滤器3#	8:20	20	6.0	0.346	303.2	6064	95.1	
4	熟化罐6#	8:20	20	5.0	0.214	252.7	5064	55.1	
5	外输泵8#	8:20	20	5.0	0.213	251.7	5034	54.2	
6	过滤器8#	8:20	20	5.0	0.212	250.8	5016	53.1	
7	熟化罐13#	8:20	20	5.3	0.203	268.2	5364	52.1	
8	外输泵1#	8:20	20	5.3	0.201	265.9	5318	51.5	
9	过滤器1#	8:20	20	5.2	0.199	263.6	52	50.8	

(2)黏度相应保持在 50~60mPa·s 之间(根据聚合物干粉种类不同而定),按 Q/SY DQ0923《聚合物配制站、注入站、注水井资料录取规定》的要求,配制站需要控制并记录的黏度有熟化罐聚合物母液黏度、外输泵出口聚合物母液黏度、过滤器出口聚合物母液黏度、储罐出口聚合物母液黏度。按 Q/SY DQ0923《聚合物配制站、注入站、注水井资料录取规定》的要求,黏度应每 24h 记录一次,将录取的黏度值填写入班报表中。

(3)配制站负责每月对配制所用清水取样,送矿化验室做水质分析。配制清水总化矿度控制在 900mg/L 以下。按 Q/SY DQ0923《聚合物配制站、注入站、注水井资料录取规定》的要求,配制站分别需要对配制母液用的清水和污水水质进行检测并记录。按 Q/SY DQ0923《聚合物配制站、注入站、注水井资料录取规定》的要求,分析内容为:清水分析常规 6 项离子含量,K^+,Na^+ 离子含量,并计算总矿化度;污水分析常规 6 项离子含量,K^+,Na^+ 离子含量,Fe^{3+} 离子,含油和固体悬浮物含量,并计算总矿化度。矿化度指地下水中所含有的各种离子、分子与化合物的总量,单位为 mg/L 或 g/L。为了便于比较不同地下水的矿化程度,习惯上以 105~110℃ 时将水蒸干所得的干涸残余物的重量来表征矿化度。

(4)更换聚合物干粉批号时,由化验室重新做标准浓度曲线,原曲线由化验室保存。

(5)配制站编制月报,内容包括日、月配制干粉量、清水量、化验资料等,由矿工艺队员负责将数据进机。按 Q/SY DQ0923《聚合物配制站、注入站、注水井资料录取规定》的要求,配制站应记录每包聚合物干粉重量和聚合物干粉日消耗量。按 Q/SY DQ0923《聚合物配制站、注入站、注水井资料录取规定》的要求,配制站需要录取的流量有清水来水总流量、污水来水总流量、各分散装置用水流量、聚合物母液外输流量(图6-15)。

| 年月 | ▼ | 每页行数 | 50 | □显示SQL | 查 询 | 导 出 |

共有5条记录 每页50条记录 1/1页

区块	干粉用量			矿化度			母液浓度	母液黏度	水量
	月度	年累	总累	钙	镁	总			
	490.50						6046	198.70	72648
	117.75						6527	174.40	16774
	12.75			12	37	4825.30	4988	56.10	2238
	46.50						5867	302.30	6494
	147			11	27	322.06	5027	330.80	26174
总计	814.50			23	64	5147.36	28455	1062.30	124328

图6-15　区块综合月报

(6)每百吨聚合物干粉取两个样,送往检测部门检测。

(7)配制站对聚合物干粉质量进行严格把关。

(8)配制站内5个取样点,取样密度如下:

① 熟化罐出口:一周两次。

② 螺杆输送泵出口:一周一次。

③ 过滤器出口:一周一次。

④ 储罐出口:一天一次。

⑤ 螺杆增压泵出口:一天一次。

按Q/SY DQ0923《聚合物配制站、注入站、注水井资料录取规定》的要求,熟化罐聚合物母液浓度的取样地点为熟化罐出口管线,外输泵出口聚合物母液浓度的取样地点为外输泵出口管线,过滤器出口聚合物母液浓度的取样地点为过滤器出口管线,储罐出口聚合物母液浓度的取样地点为去注入站管线。

(9)配制站应记录的电量有配制站耗电量,按Q/SY DQ0923《聚合物配制站、注入站、注水井资料录取规定》的要求,电量应每8h记录一次电表底数。

2)资料用表

(1)所有图表、报表、记录应齐全准确,字迹整洁、工整,用蓝黑墨水填写。按Q/SY DQ0923《聚合物配制站、注入站、注水井资料录取规定》的要求,各项资料的填写一律用蓝黑钢笔水,字迹工整,无涂改,各项资料的全准率应达到100%。

(2)两图:生产工艺流程图(单独站要有高压配电线路图,如图6-16所示)、巡回检查路线图(如图6-17所示)。

(3)两表:生产日报表、工用具明细表,如图6-18所示。

(4)八本:值班工作记录本、岗位练兵本、设备档案本、站史本、校表记录本、加药药品使用记录本、泵效测试综合数据本、材料消耗记录本。

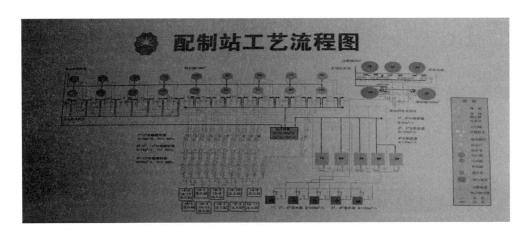

图 6 – 16　配制站工艺流程图

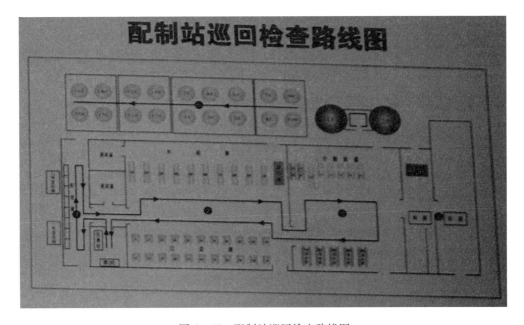

图 6 – 17　配制站巡回检查路线图

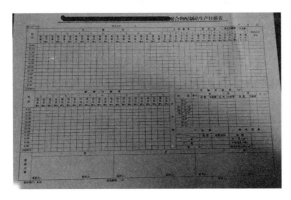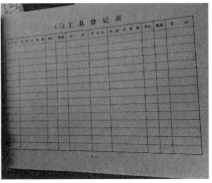

图 6 – 18　生产日报表和工用具登记表

（5）岗位责任制和工作标准。

（6）两个规程一个规定：配制站主要设备操作规程、化验岗位主要操作规程、安全生产技术规定。

2. 生产管理

1）化验检测管理

按照 Q/SY DQ0926《聚合物配制站管理规定》执行。

2）聚合物干粉管理

（1）干粉送到后，由配制站一名队干部和资料员共同对干粉的规格、包装、铅封、生产批号、产品化验单进行检查，对于外包装缺少下列标志之一者或外包装破损严重的不予接收。外包装标志包括：名称、相对分子质量、批号、净重、生产厂名、厂址、检验合格字样、防潮、防晒标志。

（2）对每车干粉要进行整体称重或逐袋进行称重检查（重量标准753kg±3kg，不包括托盘及垫纸壳），对袋平均重量或单袋重量不符合标准的，必须及时上报有关管理部门。

（3）接收干粉必须填写"聚合物干粉进料记录"，要求登记日期、送料车号、袋数、每袋的批号、重量及总重量，并由送料人、接收人签字。

（4）有关干粉的抽查、存放、库房要求等其他注意事项按照标准 Q/SY DQ0926《聚合物配制站管理规定》执行。

3）配制站生产管理

按照标准 Q/SY DQ0926《聚合物配制站管理规定》执行。

（1）每月必须做一次标准浓度—黏度曲线。

（2）站内应有安全保障措施，严禁吸烟和擅自使用明火。如需使用明火，必须得到有关部门批准后，方可动火。

（3）所有照明设备应有专人负责，禁止乱接电器设备。

（4）安全阀每12个月检定一次，流量计每12个月检定一次，普通压力表每3个月检定一次，电接点压力表每6个月检定一次，数字压力表、变送器每12个月检定一次，临时发现问题要立即送检或更换新表，有记录。

（5）安装压力表时，选择合适的压力表，使用范围应在最大量程的 1/3～2/3 之间，在表盘上用红色标出量程线。

（6）消防器材、消防工具要定人定期检查，保证齐全好用。灭火装置每3个月检查一次，并填写记录。

（7）投料时，应由二人配合工作，按时投料，并填写投料记录，严禁各种杂物落进料斗。

（8）配制浓度控制在 5000mg/L±250mg/L（特殊要求除外）。

（9）对自动化控制系统要严格管理，对已设定的各种参数在未经上级主管部门批准的条件下不允许随意改动。

（10）过滤器进出口压差控制在 0.3MPa 范围内。当进出口压差高于 0.3MPa 或压差突然下降时，应立即检修过滤器或检查过滤器的滤袋是否损坏。

（11）岗位工人每2h巡回检查一次，确保设备的正常运行，并填写记录。

（12）岗位工人必须熟知本岗位技术、管理、工作标准。

3. 设备管理

（1）机械设备必须做到清洁、紧固、润滑、调整、防腐、不渗漏。

（2）各种机泵完好率达 100%，有问题及时处理。

（3）设备管理做到定人、定期修保，有运转记录、修保记录、工作记录，要做到准确一致。

（4）电器设备做到不松、不锈、不脏、不漏电，接地良好。

（5）水、电、母液等计量仪表齐全，按检定周期检定，保证准确。

（6）对设备润滑油脂按使用要求定期检查，发现润滑油脂变质要及时更换，并填好记录。

（7）对过滤器定期检修，清除内部杂质，使压差符合标准 Q/SY DQ0926《聚合物配制站管理规定》的要求。

（8）每台设备应有质量检查点。

（9）因故停用设备应进行清洗、封闭、加油等防护措施，不准任意拆卸和挪用。一切停用设备超过 6 个月要进行检查一次，重点检查防腐情况。

4. 站容站貌

（1）场地平整，夏季无积水，冬季道路无积雪，环境清洁优美。

（2）站外有醒目的安全警句，右面是进站须知，左面是严禁烟火和安全承包人的牌子。

（3）站内做到"三清""四无"，即室内清洁明亮、设备清洁无灰尘、场地清洁无杂物；无油污、无易燃物、无散失器材、无杂草。

（4）站外防火道宽至少为 2m，防火道内无油污、无杂草、无杂物。

（5）工具、用具应齐全、完好、清洁、对号入座。

（6）泵房内应挂有：生产工艺流程图、巡回检查路线图、配制站岗位工人责任制。

（7）化验室内有聚合物溶液取样、化验操作规程，配制水水质矿化度化验规程及相关的试剂配制操作规程。

（8）配制站内应有电气设备接线图、主要设备操作规程（吊车、换热器、微机、分散装置、搅拌器、螺杆泵、过滤器、计量仪表等）。

（9）配制站管理应有生产日报表，值班工作记录本（包括岗位练兵本），设备档案本，设备运转记录，站史本，压力表校验记录和各种技术、管理、工作标准等。

（10）各项资料专人管理，填写及时准确，工整清洁，保存在资料柜内。

（11）设备基础为黑色，电机为灰色，泵体颜色由输入介质定，安全阀及引线为红色，母液管线为蓝色，天然气管线为黄色，清水管线为绿色，热水管线刷银粉，手轮为红色，排污为黑色。

四、事故案例分析

1. 案例 1：工人上岗不按要求穿戴劳保用品，地面湿滑造成腰椎骨损伤

1）事故经过

某天在配制站的泵房里，值班人员李某正在打扫泵房地面卫生，因地面湿滑不慎摔倒（如图 6-19 所示），造成腰椎骨损伤。

图 6 – 19　员工没穿防滑鞋导致滑倒

2）原因分析

（1）导致事故发生的直接原因是员工没有穿防滑鞋。

（2）导致事故发生的间接原因是员工安全意识淡薄，对环境风险识别不够。

（3）《油田安全生产管理规定》中对配制站、注入站安全生产要求：岗位工人上岗要"三穿一戴"（工衣、工裤、工鞋、工帽）。

3）预防措施

（1）加强对员工的安全教育，提高安全意识。

（2）强化安全生产管理，做到上岗"三穿一戴"规范。

2. 案例2：大风天气高空作业，摔倒在平台，导致右脚扭伤

1）事故经过

2016 年 5 月 15 日，风力达 6 级，员工小王在大风天上熟化罐巡视，在爬梯处因风大没站稳，摔倒在平台上，导致右脚扭伤（图 6 – 20）。

2）事故原因分析

（1）导致事故发生的直接原因是大风天员工进行了高空作业，违反了严禁 5 级以上大风、雨雪天气进行室外高空作业的规定。

（2）导致事故发生的间接原因是员工安全意识淡薄，对环境风险识别不够。

3）预防措施

（1）5 级以上大风、雨雪天气禁止进行室外高空作业。

（2）登高作业必须系安全带。

（3）高空作业等操作、维修必须有人监护，监护人须戴安全帽，配戴现场监督牌。

图6-20 分散装置、清水罐等有高空坠落风险

本节小结

本节主要宣贯了以下七个标准：

Q/SY DQ0144　螺杆泵检修规程

Q/SY DQ0923　聚合物配制站、注入站、注水井资料录取规定

Q/SY DQ0924　聚合物干粉分散熟化系统操作规程

Q/SY DQ0925　聚合物溶液取样及化验操作规程

Q/SY DQ0926　聚合物配制站管理规定

Q/SY DQ1207　聚合物配制站更换母液过滤器滤袋操作规程

Q/SY DQ1263　油田各类站在用搅拌器运行操作规程

本节通过认识聚合物配制站的工艺流程及主要设备,介绍了聚合物配制站各个资料录取的地点及要求,聚合物干粉分散熟化操作规程,聚合物溶液取样及化验规程,聚合物配制站管理规定,过滤器更换滤袋注意事项,搅拌器运行的操作规程和螺杆泵检修规程。

第二节　聚合物注入站

注入站是负责把聚合物配制站配制好的聚合物母液,按地质方案的要求稀释、输送、注入到注入井的机构。本节涉及到的标准是 Q/SY DQ0923《聚合物配制站、注入站、注水井资料录取规定》与 Q/SY DQ0929《聚合物溶液计量仪表操作与维护规程》,通过学习注入站工艺流程、设备管理、资料录取等,宣贯了注入站的管理规定、资料录取规定和计量仪表的操作与维护规程。

一、聚合物注入站工艺流程

聚合物配制站配制好的聚合物母液(一般浓度为 5000mg/L),经母液输送管道到达聚合物注入站,经过计量后进入高架缓冲罐缓存,通过软连接弯管,采取静压上供液方式经过滤器进入注入泵,经注入泵增压后,在静态混合器内与注水站输来的高压水按地质方案的要求配制成聚合物目的液(聚合物母液与水混合稀释后形成的符合注入浓度要求的水溶液,一般浓度为1000mg/L),再通过注入管网输送到注入井井口,其工艺流程如图6-21所示。

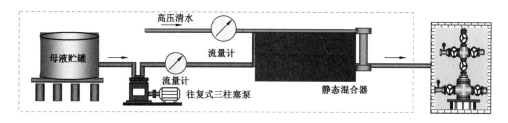

图6-21 聚合物注入站工艺流程图

目前我国油田聚合物注入站的工艺流程主要有两种:一种是大庆流程,即单泵单井工艺流程;另一种是大港流程,即一泵多井工艺流程。这两种流程均避免了因阀门和流量计造成的剪切降解影响。

1. 注入站单泵单井工艺流程

注入站单泵单井工艺流程是指由一台注入泵为一口注入井供给高压聚合物母液,高压母液与高压水混合稀释成低浓度的聚合物目的液,然后输送给注入井。

注入站单泵单井工艺流程的优点是每台泵与每口井的压力、流量均相互对应,流量及压力调节无需大幅度节流,能量利用充分,单井配注方案比较容易调整。

注入站单泵单井工艺流程的缺点是设备数量多,占地面积大,工程投资高,维护量大(图6-22)。

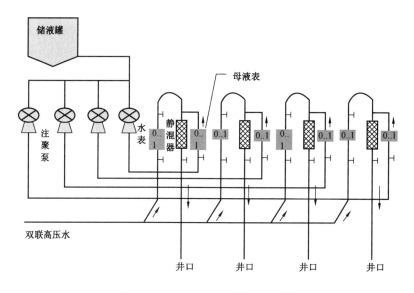

图6-22 注入站单泵单井工艺流程

2. 注入站一泵多井工艺流程

注入站一泵多井工艺流程(如图6-23所示)是指由一台大排量注入泵给多口注入井提供高压聚合物母液,泵出口安装流量调节器调控液量及压力,将高压聚合物母液对单井进行分配,然后与高压水混合稀释成低浓度聚合物目的液,再输送给注入井。

注入站一泵多井工艺流程的优点是设备数量少,占地面积小,流程简化,维护工作量少。

注入站一泵多井工艺流程的缺点是全系统为一个注入压力,注入井单井压力、流量调节能量损失较大,增加了一定的黏度损失,单井注入方案不好调整,增加了流量调节器的投资。

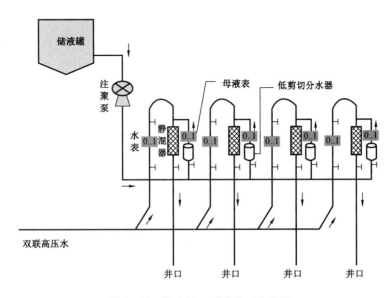

图6-23　注入站一泵多井工艺流程

二、聚合物注入站主要设备

1. 注聚泵

1)三柱塞泵的结构

聚合物注入站的主要设备为注聚泵,目前油田使用的注聚泵多为三柱塞泵。

柱塞泵是往复泵的一种,它是利用柱塞的往复运动来输送液体的机械设备,柱塞泵效率高,一般在85%~90%之间。

柱塞泵分为轴向柱塞泵和径向柱塞泵两种代表性的结构形式。由于径向柱塞泵属于一种新型的技术含量比较高的高效泵,随着国产化的不断加快,径向柱塞泵必然会成为柱塞泵应用领域的重要组成部分;轴向柱塞泵是利用与传动轴平行的柱塞在柱塞孔内往复运动所产生的容积变化来进行工作的。

三柱塞泵是由动力端总成、液力端总成、底座总成、箱体总成、密封填料盒总成等部件组成,如图6-24所示。

图 6-24 三柱塞泵

（1）液力端由缸体、进出口阀、柱塞、填料等构成。缸体采用不锈钢材料，耐高压，对聚合物黏度无化学降解。进出口阀采用单导向阀，导向性能好，水力损失小，阀泄漏少，对聚合物黏度降解低。柱塞采用陶瓷材料，耐磨损。填料采用的是新型材料，密封性能好，使用寿命长。

（2）动力端由泵体、曲轴、十字头、连杆等组成。泵体采用 CAM 技术，加工精度高。曲轴和十字头采用球墨铸铁，耐磨，吸振。

（3）底座将动力端、液力端、电动机、皮带罩紧凑地集中于其上，形成一个整体，便于泵的包装、运输、安装和使用。

（4）传动件有皮带轮、键和皮带。带传动一方面具有减速功能，能降低噪声；同时它还起到了过载保护作用，皮带罩起安全防护作用。

2）三柱塞泵的工作原理

柱塞泵的工作原理是：在原动力的带动下，柱塞泵的柱塞做往复运动，当柱塞向后移动时，泵腔内容积扩大，压力降低，排出阀关闭，吸入阀打开，泵开始吸入液体，当柱塞向前移动时，泵腔内容积缩小，压力增加，吸入阀关闭，排出阀打开，泵排出液体。

柱塞泵的特点是：柱塞泵具有泵效高、工作平稳可靠、操作方便、压力排量调节范围广、流量均匀性好、噪声低、工作压力高、易损件寿命长等特点。

3）注入泵供液方式

为减少剪切降解的发生，聚合物溶液的注入泵采用高压往复泵，而往复泵的入口大约需要有 0.03MPa 的供液压力。为了满足这一条件，聚合物注入泵的供液方式可以采取以下三种方式。

一是静压头供液方式，即在注入站设置高架聚合物母液缓冲罐，利用母液的静压头给注入泵供液。其优点是供液压力稳定，没有泵间干扰，利于气泡释放，有一定缓冲时间，便于管理等;缺点是不易保温,不利于隔氧(工艺需要时),投资较高。

二是泵—泵供液方式,就是直接利用配制站外输泵余压给注入泵供液。其优点是流程密闭,利于隔氧,工艺简化,且节省投资;缺点是供液压力不稳定,存在泵间干扰,不便于管理。

三是螺杆泵喂液方式。就是在注入站采用螺杆泵给注入泵喂液。为保证注入泵平稳运行,螺杆泵的排量必须能够调整,或采用出口回流方式调整排量。其优点是能够满足注入泵供液压力的需要,管理方便;缺点是工艺复杂,存在泵间干扰,泵共振大,投资较高。

这几种供液方式各有特点,在大庆油田聚合物驱工程中均有应用。

2. 静态混合器

1)静态混合器的概念

静态混合是相对于动态混合(如搅拌)而提出的。所谓静态混合,就是在管道内放置特别的结构规则的部件,两种或两种以上流体被不断分割和转向,使之充分混合,这种混合方式,因为管道内的构件并不运动,所以称之为静态混合。这种特别的构件称为静态混合单元,许多单元装在管道内组成静态混合器。

2)注聚合物用静态混合器

(1)注聚合物用静态混合器的特殊要求:

静态混合器的大量应用是在化工行业,用于乳化和萃取反应,用于注聚合物还是近些年的事。虽然静态混合器的种类繁多,但适用于聚合物驱油的静态混合器较少。用于化学反应,乳化和萃取中的静态混合器要求高剪切,大都是纯机械分割式的。而注聚合物用静态混合器不仅要求混合效果好,而且要求对聚合物的降解要小。随着大庆油田聚合物驱油技术的发展,静态混合器用于注聚合物领域的量越来越大。目前,用于聚合物注入站上的静态混合器大体有以下几种:SMV 型、SMX 型(如图 6 - 25 所示)、SML 型、K 型、K 型与 SMX 型组合型,这些混合器大都是从化工行业移植过来的,没用针对聚合物溶液的特殊要求进行专门研究,从现场使用看,黏度降解大。

图 6 - 25　SMX 型静态混合器

(2)几种新型的静态混合器:

① 旋流式静态混合器:旋流式静态混合器是指两种介质在混合过程中,没有通过任何分割单元,只是靠流体自己的力量产生旋转,从而达到混合的目的。

② 分割与旋流相结合式静态混合器:针对旋流式静态混合器混合强度不够的问题,又研制了一种分割与旋流相结合式的静态混合器。

(3)静态混合器的选择:

比较混合器的工作性能有多种方法,如单位动力消耗少而混合效果好;取得必要的混合效果而混合器的长度短等。对于注聚合物用静态混合器还要附加一条黏度损失小。一般来讲,

K 型和 SML 型静态混合器的总长度短,而单位长度压降大。

事实上,只要混合器长度足够,均可取得必要的混合效果,其选择依据必须按其应用的不同方式加以评价,如动力费用、投资费用、剪切力的大小、维修性能、使用寿命等。

3. 变频器

变频器是用来改变交流电频率的电气设备。

变频器主要由主电路、控制电路组成,包括整流器、平波回路、逆变器、运算电路、电压、电流检测电路、驱动电路、速度检测电路、保护电路等。

主电路是给异步电动机提供调压调频电源的电力变换部分,变频器的主电路大体上可分为两类:电压型是将电压源的直流变换为交流的变频器,直流回路的滤波是电容。电流型是将电流源的直流变换为交流的变频器,其直流回路滤波是电感。它由三部分构成:将工频电源变换为直流功率的"整流器",吸收在变流器和逆变器产生的电压脉动的"平波回路",以及将直流功率变换为交流功率的"逆变器"。

1）变频调速器的优点

用变频调速来实现恒压供液,与用调节阀门来实现恒压供液相比,节能效果十分显著(可根据具体情况计算出来)。其优点是:

(1)启动平衡,启动电流可限制在额定电流以内,从而避免了启动时对电网的冲击。

(2)由于泵的平均转速降低了,从而可延长泵和阀门等的使用寿命。

2）变频器在实际应用中应注意的事项

(1)当不知道哪个参数出问题了,或者被其他人把参数调乱了,那么应先改成出厂设定。

(2)变频器的输出端绝对不允许接入工频电源,为防止此类错误,在进行变频、工频切换时一般不采用电路互锁,而应采用机械互锁,也有使用多位开关或辅助触点来切换的,但一定要加防过流保险,防止触点粘连。

(3)变频器选用功率能力最好是所带实际负荷的 120% 。在实际应用中,应避免大功率电机配小功率变频器的问题,若遇到电机负载率增加、超过变频器最大功率时,就会容易烧坏变频器。

(4)变频器可以超过 50Hz 运转,首先要保证没有超负荷,其次要保证所带电机和泵是否允许超速运转。

(5)变频器也可低于 10Hz 运转,关键要调好转矩补偿,保证低速下有合适的转矩,而且应保证低速下的电机冷却,因为大多电机的冷却风扇和电机轴同步,同时保证泵有足够的润滑,因为注聚用柱塞泵的机油也是靠泵本身的转动带动润滑系统,只有少数大排量柱塞泵是由独立润滑泵提供润滑,不受泵转速影响。

(6)如果使用大功率的变频器带动小负荷的设备,一定要注意将其内部保护值设定的跟所带负荷接近的数值,避免对电机造成损害,也可真正达到监视设备是否正常运行的目的。

(7)变频器外接电位器电阻大小要按照变频器使用说明书的要求选用,过大、过小都不合适,电位器过小频率就调不上去,电位器过大就不易调节控制。

(8)应避免变频器外接电位器接线不正确的问题。接线不正确,尽管变频器也能正常运行,但电位器电阻值变化与频率变化正好相反,调频操作不方便,解决办法是将接线重新调整即可。

4. 电磁流量计

为了防止聚合物水溶液机械剪切降黏,要求计量该介质的流量仪表最好与介质不发生机械切割,因此必须选用非容积式计量仪表,经过筛选认为电磁流量计比较适合测量聚合物水溶液流量,该仪表具有测量范围比较宽,反应快,压力损失小,使用寿命长,对仪表前后直管段长度要求不高以及对被测液体的温度、压力、密度、黏度和流动状态对仪表表示值影响小等特点,特别是目前又研制出了高压电磁流量计,耐压可达 35MPa,适用于聚合物母液注入流量的计量,该仪表主要由变送器和转换器组成,被测介质经变送器变换成感应电势,然后由转换器变成 0～10mA 或 4～20mA 直流信号作为输出,以便进行指示、记录或与电动单元组合仪表配套使用。

合理选用电磁流量计,对提高测量精度及延长使用寿命都是极其重要的。电磁流量计包括变送器与转换器两大部分,而变送器是受工况条件影响的。因此,选用电磁流量计的主要问题是如何正确选用变送器、转换器,只要与之配套使用就行了。正确合理地选用变送器,可以根据具体使用条件从以下几个方面来考虑。

1) 口径与量程的选择

作为流量计,首先需要确定它的口径和流量范围,或确定变送器测量管内的流速范围。

变送器的量程可以根据不低于最大流量值的原则选择满量程刻度,正常流量最好能超过满量程流量的 50%,这样可以获得较高的测量精度。变送器通常选用的口径与管道口径相等或略小些,在量程确定的条件下,口径是根据测量管内流体的流速与压头损失的关系确定的,流速以 2～4m/s 为最合适,在特殊情况下,如液体中带有固体颗粒,考虑到磨损的情况,常用流速不大于 3m/s;对于易黏附管壁的流体,常用流速不小于 2m/s。确定流速后,再确定变送器的口径。

2) 压力的选择

使用压力必须低于电磁流量计规定的工作压力,用于计量注入聚合物的流量计一般都在 10～16MPa 之间,因此电磁流量计耐压必须大于或等于 16MPa。

3) 温度的选择

介质不能超过内衬材料的允许使用温度,介质温度还受到电气绝缘材料的性能的限制。国内现已定型生产的电磁流量计通常工作温度为 5～60℃,超过该温度范围做特殊规格处理。

4) 内衬材料及电极材料的选择

变送器的内衬材料及电极材料必须根据介质的物理化学性质来正确选择,否则仪表由于衬里和电极的腐蚀而会很快损坏,而且腐蚀性能强的介质一旦泄漏容易引起事故。因此,必须根据生产过程中具体测量介质的防腐蚀经验,慎重而正确地选用变送器的电极和衬里材料。聚合物水溶液物理化学性质比较稳定,只要耐压够,不含可生成二价阳离子的材料即可。

三、聚合物注入站仪表操作与维护

1. 投用前检查

按照标准 Q/SY DQ0929《聚合物溶液计量仪表操作与维护规程》执行。

2. 启动操作

(1)接通仪表电源,观察仪表显示是否正常。

(2)缓慢开启仪表阀门,注意观察仪表法兰连接处有无渗漏,观察仪表瞬时流量是否在合理范围内运行。

(3)观察仪表运行情况,记录时间与仪表读数,计量数据纳入生产使用。

3. 调节

(1)根据生产的实际需要通过阀门调节计量仪表的流量时,需经上级有关业务主管部门批准,在与其他岗位协调后进行操作。

(2)在调节计量仪表流量过程中,操作阀门应缓慢平稳,按母液与稀释水配比方案要求,调节仪表阀门使仪表瞬时流量在合理范围内运行,不能超过仪表的测量范围。

4. 正常运行

(1)正常运行的聚合物溶液计量仪表应做到数据显示清晰,瞬时指示反应灵敏,累计记录及时不间断。

(2)正常运行的聚合物溶液计量仪表应在说明书规定的范围内工作。

5. 停用操作

按照标准 Q/SY DQ0929《聚合物溶液计量仪表操作与维护规程》执行。

6. 仪表维护

1)日常检查

(1)定期对计量仪表进行除尘,保持计量仪表外观清洁。

(2)每2h巡回检查计量仪表及连接部位有无渗漏。

(3)定期检查计量仪表运行是否正常,保持计量仪表在良好的技术状态下工作。

(4)定期检查一次仪表与二次仪表的示值是否相符,保证计量数据准确可靠。

(5)定期检查计量仪表使用环境是否符合使用说明书的要求。

2)仪表维修

(1)仪表维修应由专业人员进行,岗位人员配合操作。

(2)维修计量仪表不得拆卸影响仪表准确度的零部件,否则需要重新检定。

(3)计量仪表维修完,经岗位人员验收后,应及时恢复运行。

(4)计量仪表维修应将维修部位、维修结果及维修时间等维修情况记入岗位交接班记录中。

3）仪表报废、更换和备用

仪表报废、更换和备用相关要求按 Q/SY DQ0929《聚合物溶液计量仪表操作与维护规程》执行。

四、聚合物注入站管理

1. 资料管理

注入站资料录取规定按照标准 Q/SY DQ0923《聚合物配制站、注入站、注水井资料录取规定》执行。

1）来水汇管压力

录取来水压力以保证溶液能达到注入压力。

(1) 来水汇管压力的录取地点为来水汇管，单位为兆帕（MPa）。

(2) 录取方式：压力值人工录取，录取时视线应与压力表指针、表盘、刻度保持在同一水平线上。

(3) 记录：

——压力值每 2h 记录一次；

——压力值应填写在班报表内。

2）配电室电量

(1) 注入站耗电量的录取地点为配电室，单位为千瓦时（kW·h）。

(2) 录取方式：电量由人工在智能电能表上录取，录取时以实读数据为准。

(3) 记录：

——电量应每 8h 记录一次电度表底数；

——将记录的耗电量值填写入班报表中。

3）储罐聚合物母液浓度

聚合物母液浓度：单位体积（1m³ 或 1L）溶液中所含聚合物的质量数。

(1) 注入站需要化验并记录储罐聚合物母液浓度，单位为毫克每升（mg/L）。

(2) 储罐聚合物母液浓度的取样地点为储罐出口管线。

(3) 录取方式：浓度根据分光光度计测量数据，经人工计算后录取。

(4) 记录：

——浓度应每 24h 记录一次；

——将记录的浓度值填写入班报表中。

4）储罐聚合物母液黏度

(1) 注入站需要化验并记录储罐聚合物母液黏度，单位为毫帕秒（mPa·s）。

(2) 储罐聚合物母液黏度的取样地点为储罐出口管线。

(3) 录取方式：黏度为人工录取，以实读数值为准。

(4) 记录：

——黏度应每24h记录一次。

将记录的黏度值填写入班报表中(图6-26)。

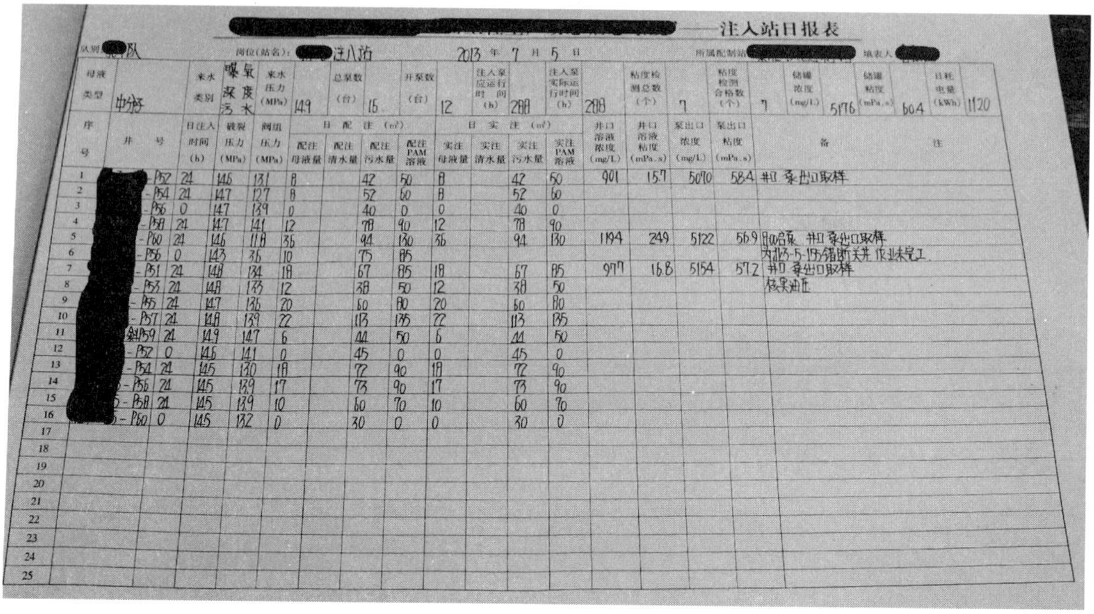

图6-26 注入站日报表

2. 生产管理

1)化验检测管理

按照标准Q/SY DQ0927《聚合物注入站管理规定》执行。

2)生产管理

(1)站内有安全保障措施,严禁吸烟和使用明火。如需使用明火,必须得到有关部门批准后,方可动火。

(2)所有照明设备应有专人负责,禁止乱接电器设备。

(3)安全阀每12个月检定一次,流量计每12个月检定一次,普通压力表每3个月检定一次,电接点压力表每6个月检定一次,数字压力表、变送器每12个月检定一次,缓冲器每12个月补充一次氮气,临时发现问题要立即送检或更换新表,做好记录。

(4)消防器材、消防工具要定人定期检查,保证齐全好用。灭火装置每3个月检查一次,并填写记录。

(5)对注入浓度进行动态监测,确保单井注入浓度误差在±10%范围之内。

(6)加强设备的维修保养,确保注入时率达到96%以上(非管理因素除外—停水、停电、注入井吸水变差造成的间歇起泵、注入泵大修等)。

(7)岗位工人每2h巡回检查一次,确保母液单井管线畅通无阻。

(8)岗位工人必须熟知本岗位技术、管理、工作标准。

3. 设备管理

（1）机械设备必须做到清洁、紧固、润滑、调整、防腐、不渗漏，有问题及时处理。

（2）设备管理定人、定期修保，做到运转记录、修保记录、工作记录准确一致。

（3）电器设备做到不松、不锈、不脏、不漏电，接地良好。

（4）对设备润滑油脂按使用要求定期检查，发现润滑油脂变质要及时更换。

（5）每台设备应有质量检查点。

（6）注入泵的漏失量应控制为点滴漏失。

4. 站容站貌

（1）场地平整，夏季无积水，冬季道路无积雪，环境清洁优美。

（2）站外有醒目的安全警句，右面是进站须知，左面是严禁烟火和安全承包人的牌子。

（3）站内做到"三清""四无"，即室内清洁明亮、设备清洁无灰尘、场地清洁无杂物；无油污、无易燃物、无散失器材、无杂草。

（4）站外防火道至少宽为2m。

（5）工具、用具应齐全、完好、清洁、对号入座。

（6）泵房内应挂有：生产工艺流程图、巡回检查路线图、注入站岗位工人责任制。

（7）化验室内有聚合物溶液取样、化验操作规程，化验工操作标准及相关的试剂配制操作规程。

（8）注入站内应有注入泵操作规程。

（9）注入站管理应有生产日报表，值班工作记录本（包括岗位练兵本），设备档案本，站史本，压力表校验记录和各种技术、管理、工作标准。

（10）各项资料专人管理，填写及时准确，工整清洁，保存在资料柜内。

（11）设备基础为黑色，电机为灰色，泵体颜色由输入介质定，安全阀及引线为红色，母液管线为蓝色，天然气管线为黄色，清水管线为绿色，热水管线刷银粉，手轮为红色，排污为黑色。

五、事故案例分析

1. 案例1：工人未将头发盘在工帽内，导致绞伤

1）事故经过

2015年4月，工人张某在泵房巡视，未按要求把头发盘在工帽内，散落的头发绞进注入泵内，造成绞伤，如图6-27所示。

2）事故原因分析

（1）导致事故发生的直接原因是员工没有把头发盘在工帽内。

（2）导致事故发生的间接原因是员工安全意识淡薄，对环境风险识别不够。

（3）《油田安全生产管理规定》对配制站、注入站安全生产管理规定：岗位工人上岗要"三穿一戴"（工衣、工裤、工鞋、工帽）。

图 6-27　长发未盘进工帽内

3）预防措施

（1）加强对员工的安全教育,提高安全意识,干标准活。

（2）强化安全生产管理,做到上岗前按规范"三穿一戴"。操作人员进行操作前将头发盘在工帽内,防止绞伤。

2. 案例 2:注入站排污池盖未盖好,工人跌落排污池,造成脸部灼伤

1）事情经过

2004 年 8 月,工人李某在注入站巡视时,由于排污池盖子没有盖好,如图 6-28 所示,跌落排污池内,由于脸部皮肤侵入排污池,受化学品灼伤。

图 6-28　排污池盖没盖好

2）事故原因分析

（1）上班时工人发现排污池不通畅，进行了维修，维修完没有盖盖子。

（2）本班工人李某巡视时，只顾看仪表，没有注意脚下排污池，以致跌落排污池内。

3）预防措施

（1）维修工人干完活要把排污池盖盖好。

（2）巡检工人在巡检时，要注意脚下排污池空间，树立安全标准意识。

本节小结

本节宣贯了三个标准：Q/SY DQ0923《聚合物配制站、注入站、注水井资料录取规定》，Q/SY DQ0927《聚合物注入站管理规定》和 Q/SY DQ0929《聚合物溶液计量仪表操作与维护规程》。通过学习注入站工艺流程、认识相关设备与资料录取等内容，宣贯了注入站的管理规定、资料录取规定和计量仪表的操作与维护规程。

第三节　聚合物注入井

聚合物溶液必须由注聚井注入油层，本节介绍了聚合物注入井（以下简称注聚井）的井口结构、注聚井的操作要求、注聚井的管理规定，涉及的标准为 Q/SY DQ0923《聚合物配制站、注入站、注水井资料录取规定》，Q/SY DQ0917《采油（气）、注水（入）井资料填报管理规定》和 Q/SY DQ0921《注水（入）井洗井管理规定》。

一、注聚井井口结构

注聚井井口结构如图 6 – 29 所示。

图 6 – 29　注聚井井口装置

1—测试阀门；2—油管阀门；3—油管放空阀门；4—总阀门；5—套管阀门；6—过滤网

二、注聚井操作要求

1. 开关井要求

（1）注聚合物之前必须彻底洗井，保持井筒内清洁。

（2）冲洗干线，保持干线内的清洁。

（3）保证注入干线，井口管阀不渗不漏，达到标准要求。

（4）以上工作正常后按上级通知准备开井。

（5）开井步骤：

① 首先打开并开大配水间的来水阀门、井口总阀门、生产（油压）阀门，减少剪切。

② 检查核对打开情况无误。

③ 通知注入站先开注水泵证实正常后，再启注聚合物母液泵。

④ 按方案要求配比，调整注入母液量和水量。

⑤ 开井完闭。

（6）岗位工人未经上级同意不得随意开关井，以免造成注入站憋泵而造成事故。

（7）如果需要关井，在关井前必须通知注入站停泵，确认停泵后，方可关井。

2. 洗井要求

（1）注聚合物溶液之前必须彻底洗井。

（2）相同注聚合物溶液工作压力下，吸入量下降20%。

（3）作业施工完的井。

（4）正常注入井原则上不要求洗井。

（5）为了保护环境，洗井水必须放入土油池或排水沟内，不能乱放，要严格遵守环境保护法。

3. 洗井操作

洗井操作按照 Q/SY DQ0921《注水（入）井洗井管理规定》的规定执行。

（1）准备好必备的工、用具。

（2）接好反洗井的放空管线。

（3）准备标定好的量水池。

（4）导反洗井流程（在配水间、井口正常注水流程下）。

（5）关生产阀门和计量间的油压阀门。

（6）开反洗井放空阀门，放 5~10min 溢流。

（7）开套管连通阀门。

（8）缓慢开油压阀门，控制流量至 $15m^3/h$，洗井 2h，用量水池计量出口水量，与进口水表水量对比 2~3 次，并做好记录。

（9）缓慢开油压阀门，控制流量至 $20m^3/h$，洗井 4h，用量水池计量出口水量，与进口水量对比 2~3 次，并做好记录。

（10）缓慢开油压阀门，控制流量至 $25m^3/h$，洗井 4h，用量水池计量出口水量，与进口水量对比 2~3 次,并做好记录。

(11)洗井时间和水量应以水质化验合格为准。

(12)洗井的环保要求(按照 Q/SY DQ0921—2010《注水(入)井洗井管理规定》中第 6 章的规定执行):

① 注水(入)井洗井过程中,应确保洗井流程无渗漏,井场无污染。

② 洗井液在运送过程中应保证无泄漏。

③ 洗井液应在指定地点排放。

4. 倒开井流程(正注)

(1)关反洗井放空阀门和套管连通阀门。

(2)开大生产阀门。

(3)打开油压阀门。

(4)整理洗井资料,并填入报表。

(5)进入开关状态后,方可通知注入站按要求开井。

5. 洗井标准

(1)洗井排量由小到大,变换 3 个排量(即 $15m^3/h$,$20m^3/h$,$25m^3/h$)。

(2)出口水量应大于进口水量 $2m^3/h$。

(3)水质达到化验合格,或洗井总水量达到 $200~400m^3$。

(4)洗井资料录取要齐全准确,执行 Q/SY DQ0921《注水(入)井洗井管理规定》的规定。

三、注聚井管理

按配注方案完成注入任务,每口井都应有"三定"挂牌(即定量、定压、定性),必须严格按照"三定"指标要求完成注入量,瞬时清水注入量不超过配注 $\pm 0.2m^3/h$,日注母液量不超配注 $\pm 5\%$。注聚井管理执行标准 Q/SY DQ0927《聚合物注入站管理规定》的要求。

1. 资料管理

要求达到注入母液量、注水量、油压、套压、泵压、静压、浓度、黏度、洗井资料全准。

(1)注入母液量、注水量:正常注入井每天有仪表记录并核算一个母液量、一个注水量,按 Q/SY DQ0923《聚合物配制站、注入站、注水井资料录取规定》的规定,注入井需要录取的流量有聚合物母液注入量、注入水量。按 Q/SY DQ0923《聚合物配制站、注入站、注水井资料录取规定》的规定,聚合物母液注入量录取地点为阀组单井聚合物母液管线,注入水量录取地点为阀组单井来水管线。母液量不得超过配注母液量的 $\pm 10\%$,注水量不得超过配注水量的 $\pm 15\%$,配比后的聚合物溶液浓度和黏度不得超过配注要求的 $\pm 15\%$(钻井、泵坏等特殊原因影响除外)。

注水井的注入母液和清水混合前,分别由电磁流量计和科达表计量,两种仪表均每年校对一次。使用其他新式仪表记录,也必须按仪表检查的规定定期标定。

(2)油压、套压、泵压全准,按 Q/SY DQ0923《聚合物配制站、注入站、注水井资料录取规定》的规定,注入井需要记录的压力有泵压、油压,井口套压。按 Q/SY DQ0923《聚合物配制站、注入站、注水井资料录取规定》的规定,泵压录取地点为注入泵出口管线,油压录取地点为阀组单井管线,井口套压录取地点为注入井井口套管。油压、套压、泵压每天录取一次,特殊情况加密录取,每月应有 25d 以上(不得连续缺 3d)为全。压力表每月校对一次,不超过标定范围,录取压力值在压力表量程的 1/3 ~ 2/3 内为准。

(3)静压全准:按 Q/SY DQ0923《聚合物配制站、注入站、注水井资料录取规定》的规定,动态监测系统定点井,每半年测静压一次。

(4)聚合物溶液浓度、黏度资料全准:按 Q/SY DQ0923《聚合物配制站、注入站、注水井资料录取规定》的规定,注入井需要记录的浓度有井口浓度。按 Q/SY DQ0923《聚合物配制站、注入站、注水井资料录取规定》的规定,注入井需要记录的黏度有井口黏度。

正常注入井必须严格按操作步骤和规程要求进行现场取样,浓度和黏度同步化验。10d 检测一次,每月 3 次为全,前后两次检测误差不得超过 15% 为准,超过标准应备注原因或加取样一次。化验分析资料的整理和上报按照 Q/SY DQ0917《采油(气)、注水(入)井资料填报管理规定》的规定执行。

(5)洗井资料全准:按规定洗井为全,洗井达到质量标准,洗井记录符合要求为准。

(6)资料的填写和记录,整理和上报按照 Q/SY DQ0917《采油(气)、注水(入)井资料填报管理规定》执行(图 6 - 30)。

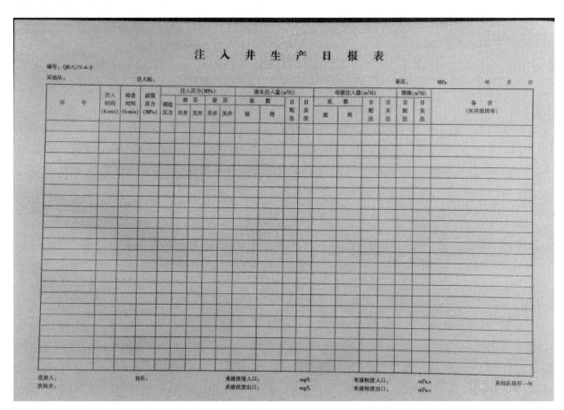

图 6 - 30　注入井生产日报表

2. 设备仪表管理

（1）设备零件齐全完好，做到不渗、不漏、不松、不缺、不脏、不锈，防腐润滑好。阀门开关灵活，所有螺丝紧固整齐划一，黄油嘴见本色，并加塑料套（井口）。

（2）井口套压表要安装防冻防盗装置。

（3）安装压力表时，一定要根据井口压力的高低，选择合适的压力表，使用范围应在最大量程的 1/3 ~ 2/3 之间，在表盘上用红色标出量程线。

（4）压力表检定后，必须在表盘上贴有检定标识，同时在送检或领取压力表时，防止损坏压力表。

（5）压力表安装时，必须带表接头，不允许直接安装在阀门上，避免压力表接头损坏。

3. 井场规格化管理

（1）井场应以井口为中心，面积为 2m × 3m，场地高于地面 15cm，井场周围留有 2m 安全防护带。

（2）井场应做到无油污、无杂草、无积水（冰雪）、无散失器材。

4. 新井转注要求

（1）根据地质方案要求，配合搞好压裂、酸化、热泡沫洗井等转注措施，并收集整理好各项资料。

（2）按照施工设计进行验收，井口设备及工艺流程必须达到设计要求。

（3）进行试通水，流程管线必须畅通，并进行憋压，设备管线达到不渗不漏。

（4）仪表安装齐全，灵活好用，并有检定合格证。

（5）按照洗井要求进行洗井，洗至合格后方可转注，并按照地质配注方案要求进行正常注水。

四、事故案例分析

1. 案例 1：注入井高压水刺漏，造成手部击穿

1）事故经过

2006 年 10 月，工人刘某在对注入井进行操作，没有按标准侧身开阀门，而是正对高压阀门，阀门渗漏，高压水刺漏，造成右手手部击穿，如图 6 - 31 所示。

2）事故原因分析

（1）工人没有按照标准操作，正面开关高压阀门。

（2）工人安全风险意识淡薄。

3）预防措施

注入井重新开井时，要侧身缓慢开关阀门。

图 6 – 31　正面开关高压阀门

2. 案例 2：工具使用不当,滑落,砸伤脚背

1）事故经过

2008 年 6 月,工人王某在开注入井阀门时,由于工具使用错误,如图 6 – 32 所示,工具滑落,砸在自己脚背。

图 6 – 32　工具使用错误